国家出版基金项目
NATIONAL PUBLICATION FOUNDATION

电子信息前沿专著系列

"十四五"时期国家重点出版物出版专项规划项目

雷达通信的频谱共享及一体化

关键技术与应用

刘凡 周建明 安建平 著

Spectrum Sharing and Integration for Radar and Communication

Key Techniques and Applications

工信学术出版基金
Industry and Information Technology Academic Publishing Fund

人民邮电出版社
北京

图书在版编目（CIP）数据

雷达通信的频谱共享及一体化 ：关键技术与应用 / 刘凡，周建明，安建平著. -- 北京 ：人民邮电出版社，2022.9

（电子信息前沿专著系列）

ISBN 978-7-115-58422-9

Ⅰ. ①雷… Ⅱ. ①刘… ②周… ③安… Ⅲ. ①雷达－通信系统－频谱－网络共享②雷达－通信系统－频谱－一体化 Ⅳ. ①TN95

中国版本图书馆CIP数据核字(2022)第048974号

内 容 提 要

雷达通信的频谱共享及一体化是无线通信领域当前的热门话题之一，被公认为 B5G/6G 无线通信系统中新兴的核心技术。本书主要介绍雷达通信频谱共享及一体化方向的理论与方法，以及相关研究的新进展。

本书共 6 章。第 1 章介绍雷达通信一体化的背景、应用和国内外研究现状，并介绍阅读本书所需的通信与雷达方面的基本知识。第 2 章~第 4 章分别介绍分立的雷达与通信的频谱共享机制、雷达通信一体化系统的波束赋形设计，以及基于给定雷达波束图样的波形设计、雷达与通信性能的折中设计、恒包络雷达通信一体化波形设计这 3 种波形设计方法。第 5 章介绍雷达通信一体化在车联网中的应用。第 6 章对全书内容进行总结和梳理，并提出雷达通信一体化领域的若干开放问题。

本书适合相关领域研究人员、工程技术人员及对该方向感兴趣的读者阅读，也可作为高等院校信息工程、通信工程和电子工程等相关专业研究生和高年级本科生的教材或参考书。

◆ 著　　　刘 凡 周建明 安建平
责任编辑 贺瑞君
责任印制 李 东 焦志炜

◆ 人民邮电出版社出版发行 北京市丰台区成寿寺路 11 号
邮编 100164 电子邮件 315@ptpress.com.cn
网址 https://www.ptpress.com.cn
雅迪云印（天津）科技有限公司印刷

◆ 开本：700×1000 1/16
印张：12.5 2022 年 9 月第 1 版
字数：266 千字 2022 年 9 月天津第 1 次印刷

定价：149.00 元

读者服务热线：(010)81055552 印装质量热线：(010)81055316
反盗版热线：(010)81055315
广告经营许可证：京东市监广登字 20170147 号

电子信息前沿专著系列

总　　序

电子信息科学与技术是现代信息社会的基石，也是科技革命和产业变革的关键，其发展日新月异。近年来，我国电子信息科技和相关产业蓬勃发展，为社会、经济发展和向智能社会升级提供了强有力的支撑，但同时我国仍迫切需要进一步完善电子信息科技自主创新体系，切实提升原始创新能力，努力实现更多“从 0 到 1”的原创性、基础性研究突破。《中华人民共和国国民经济和社会发展第十四个五年规划和 2035 年远景目标纲要》明确提出，要加快壮大新一代信息技术等战略性新兴产业的发展。面向未来，我们亟待在电子信息前沿领域重点发展方向上进行系统化建设，持续推出一批能代表学科前沿与发展趋势，展现关键技术突破的有创见、有影响的高水平学术专著，以推动相关领域的学术交流，促进学科发展，助力科技人才快速成长，建设战略科技领先人才后备军队伍。

为贯彻落实国家“科技强国”“人才强国”战略，进一步推动电子信息领域基础研究及技术的进步与创新，引导一线科研工作者树立学术理想、投身国家科技攻关、深入学术研究，人民邮电出版社联合中国电子学会、国务院学位委员会电子科学与技术学科评议组启动了“电子信息前沿青年学者出版工程”，科学评审、选拔优秀青年学者，建设“电子信息前沿专著系列”，计划分批出版约 50 册具有前沿性、开创性、突破性、引领性的原创学术专著，在电子信息领域持续总结、积累创新成果。“电子信息前沿青年学者出版工程”通过设立专家委员会，以严谨的作者评审选拔机制和对作者学术写作的辅导、支持，实现对领域前沿的深刻把握和对未来发展的精准判断，从而保障系列图书的战略高度和前沿性。

“电子信息前沿专著系列”首批出版的 10 册学术专著，内容面向电子信息领域战略性、基础性、先导性的应用，涵盖半导体器件、智能计算与数据分析、通信和信号及频谱技术等主题，包含清华大学、西安电子科技大学、哈尔滨工业大学（深圳）、东南大学、北京理工大学、电子科技大学、吉林大学、南京邮电大学等高等院校国家重点实验室的原创研究成果。本系列图书的出版不仅体现了传播学术思想、积淀研究成果、指导实践应用等方面的价值，而且对电子信息领域的广大科研工作者具有示范性作用，可为其开展科研工作提供切实可行的参考。

希望本系列图书具有可持续发展的生命力，成为电子信息领域具有举足轻重的影响力和开创性的典范，对我国电子信息产业的发展起到积极的促进作用，对加快重要原创成果的传播、助力科研团队建设及人才的培养、推动学科和行业的创新发展都有所助益。同时，我们也希望本系列图书的出版能激发更多科技人才、产业精英投身到我国电子信息产业中，共同推动我国电子信息产业高速、高质量发展。

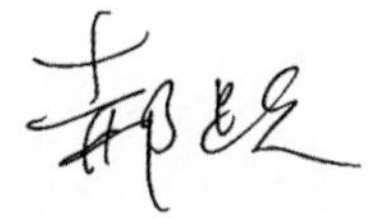

2021 年 12 月 21 日

前　言

雷达通信一体化（Dual-functional Radar-communication，DFRC）是一个经典而又年轻的课题。早在 1963 年，美国的格伦 • L. 马丁公司（后与洛克希德公司合并为洛克希德-马丁公司，现为极具实力的国防工业承包商）就提出了雷达通信一体化系统的雏形，即利用导弹上的制导雷达发射的脉冲组携带通信信息。20 世纪 90 年代以来，学术界和工业界陆续提出了多种雷达通信一体化方案，其主要目的是在雷达系统中实现通信功能，使探测雷达变成通信雷达，成为提供信息的网络平台。在雷达通信一体化技术的支撑下，雷达系统不仅具有对目标进行搜索、探测、跟踪的功能，还可以实现远距离、大容量、高速度的双向数据通信。

近年来，随着 5G 通信技术的发展，雷达通信一体化这一经典课题再次焕发出全新的活力，其主要内涵包括两方面：一方面，全球通信产业对无线频谱的迫切需求与日俱增，而常用的雷达系统，包括军用雷达与民用雷达，其工作频段与无线通信频段大量重合。因此，雷达频段被认为是实现与无线通信系统共享频谱的绝佳频段；另一方面，有相当一部分 5G/B5G 新兴应用需要进行雷达感知与通信联合设计，例如智慧城市、智慧家庭等物联网应用，以及车联网、自动驾驶等智能交通应用。长期以来，雷达与通信系统向小型化以及更高频段不断演进。目前，在毫米波频段，现有雷达与通信系统的硬件架构、信道特性以及信号处理方法已经十分接近，两者的一体化在技术上已成必然趋势。雷达通信的频谱共享及一体化，已经成为学术界的热门话题之一，并进一步地被升华为通信感知一体化（Integrated Sensing and Communication，ISAC）。学术界和工业界广泛认为，通信感知一体化将成为未来无线通信系统中新兴的核心特性。无线网络具备“感知”这项新能力后，通信网络同时也是感知网络，这会打开无线网络价值的新空间，推动未来无线网络标准跨代技术的构建。此外，感知辅助还可以用来全面提升无线网络的通信能力，降低时频资源开销，增强网络的实时性与稳健性，实现极致性能。

本书在上述技术趋势和产业需求背景下诞生，旨在全面介绍雷达通信频谱共享及一体化的背景、应用和关键技术。本书总结了作者过去近 10 年在雷达通信一体化领域的研究成果。全书共 6 章：第 1 章为绪论，介绍雷达通信一体化的应用场景、研究现状与预备知识；第 2 章介绍雷达与通信的频谱共享技术；第 3 章介绍雷达通信一体化波束赋形技术；第 4 章介绍雷达通信一体化波形设计方法；第 5 章介绍雷达通信一体化在车联网中的应用；第 6 章总结全书，并探讨雷达通信一体化领域的未来研究方向与若干开放问题。

在酝酿及撰写本书的过程中，作者得到了许多师长、同学与同事的大力支持与无私贡献。尤其感谢王小谟院士和 Christos Masouros 教授两位导师。此外，作者还要特别感谢北京理工大学和伦敦大学学院的同学与同事，如李昂、王礼锋、崔原豪、袁伟杰、魏忠祥、郑乐等诸位博士——他们中许多人已经成为名校教授或业界技术专家，以及学术界的多位合作者和前辈，包括安建平、周建明、Athina Petropulu、Lajos Hanzo、Hugh Griffiths、Yonina Eldar、Jinhong Yuan、J. Andrew Zhang 等诸位教授。同时，作者还要感谢南方科技大学的多位同事、朋友以及业界合作伙伴的协助与支持，包括孟庆虎院士、韩霄博士、许杰教授、刘亚锋教授、沈超教授、蔡曙教授、张纵辉教授等。

由于作者水平有限，且时间仓促，本书难免存在一些错误和不妥之处，恳请各位读者批评指正。

刘　凡

2021 年 8 月 31 日

于南方科技大学工学院

目　　录

第 1 章　绪论……1
1.1　引言……1
1.2　应用场景……2
1.2.1　雷达与商用无线通信系统的共存……2
1.2.2　5G/B5G 车联网通信感知一体化……3
1.2.3　Wi-Fi 定位及动作识别……3
1.2.4　无人机感知与通信……4
1.2.5　空天网络遥感与导航增强……5
1.2.6　多功能射频系统……5
1.2.7　雷达辅助的低截获概率通信……6
1.2.8　无源雷达……6
1.2.9　其他应用场景……7
1.3　研究现状……7
1.3.1　雷达与通信同频共存的研究现状……7
1.3.2　雷达通信一体化的研究现状……11
1.4　预备知识……16
1.4.1　雷达信号处理的基础知识……16
1.4.2　多用户 MIMO 下行通信模型……19
1.5　后续章节的内容安排……22
第 2 章　雷达与通信的频谱共享……23
2.1　雷达与通信同频共存的主要问题……23
2.2　雷达与通信的互干扰信道估计……24
2.2.1　系统模型及基本假设……25
2.2.2　衰落信道估计的假设检验方法……27
2.2.3　视距信道估计的假设检验方法……31
2.2.4　理论性能分析……36
2.2.5　信道估计性能分析……44
2.2.6　数值仿真结果……45
2.3　雷达与通信的同频共存预编码……52

2.3.1 系统模型与基本假设……53
2.3.2 基于干扰抑制的预编码……55
2.3.3 建设性干扰预编码……60
2.3.4 对雷达性能影响的分析……67
2.3.5 数值仿真结果……71
2.4 本章小结……75
第 3 章 雷达通信一体化波束赋形技术……77
3.1 雷达通信一体化主要研究的问题……77
3.2 基于波束图样逼近的一体化波束赋形……78
3.2.1 雷达通信一体化下行链路模型……78
3.2.2 雷达通信一体化波束图样设计……81
3.2.3 数值仿真结果……85
3.3 估计性能最优的一体化波束赋形……87
3.3.1 系统模型……88
3.3.2 点目标场景下的联合波束赋形……91
3.3.3 扩展目标场景下的联合波束赋形……102
3.3.4 数值仿真结果……108
3.4 本章小结……112
第 4 章 雷达通信一体化波形设计方法……114
4.1 基本模型及性能指标……115
4.2 基于给定雷达波束图样的波形设计……116
4.2.1 严格全向搜索波形设计……116
4.2.2 严格定向跟踪波形设计……117
4.3 雷达与通信性能的折中设计……118
4.4 恒包络雷达通信一体化波形设计……125
4.4.1 问题建模……125
4.4.2 分支定界算法……127
4.4.3 定界函数设计……129
4.4.4 收敛性与复杂度分析……133
4.5 数值仿真结果……136
4.5.1 给定雷达波束图样的波形设计……136
4.5.2 给定雷达参考波形的恒包络波形设计……139
4.6 本章小结……141

第 5 章　雷达通信一体化在车联网中的应用 ······ 142
5.1　系统模型 ······ 143
5.1.1　基本框架 ······ 144
5.1.2　车辆状态转移模型 ······ 146
5.1.3　信号模型 ······ 149
5.2　波束的预测、跟踪与关联 ······ 153
5.2.1　基于扩展卡尔曼滤波的波束预测与跟踪 ······ 153
5.2.2　波束关联问题 ······ 155
5.3　基于通信感知一体化的多波束功率分配 ······ 156
5.3.1　注水功率分配法 ······ 157
5.3.2　参数估计的后验 CRLB ······ 157
5.3.3　功率分配问题的建模与分析 ······ 159
5.4　数值仿真结果 ······ 163
5.4.1　单车跟踪性能 ······ 163
5.4.2　雷达通信一体化方案与基于上行反馈的纯通信方案的性能对比 ······ 165
5.4.3　多车跟踪性能 ······ 167
5.5　本章小结 ······ 171
第 6 章　总结与展望 ······ 172
6.1　本书总结 ······ 172
6.2　雷达通信一体化技术展望 ······ 173
参考文献 ······ 175

第1章 绪　论

1.1 引言

随着5G时代的到来，无线通信设备数量呈现出爆炸式增长的趋势。在这一背景下，全球通信产业对无线频谱的需求日益迫切。自2015年以来，英国的网络运营商每年需要为900MHz和1800MHz这两组频段分别支付8亿英镑和12亿英镑，用以提供2G/3G/4G的网络服务[1]。2015年，位于700~1800MHz的4组频段在德国被拍卖出了50亿欧元的天价[2]。2019年，美国联邦通信委员会完成了第一次5G频段竞拍，其中28GHz频段以7亿美元成交[3]。根据报道，到2025年全世界将有超过750亿台互联设备[4]，这使得发掘额外的频谱资源更加迫在眉睫。为缓解这一矛盾，未来的通信系统需要探索与其他电子设备在同一频段下共存的可行性。其中，雷达频段被广泛认为是实现这一目标的最佳候选频段之一[5]。

雷达起源于20世纪上半叶两次世界大战期间。经过数十年的发展，现代雷达系统已在全球范围内得到部署，并被应用于气象预报、警戒监视和航空导航等多个领域。目前，在10GHz频段以下，L波段（1~2GHz）、S波段（2~4GHz）和C波段（4~8GHz）主要被大量军用或民用雷达系统占据。然而，这些频段在未来有可能容纳更多的LTE、5G NR系统和Wi-Fi系统[5]。在更高频段，5G毫米波通信频段与车载毫米波雷达的工作频段十分接近。随着无线通信技术的进一步发展，将有越来越多的雷达频段受到干扰。从历史发展来看，雷达与通信系统向小型化以及更高频段不断演进。目前，在毫米波频段，现有雷达与通信系统的硬件架构、信道特性以及信号处理方法已经十分接近。从民用角度看，有相当一部分5G/B5G新兴应用需要进行感知与通信联合设计，例如智慧城市、智慧家庭等物联网应用，以及车联网、自动驾驶等智能交通应用。从军用角度看，雷达、通信、电子战（Electronic Warfare，EW）等无线射频系统的发展长期以来呈现相互割裂、各自为政的状态，消耗了大量频谱与硬件资源，降低了作战平台的效能。为高效利用频谱资源，并服务于多种民用与军用新兴应用场景，雷达-通信联合（Joint Radar-communication，JRC）设计近期引起了学术界和工业界的高度关注[6-9]。

总体而言，JRC技术包含两条研究路径：雷达通信同频共存（Radar-communication Coexistence，RCC）技术和雷达通信一体化（Dual-functional Radar-communication,

DFRC）技术[10]。其中，雷达通信同频共存技术考虑的是分立的雷达与通信系统共用同一频谱时，如何通过设计行之有效的干扰消除与管理技术来实现两者的互不干扰；雷达通信一体化技术考虑的则是雷达与通信系统除了共享同一频谱外，还共用同一硬件平台，即通过设计一体化信号处理方案来同时实现通信与雷达感知功能。雷达通信同频共存技术往往要求雷达和通信系统周期性地交换一些信息以实现合作互利，例如雷达的发射波形、波束图样，通信的调制方式、帧格式以及雷达与通信系统之间的信道状态信息等。在实际系统中，这一信息交换过程具有较高的复杂度。雷达通信一体化技术则直接通过共享硬件平台实现了频谱共享，并不需要额外的信息交换。此外，该技术还能够通过双方的协同工作来同时提升二者的性能。当前，雷达通信一体化技术的内涵及应用已远远不止于对频谱利用率的提升，而是被进一步拓展至包括车联网、室内定位和隐蔽通信在内的多种新兴的民用及军用场景[11-13]。

1.2 应用场景

在介绍具体的雷达通信联合传输技术之前，本节针对多种雷达通信联合应用场景及其研究的主要问题展开讨论。

1.2.1 雷达与商用无线通信系统的共存

本小节给出不同频段上雷达与商用无线通信系统同频共存的实例。

（1）L 波段（1~2GHz频段）。该频段主要用于远距离空中监视雷达，如空中交通管制（Air Traffic Control，ATC）雷达，同时也被分配给 5G NR、LTE FDD 等蜂窝通信系统，以及全球导航卫星系统（Global Navigation Satellite System，GNSS）的上下行链路[14]。

（2）S 波段（2~4GHz频段）。该频段通常用于高发射功率的机载预警雷达[15]。由于该频段的电磁波对强降水等天气较为敏感，诸多远距离气象雷达亦在此频段上工作[5]。该频段上的通信系统包括 802.11b/g/n/ax/y WLAN、3.5GHz TD-LTE 及 5G NR[15-16]。

（3）C 波段（4~8GHz频段）。该频段对气象变化更加敏感，因此被分配给大多数气象雷达，用于定位小雨、中雨[5]。该频段亦可以用于战场监控、地面监控和船舶交通服务[5]。处于该频段的无线系统主要包括 802.11a/h/j/n/p/ac/ax 等 WLAN[17]。

（4）毫米波频段（30~300GHz频段）。该频段一般用于车载雷达，以实现防碰撞检测、高精度成像等功能[18]。然而，值得注意的是，由于毫米波通信已成为 5G NR 标准的一部分，该频段在将来也会变得较为拥挤[19]。目前，毫米波频段也被广泛用于

802.11ad/ay 等 WLAN 协议 [17]。

在以上共存实例中，蜂窝基站和空中交通管制雷达的互干扰作为一个长期遗留的历史问题亟待解决 [14]。在 5G 网络中，相同的问题仍然存在。

1.2.2　5G/B5G 车联网通信感知一体化

通信（Communication）与感知（Sensing）是下一代车联网需要具备的两大基本功能。其中，通信功能主要实现网络中车辆与基础设施的连接与交互；感知功能则主要负责对车辆、行人、周边环境、交通状况等进行高精度定位与实时监测，并将这些信息实时下发给车辆。为满足下一代智能网联车辆的指标需求，车联网通信要求高速率、低时延传输。一般通信系统可以将时延控制在几十至几百毫秒，而自动驾驶等关键应用则要求通信时延在 10ms 以内 [11]。另外，车对设施（Vehicle to Infrastructure，V2I）通信网络还需具备稳定可靠的厘米级精度定位功能，以实现对交通环境和车辆的高精度感知 [18]。现有规模化部署的 4G/5G 蜂窝网络主要工作在 Sub-6GHz 频段，仅具备基础的 V2I 通信功能。例如，LTE 网络可以在 10m 的范围内提供定位信息，其通信速率在 100Mbit/s 量级，端到端时延在百毫秒量级，因而难以满足上述通信与感知需求 [11]。

可以预见，随着未来 5G/B5G 毫米波大规模多输入多输出（Multiple-input Multiple-output，MIMO）技术的实际应用，车联网的性能有望得到显著提升。毫米波频段具有充裕的可用带宽，不仅可以实现更高的数据传输速率，亦能显著提升距离分辨率。此外，大规模的天线阵列可以形成“铅笔式”窄波束，准确地指向车辆或者其他感兴趣的目标所在方向。这可以补偿毫米波信号的路径损耗，同时提高方位角的估计精度 [19-20]。更重要的是，由于毫米波信道的稀疏性，其仅包含少数多径分量。与 Sub-6GHz 频段丰富的散射路径相比，毫米波用于雷达探测时，其目标回波受到的杂波干扰要小得多，因此十分有利于对车辆进行高可靠感知定位 [18, 21]。

综上所述，有必要在车载平台或者路边单元（Road Side Unit，RSU）同时实现雷达感知与通信功能。现有的雷达通信一体化方案大多是针对 Sub-6GHz 频段设计，面向智能交通以及车联网的毫米波雷达通信一体化方案则较少。在此场景下，一体化设计需要考虑诸多限制条件，例如毫米波信道、车辆的高动态以及轨迹约束等。

1.2.3　Wi-Fi 定位及动作识别

随着物联网的发展，人们对室内定位服务的需求与日俱增。尽管 GNSS 技术在室外环境下非常适用，但其性能在室内应用中会大打折扣。作为一种低成本的解决方案，Wi-Fi 定位系统（Wi-Fi-based Positioning System，WPS）受到了学术界和工业界极大的关注 [12, 22]。在 WPS 中，Wi-Fi 路由器收到用户端发射的信号，并根据测量信号的到达时间（Time of Arrival，ToA）和到达角（Angle of Arrival，AoA）来推断用户端的位置。此外，定位信息还可以通过测量接收信号强度（Received Signal Strength，RSS）及其他信号特征来获取。典型的信号特征包括频率响应、I/Q 信号幅度等。这些信号特征将与一个预先测量好的特征数据库进行匹配，从而估计出一个最有可能的用户端位置[23-25]。

为获取包括人体动作在内的更多目标细节信息，Wi-Fi 路由器还能够直接处理由人体反射或散射的目标回波。与传统的 WPS 相比，这类系统更类似于一种双站雷达。特别地，Wi-Fi 路由器能够从信道状态信息（Channel State Information，CSI）中提取因人体动作所引起的微多普勒频移，从而识别人的行为[26]。这一技术的潜在应用将不仅局限于传统的室内定位，还能够拓展到包括老年人健康监测、情景感知、反恐行动和智能家居等一系列新型场景中[27-29]。值得一提的是，由谷歌（Google）的先进技术项目组（Advance Technology and Projects，ATAP）主导的“Soli”项目采用了类似的思想，即利用手机搭载的毫米波雷达对人的手势进行识别，从而实现无接触式的人机交互[30]。这一技术在新型冠状病毒疫情防控中能够发挥巨大的作用。

上述技术可以被视作利用 Wi-Fi 网络来实现一种特殊的雷达/感知功能，因而可以被囊括在雷达通信一体化领域中。为实现同时同频的 Wi-Fi 通信与定位，需要进一步发展先进的协同信号处理技术。

1.2.4 无人机感知与通信

在一些具有巨大数据需求量的场景（如球赛转播、演唱会等）或灾害应急场景（如地震、火灾等）中，无人机可作为空中基站服务于地面用户[31-32]。在这些场景中，无人机既需要通过感知环境获得数据，又需要将这些数据传输给通信用户。因此，感知与通信是无人机网络的两个不可或缺的功能。无人机平台上常用的摄像头传感器对包括光照强度、天气等在内的环境因素较为敏感。与此相比，基于电磁波的雷达传感器则能够全天候使用，还能用于无人机集群编队和碰撞检测/避免[33]。长期以来，无人机的通信与感知的研究是相互分离的。在感知与通信一体化技术方面少有以无人机网络为背景的研究工作。雷达传感器和通信收发机共享同一硬件平台，能够有效地减小无人机的载荷，从而在降低能耗的同时提升无人机的机动性。

另外，由于无人机可能被用来进行物理和网络攻击，其对基础设施和人员也会构成威胁[34-36]。即使是民用无人机，无意间飞入禁区也可能造成严重的后果[37]。为了检测和跟踪未经授权的无人机，研究者们提出了多种技术，例如雷达、摄像机和声学传感器[36]。然而，部署无人机侦测专用设备的代价比较高昂。因此，人们越来越需要利用现有的通信系统（如蜂窝基站）来监视未授权的无人机，同时向已授权的用户提供无线通信服务。这一部署不需要大量的额外硬件，可有效降低成本[38]。此外，通过将基站改造为低功率雷达，包含大量微基站的未来超密集网络可以被用作城市防空系统，在面临未授权无人机威胁时发出低空预警。

1.2.5 空天网络遥感与导航增强

机载和星载雷达被广泛用于遥感与地球科学中，用来提供高分辨率全天候成像、导航等功能。当前，有超过 15 种航天星载雷达在太空中服役，并被用于环境感知、地球遥测、导航、异常检测、4D 地图构建、安全防御、行星探测等许多应用场景中[39]。这些雷达系统均工作在合成孔径雷达（Synthetic Aperture Radar，SAR）模式，使用线性调频（Linear Frequency Modulation，LFM）波形或正交频分复用（Orthogonal Frequency Division Modulation，OFDM）波形。在这些波形中嵌入通信数据后，机载或星载雷达就可以向成像区域传递信息，并在战场环境中提供隐蔽通信以及导航增强等服务。

在此基础上，空天网络中的机群或低轨卫星集群还可以通过通信的方式共享雷达获取到的目标信息，通过协作编队技术形成一个大型的虚拟天线阵列，从而进一步提高雷达定位与成像精度，提供网络化定位、感知与导航增强服务。

1.2.6 多功能射频系统

从发展历史来看，包括通信、电子战和雷达在内的舰载和机载射频系统的开发是相互分离的。这些子系统的发展会使战斗平台的体积、质量以及天线阵列尺寸显著增加，导致更大的雷达截面积（Radar Cross-section，RCS），从而大大增加被敌方侦测到的可能性。此外，这些子系统的共存会不可避免地引起电磁兼容性问题，因而可能造成严重的相互干扰。为了解决这些问题，美国国防高级研究计划局（Defence Advanced Research Projects Agency，DARPA）于 1996 年启动了先进多功能射频概念（Advanced Multi-function Radio Frequency Concept，AMRFC）项目[40-41]，其目的是设计能够同时支持上述多种功能的综合射频系统。2009 年，美国海军研究办公室（Office of Naval Research，ONR）实施了一项后续项目，即集成上层建筑（Integrated Topside，InTop）计划[42]，这一计划的目标是基于 AMRFC 项目的成果进一步开发基于多功能射频系统的宽带射频组件和天线阵列。显而易见，如何融合雷达与通信子系统是上述研究的核心问题。随后，DARPA 在 2013 年资助了一项名为“雷达和通信共享频谱接入”（Shared Spectrum Access for Radar and Communication，SSPARC）的专用项目，并在 2015 年推进到第二阶段。这一项目的目的之一是释放部分 6GHz 雷达系统的频段，以供雷达和无线通信共享使用[8]。SSPARC 项目的目标不仅包括与军事通信系统共享雷达频段，还包括与民用无线系统共享雷达频段，这与本书 1.2.1 节讨论的雷达与商用无线通信系统共存问题密切相关。

1.2.7 雷达辅助的低截获概率通信

许多通信应用都具有保密的需求，即在通信信息传输过程中保护敏感信息（如商业信息或关键设施的位置）的需求。因此，可以利用被截获概率来刻画保密通信的关键性能。传统上，低截获概率（Low Probability of Intercept，LPI）是通过跳频/跳时或扩频方法来实现的，这需要大量的时间和频率资源[43-44]。从雷达通信一体化的角度来看，一种更经济的方法是将通信信号嵌入雷达回波中，以掩盖数据传输[13, 45-46]。

在上述场景中，LPI 系统模型一般由散射目标、无线射频（Radio Frequency，RF）标签（应答器）和雷达收发器组成。简单地说，雷达首先发射探测信号，这一信号在到达目标时可以被 RF 标签捕获。然后，RF 标签用通信信息对雷达信号进行重调制，再将其发送回雷达，该 RF 标签的独特信号特征自然会嵌入所反射的雷达回波中[13]。在这一过程中，应当通过控制其发射功率以及与雷达波形的相关性、相似性来设计相应的通信波形。如此一来，由于通信信号隐藏在随机的杂波和回波中，对其进行识别将非常困难。而雷达则可以利用一些先验信息对通信信号进行解码[45]。因此，通过精心设计的波形和先进的信号处理技术，可以在雷达感知、通信速率和信息保密性之间取得多种性能的折中。

1.2.8 无源雷达

从更广泛的视角来看，利用非合作通信信号进行目标探测的无源雷达可以被看作一种特殊的雷达通信一体化技术。这些信号包括电视信号、蜂窝基站信号和数字视频/音频广播（Digital Video/Audio Broadcasting，DV/AB）信号[47]。为了检测目标，无源雷达会接收一个从外部发射机发出，经视距路径（通常称为参考信道）传输的参考信号。同时，它会收到同一信号经由目标散射（称为监视信道）后的散射信号[48-49]。与有源雷达系统类似，这些散射信号同样包含目标的参数信息。因此，可以通过计算从两个信道收集的信号之间的相关性来估计有关目标参数。

众所周知，由于无源雷达在进行目标探测时保持静默，其很难被定位或者受到干扰，因此适用于对隐蔽性要求较高的场景。此外，它不需要额外的时间资源和频率资源，因而其成本和复杂度大大低于传统的有源雷达设备。因此，无源雷达又被称为“绿色雷达”[48]。然而，由于无源雷达所使用的信号不是专门为目标检测而设计的，并且发射源通常不受无源雷达的控制，因此其可靠性较差[48]。为在进一步提高检测概率的同时保证良好的通信性能，可以采用雷达通信一体化技术进行联合波形设计和资源分配[50]。

1.2.9 其他应用场景

除了上述场景外，还有一些潜在的雷达通信一体化应用尚未引起人们的关注，现举例如下。

（1）射频识别（Radio Frequency Identification，RFID）。典型的 RFID 系统由读取器和 RF 标签组成。RF 标签可以分为有源或无源两种类型，取决于其是否携带电池。在进行射频识别时，读取器首先向 RF 标签发送询问信号，RF 标签对该信号进行重调制后返回给读取器。重调制后的信号中包含由 RF 标签的天线阵列负载形成的独特信号特征。读取器据此即可完成 RF 标签的识别。RFID 技术具有类似雷达的传输机制，又通过背向散射通信在读取器和 RF 标签之间建立通信链路，所以可以在某种程度上视作雷达与通信的一体化 [51]。

（2）生物传感器。生物传感器可被嵌入人体内，用来检测人体的健康状态。这些传感器只能支持低功耗的感知功能，且计算性能有限。因此，一般需要将测量的原始数据传输到体外设施完成进一步的处理。如何在该领域实现通信与感知一体化仍然是一个开放问题 [52-53]。

（3）雷达作为通信中继。与传统无线通信不同，大多数雷达信号的传输都具有高功率和高指向性，这些特性使得雷达非常适合作为通信中继来使用。雷达可以将微弱的通信信号放大后，转发给远距离通信用户。雷达通信一体化中继技术将能够在中/远距离通信应用中发挥重要作用 [54]。

1.3 研究现状

本节对雷达通信联合领域的研究现状进行梳理和综述。

1.3.1 雷达与通信同频共存的研究现状

我们首先讨论分立的雷达与通信系统的同频共存，主要内容包括：机会频谱共享、互干扰信道估计、预编码设计（包括具有闭式解的预编码方案和基于凸优化方法的预编码设计），以及接收机设计。

1. 机会频谱共享

机会频谱共享可以看作传统认知无线电技术的一种简单扩展，其中雷达是频谱的主要用户（Primary User），通信系统则是次级用户（Secondary User）。这类方案通常要求次级用户感知频谱，并且在频谱未被占用时进行传输 [55]。为避免对雷达产生干扰，通信系统需要通过控制其传输功率来保证雷达接收到的干扰噪声比（Interference to Noise Ratio，INR）小于其能容忍的门限。在此基础上，美国卡内基梅隆大学的 R. Saruthirathanaworakun 等人于 2012 年进一步考查了蜂窝通信系统的旋转扫描雷达的同频共存 [56]。在这一模型中，雷达天线的主瓣在不断旋转，从而允许通信系统在位于雷达旁瓣内时进行通信。他们考虑了在给定雷达所能容忍的 INR 要求下，基站与雷达之间的最短距离。同时，他们还计算了在此 INR 要求下基站对其下行用户所能达到的信号对干扰加噪声比（Signal to Interference plus Noise Ratio，SINR），从而给出了机会频谱共享场景下的下行通信速率，并分析了多种数据业务（如语音、视频和文件下载）在这一场景下的可行性及其性能。

值得注意的是，以上方案虽然易于工程实现，但无法真正实现雷达与通信系统在时、频、空的资源共享。这是因为机会频谱共享方案仅仅允许通信系统在一定条件下传输信号，在其他情况下则不能。这些条件通常包括：雷达是否正在该频段工作，通信系统传输的信号功率是否会干扰雷达工作，通信系统是否位于雷达波束图样的主瓣位置。因此，这一方案无法做到高效利用资源。此外，这些研究通常考虑的是机械式或相控阵扫描雷达与通信系统的共存，而这些雷达将会被下一代集中式 MIMO 雷达取代 [57-58]。与上述两种扫描式雷达相比，MIMO 雷达在进行目标搜索时通常发射全向正交波形，在进行目标跟踪时又需要进行波束赋形 [57]。这使得基站很难在 MIMO 雷达随机切换波束图样时识别其主瓣和旁瓣的位置。因此，需要采取更为先进的技术（如预编码）来消除雷达与通信系统的互干扰。

2. 互干扰信道估计

在进行预编码设计之前，首先需要获取雷达与通信系统之间的互干扰信道状态信息（Interference Channel State Information，ICSI）。传统上，可以通过雷达向通信系统发射导频信号来估计互干扰信道，而这将不可避免地造成计算资源和信号资源的浪费，且会影响雷达正常的目标探测等操作 [59]。文献 [60] 进一步提出可以在雷达与通信系统之间架设一个控制中心来协调 ICSI 的估计和发射预编码的设计。在雷达具有优先权的频谱共享系统中，该控制中心还可以同时作为雷达的信息融合中心使用，并隶属于雷达站进行管理，从而避免了将雷达信号参数共享给民用通信系统所引起的安全问题。然而，控制中心的建设成本往往较高。基于上述设计，文献 [61] 提出了一种新的雷达通信互干扰信道估计方案，其核心思想是利用 MIMO 雷达的探测信号作为导频，因此雷达不需要额外发射导频。由于 MIMO 雷达在目标搜索和跟踪两种模式间随机切换，基站需要首先利用假设检验方法判别雷达的工作模式，然后再据此对信道进行估计。

3. 具有闭式解的预编码方案

在获取互干扰信道以后，为保证雷达与通信系统真正同时同频工作且互不干扰，可以在雷达或通信端进行预编码设计来消除干扰。与 MIMO 通信的迫零（Zero-forcing，ZF）预编码类似，一种较为简单的具有闭式解的预编码方案是零空间投影（Null-space Projection，NSP）预编码，最早见于 2012 年由美国弗吉尼亚理工大学 S. Sodagari 等人发表的文献 [62]。这一工作考虑了集中式 MIMO 雷达与 MIMO 通信接收机的共存问题，其预编码设计在雷达端进行。具体步骤为：首先估计雷达发射机与通信接收机之间的互干扰信道，再通过奇异值分解（Singular Value Decomposition，SVD）得到信道的右奇异矢量矩阵，利用其中对应奇异值为 0 的部分奇异矢量矩阵构造投影矩阵，该矩阵可以将任意信号投影至信道的零空间（Null-space）中。最后，利用该投影矩阵乘在雷达信号上对其进行线性预编码，即可保证其对通信接收机的干扰功率为 0。可以看到，这一算法与 MIMO 通信中的 SVD 预编码有诸多相似之处。不同的是，这一操作势必会对雷达的性能造成影响。根据作者的分析，MIMO 雷达估计性能的克拉美-罗下界（Cramér-Rao Lower Bound，CRLB）将会恶化 [62]。这是因为 MIMO 雷达采用正交波形时得到的 CRLB 是最优的，而投影矩阵无疑破坏了这种正交性。后续文献 [63] 中，作者进一步考虑了利用特征值矩阵中所有对应奇异值不超过某一门限的奇异矢量构成的矩阵来设计预编码矩阵。利用该矩阵进行预编码后，雷达信号对通信系统造成的干扰将低于某一门限。作者同时指出，当特征值门限趋于无穷时，投影矩阵将趋近于单位矩阵，因此不会对雷达波形的正交性造成任何影响，同时却无法控制对通信接收机的干扰大小。反之，如果将干扰降为 0，则经过预编码后的雷达波形将会严重失真，这正是雷达与通信性能的两种极端情况。而随着门限取值的变化，预编码矩阵可以在通信与雷达性能之间进行权衡。2015 年，在先前研究的基础上，A. Khawar 等人进一步分析了 NSP 预编码方法对 MIMO 雷达检测性能的影响，给出了检测概率（Detection Probability）性能曲线 [64]。

以上工作虽然能够较好地利用预编码设计实现雷达与通信的同频共存，但也存在两个较大的问题：NSP 预编码对通信接收机造成的干扰大小依赖信道的奇异值，而奇异值的大小无法人为控制，因而并不能真正将干扰最小化，或是降低到任意给定门限以下；若待探测目标的方向恰与干扰信道的零空间对齐，则该目标将无法被雷达识别。上述问题迫使学术界考虑利用凸优化（Convex Optimization）方法来实现雷达与通信的同频共存。

4. 基于凸优化方法的预编码设计

2016 年，美国罗格斯大学的 B. Li 等人首先考虑了利用凸优化技术实现 P2P MIMO 通信系统与矩阵完成 MIMO（Matrix Completion MIMO，MC-MIMO）雷达之间的同频共存问题[65]。MC-MIMO 雷达与普通 MIMO 雷达的不同之处在于，其仅对接收信号矩阵的部分元素进行采样，然后在接收端利用矩阵完成算法近似恢复出完整的雷达信号，从而实现节省计算资源的目的。文献 [65] 对通信发射信号的协方差矩阵和雷达的次采样矩阵进行联合优化，用以最小化雷达端在对接收信号采样后的等效干扰功率，同时满足通信系统的发射功率以及容量约束。作者利用拉格朗日对偶分解（Lagrangian Dual-decomposition）和交替最小化（Alternating Minimization）算法对相关问题进行了求解。2017 年，B. Li 等人进一步将与信号相关的雷达杂波（Signal-dependent Clutter）引入优化模型中[60]，使其更符合雷达工作的实际情形。美国哥伦比亚大学的 L. Zheng 等人考虑了脉冲式雷达（Pulsed Radar）与通信的共存问题[66]。他们指出，在共存场景下，通信对雷达的干扰是持续不断的，而由于脉冲占空比的存在，雷达对通信的干扰则是间歇性的。因此，他们给出了一种新的通信速率度量方式，即复合速率（Compound Rate）。该速率是存在雷达干扰时的通信速率与不存在干扰时的通信速率的加权和。在文献 [66] 中，作者对通信信号的协方差矩阵以及雷达信号进行了优化，用以最大化通信的复合速率，同时满足雷达和通信的发射功率预算，以及雷达的接收 SINR 门限。这一优化问题在雷达干扰满足特殊条件时可被解析求解。

为进一步实现 MIMO 雷达与多用户 MIMO（Multi-user MIMO，MU-MIMO）通信系统的同频共存，文献 [67] 给出了一种在不完美 ICSI 假设下的稳健预编码方案，可在最大化雷达的检测概率的同时保证下行通信用户的 SINR 约束条件。文献 [68] 给出了一种干扰对齐预编码方案来实现多个雷达与多个通信系统之间的频谱共享。文献 [69] 则考虑了雷达的估计性能的优化，在存在通信干扰的情况下，通过在雷达端进行预编码来最小化目标估计的 CRLB。进一步地，文献 [70] 给出了一种基于"建设性干扰"概念的通信端发射预编码方案，即利用已知的通信用户间干扰来加强下行用户的接收 SINR，同时最小化对雷达的干扰。仿真结果显示，在相同的发射总功率约束下，与传统预编码方案相比，这一方案中通信系统的性能得到极大提升，同时雷达收到的通信干扰显著减小。

5. 接收机设计

在本小节最后，我们讨论雷达与通信同频共存场景下的接收机设计方案。该方案中，接收机需要在存在雷达干扰的情况下解调通信信号，或在存在通信干扰的情况下对雷达目标进行估计。目前，这方面的主要工作都集中在通信接收机的设计上。

文献 [71] 首先考虑了在雷达与通信非协作情况下的通信接收机设计。在这一模型中，通信接收机在有多个未知雷达干扰源的情形下工作，并尝试解调通信信号。他们首先证明，在某种表示域下，通信系统接收到的雷达干扰是稀疏（Sparse）的。同时，在迭代式解调算法中，解调错误将随着迭代次数的增加变得越来越稀疏。综合这两点后，他们提出了基于压缩感知（Compressed Sensing）和原子范数（Atomic Norm）约束的优化算法，以实现联合解调及雷达波形估计，由此消除雷达信号干扰并恢复通信信号。仿真结果显示，这一算法可以使通信接收机获得较好的误符号率（Symbol Error Rate，SER）性能。在典型共存场景下，通信系统将周期性地收到雷达的干扰脉冲，这类脉冲信号通常具有较大的幅度和较窄的时间宽度。我们因此可以将通信接收机收到的雷达干扰近似建模为具有恒定幅度的加性信号。虽然干扰信号的幅度可以较为准确地进行估计，但由于雷达信号的随机时延，其相位将难以进行估计。文献 [72] 考虑了在雷达干扰信号的幅度已知、相位未知情况下的通信接收机设计问题，主要包括：在给定通信星座图的情况下，如何根据最大似然准则决定最佳的判决域；如何设计自适应的最优星座图来最小化通信的误符号率。仿真结果显示，在低功率雷达干扰下，最优星座图呈同心六边形；在高功率雷达干扰下，最优星座图为非等间距的脉冲幅度调制（Pulse Amplitude Modulation，PAM）。

1.3.2 雷达通信一体化的研究现状

本小节介绍雷达通信一体化的研究进展，具体包括：信息论研究、时频域信号处理、空域信号处理，以及 B5G/6G 雷达通信一体化系统。

1. 雷达通信一体化系统的信息论研究

为了研究雷达通信一体化系统所能达到的性能极限，必须在统一的理论框架下对两种系统的性能度量进行讨论，这就要求使用信息论来对其进行分析。其中的一个关键问题是，如何给定雷达系统性能的信息论度量。众所周知，传输速率是衡量通信系统性能的重要指标。通信发射符号一般取自一个可数的离散星座图（Constellation）。假设星座图的大小为 N，则每一个星座点包含了 $\log N$ 比特的信息，因而可以用比特率（Bit Rate）来对通信速率进行度量。与通信系统相反，雷达系统发射的信号并不是取自一个离散的星座点集，且其本身并不包含信息。只有在被待探测目标反射后，才会在回波中携带目标的信息。因此，我们难以将比特率这样的概念用到雷达系统中。我们注意到，在点目标模型下，雷达通常需要估计目标的距离、速度和方位角这 3 个重要参数，分别对应于雷达信号的 3 个维度：快时间域（Fast Time，即单个脉冲内时间）、慢时间域（Slow Time，即脉冲个数）和空间域。在这 3 个维度，我们可以将信号经过采样后划分为多个分辨单元，每个单元对应了一个特定的目标距离、速度和方位角。而对回波的处理，就是通过脉冲压缩、傅里叶变换和接收波束赋形等操作，判断其在哪个单元内具有最大的响应，从而将该分辨单元作为目标参数的估计 [73]。因此，可以将每一个分辨单元视作一个"星座点"，从而对雷达获取目标信息的"速率"进行度量。这一思想最先由美国的 J. Guerci 等人在 2015 年提出 [74]。我们进一步注意到，通信系统的传输速率极限由香农容量给定，而香农容量被定义为发射端到接收端的最大互信息（Mutual Information）。那么雷达系统中是否存在与之对应的性能界呢？一个自然的联想是雷达的 CRLB。根据参数估计理论，CRLB 是所有无偏估计器的性能下界。换言之，CRLB 给出了参数的无偏估计所能达到的最小方差 [75]。如果将方差视为对参数估计量的不确定性，那么，与通信系统中互信息的概念类似，我们可以将雷达对“目标参数不确定性的消除”定义为雷达与目标之间的互信息，即雷达与目标之间的“信道容量”。基于这一认识，2016 年，美国亚利桑那州立大学的 A. Chiriyath 等人定义了雷达的估计速率（Estimation Rate）[76]，并利用上述方法导出了估计速率的上界。在文献 [76] 中，他们考虑了一种雷达通信一体化接收机，该接收机同时处理雷达信号的回波以及通信用户的上行信号，因而可以被看作一种特殊的多址信道。与此同时，他们类比通信系统中对多址信道的分析方法，分别考虑了时分、频分、串行干扰消除（Successive Interference Cancellation，SIC）以及注水（Water-filling）体制下，雷达的估计速率与通信的比特率之间的性能权衡曲线。2017 年，文献 [77] 进一步给出了一种加权频谱效率，通过对一体化系统的雷达和通信功能分别赋予一定的权重来计算二者频谱效率的加权和，并以此作为一体化系统的一种综合性能度量。2018 年，文献 [78] 针对多天线一体化系统进行了分析，并给出了其估计速率的定义。

2. 雷达通信一体化系统的时频域信号处理

雷达通信一体化系统的一个核心问题就是一体化波形设计，即设计一种新型复用波形，使之既能携带通信信息，又能用于雷达目标探测。早期的雷达通信一体化波形主要集中在对时频域信号的处理上。其中，最早的一体化方案可以追溯到 1963 年，Mealey 提出利用雷达脉冲对通信数据进行调制的单向通信系统。该系统利用地面雷达向导弹发射脉冲组，每个脉冲相对于参考脉冲的位置不同，代表了不同的意义，即利用脉冲组携带了信息 [79]。2003 年，美国加利福尼亚大学洛杉矶分校的 E. Brown 等人率先提出了利用斜率相反的啁啾（Chirp）信号调制通信信息的雷达通信一体化系统 [80-81]，由于斜率相反的啁啾信号之间存在准正交性，因而可以将雷达与通信信号区分开来。2008 年，瑞典布京理工学院的 M. Jamil 等人提出利用 Oppermann 多相序列扩频码来区分雷达探测功能和通信功能 [82]，他们得出 Oppermann 序列有较好的自相关性和较小的互相干性，模糊函数具有较好的多普勒容忍性，在通信方面具有多址的能力，非常适合作为雷达通信一体化波形。

2009 年，德国卡尔斯鲁厄理工学院的W. Wiesbeck 团队提出了基于 OFDM的雷达通信一体化系统 [83]，并提出了对 OFDM 通信波形的雷达处理方案。该方案利用快速傅里叶逆变换（Inverse Fast Fourier Transform，IFFT）算法和快速傅里叶变换（Fast Fourier Transform，FFT）算法分别估计距离和速度，能够实现距离域与多普勒域的解耦，具有极佳的性能。2010 年，美国迈阿密大学的 D. Garmatyuk 等人也提出了 OFDM

雷达通信一体化信号的处理方式[84]。2010年，加拿大蒙特利尔大学的K. Wu团队提出了基于时分双工体制的雷达通信一体化系统[85]，该体制将系统的工作时隙划分为雷达时隙与通信时隙，雷达使用正斜率-无斜率-负斜率变化的线性调频波形，通信则可使用任意调制方式，通信周期和雷达周期交替出现，在时域上互不干扰。2011年和2012年，W. Wiesbeck团队和K. Wu团队分别发表综述性论文[86-87]，总结了截至当年学术界有关雷达通信一体化波形设计的研究与进展。W. Wiesbeck团队将一体化波形分类为线性调频体制、扩频码体制和OFDM体制，并对这几种方案分别进行了仿真分析，得出OFDM体制是性能最佳的一体化波形这一结论。2016年，英国思克莱德大学的D. Gaglione等人提出利用分数阶傅里叶变换（Fractional Fourier Transform，FrFT）替代OFDM中的离散傅里叶变换（Discrete Fourier Transform，DFT）[88]，从而可以将正弦载波替换为啁啾信号载波，同时实现雷达功能和通信功能。国内，在王小谟院士的指导下，中国电子科技集团公司电子科学研究院的陈兴波等人于2011年提出了一种结合啁啾信号与MSK调制的恒包络一体化波形，称为LFM-MSK信号，并在文献[89]中分析了这种波形的雷达模糊函数。2015年，北京理工大学的刘志鹏等人在此基础上进一步给出了LFM-MSK信号的时频分析。由于调制了随机通信数据，LFM-MSK信号的雷达匹配滤波将出现较高的副瓣[90]。为此，刘志鹏等人在文献[90]中还提出了一种加窗反卷积方案来对副瓣进行消除。

3. 雷达通信一体化系统的空域信号处理

从上述工作可以看到，基于时频域分析的单天线雷达通信一体化波形设计已经得到了较为充分的研究。然而，随着4G和5G通信技术的发展，MIMO技术已被广泛应用于各类民用通信系统中。为实现雷达与MIMO通信系统的结合，在空间域中对一体化波形进行分析与设计是一种必然趋势。

近年来，MIMO雷达在学术界得到了广泛的研究。与MIMO通信类似，MIMO雷达也利用多天线得到了更高的分集增益和自由度，极大地提升了信号处理的性能。两种技术之间的相似性提供了MIMO雷达与MIMO通信结合的可能性。这一方向的文献主要来自美国维拉诺瓦大学M. Amin等人的相关研究。2006年，澳大利亚的B. Donnet等人首先提出了MIMO雷达与OFDM通信结合的设想[91]。2015年，M. Amin等人首次提出在视距信道内利用MIMO雷达发射波束图样的副瓣进行通信的方案[92]。具体而言，这一方案利用发射波束赋形来调整副瓣的高度，用于表示不同的通信符号，相当于对其进行了幅度调制。通信接收机则利用能量检测来判断收到的符号是“1”还是“0”。一体化系统利用主瓣进行目标探测，利用副瓣进行通信，因此其雷达功能基本不受影响。为提升通信速率，并将这一方案拓展至多用户通信场景，2016年，M. Amin等人考虑用MIMO雷达发送Q个正交波形，可以在一个脉冲内代表Q个比特，并利用两个加权矢量对发送波形进行加权，使得合成波形拥有相同的主瓣和不同的旁瓣，用以区分二进制数据，且不影响雷达性能[93]。再进一步假设有 N 个通信用户分布在 N 个角度，于是需要使得这个角度的副瓣产生高低变化。同年，文献 [94] 提出了一种在 MIMO 雷达中利用相位调制传输通信信息的方案，具体是利用不同的加权矢量表示不同的相位，其中有一个加权矢量为基准矢量，分别计算所有加权矢量和方向矢量的乘积，以基准矢量与方向矢量的乘积为分母，其他加权矢量与方向矢量的乘积为分子，所得到的比值的相角即为相移键控（Phase Shift Keying，PSK）符号。后续文献 [95] 提出了通过交换雷达波形在不同天线上的位置来进行通信，即利用置换矩阵（Permutation Matrix）携带信息。这一方案对于雷达的发射波束赋形性能没有任何影响，因为雷达波形本身没有发生任何变化。

2017 年，美国堪萨斯大学的 S. Blunt 等人利用凸优化方法设计 MIMO 一体化信号，这种方法能够在最小化发射功率的同时，将雷达信号和通信信号分别发射至指定角度[96]。值得注意的是，这一优化问题可以解析求解。进一步地，还可以利用交替投影算法来逼近指定的恒包络参考波形，使一体化信号满足恒包络特性。同年，在后续工作[97]中，S. Blunt 等人利用基于软件无线电的硬件平台，演示并验证了文献 [96] 中的一体化波形设计方法。这也是 MIMO 雷达通信一体化波形首次得到硬件试验验证。

在以上 MIMO 雷达通信一体化方案中，我们注意到，一个通信符号通常由一个或多个雷达脉冲表示，这使得通信速率基本上与雷达的脉冲重复频率（Pulse Repetition Frequency，PRF）相当，从而只能支持速率为 kbit/s 级别至 Mbit/s 级别的通信应用，难以提供 Gbit/s 级别的传输速率。此外，基于雷达副瓣调制的一体化方案仅能支持视距通信。这是因为在非视距信道中，由雷达副瓣发送到通信接收机的符号会受到其他方向到达的多径干扰而产生严重失真。因此，文献 [98] 讨论了在非视距信道下 MIMO 雷达与 MU-MIMO 通信系统的一体化波束赋形问题。其中，通信信号被直接用于雷达探测，一个通信符号即代表一个雷达快时间采样点，因此不会影响下行通信速率。通过优化设计一体化波束赋形矩阵，可以在产生符合雷达探测要求的波束图样的同时满足下行通信用户的 SINR 约束。文献 [99-100] 进一步讨论了 MIMO 雷达通信一体化系统的恒包络波形设计问题，其目的是在最小化通信用户间干扰的同时，满足雷达波形的相似性约束和恒包络约束。上述文献的作者提出了一种快速的分支定界算法来求解非凸优化问题，该算法能够在短时间内找到全局最优解。

4. B5G/6G 雷达通信一体化系统

尽管学术界已对雷达通信一体化进行了充分的研究，现有的一体化方案大多基于 Sub-6GHz 系统及相关应用。为应对无线设备与服务的爆炸性增长，5G 网络利用毫米波频段的大带宽来成百上千倍地提高容量。与此同时，5G 时代的毫米波基站被赋予了感知功能，可被用于包括车联（Vehicle to Everything，V2X）网在内的多种新兴应用场景。目前，毫米波频段的雷达通信一体化是该领域的一个新的研究方向。文献 [101-102] 提出利用 60GHz 频段的 IEEE 802.11ad WLAN 协议来实现雷达感知功能。由于 WLAN 协议一般基于室内场景，且适用于小规模天线阵列，其只能支持较短距离的目标探测。为解决毫米波信号的路径损耗较大的问题，通常需要采用大规模 MIMO（massive MIMO，mMIMO）天线阵列来进行波束赋形。更进一步地，mMIMO 天线阵列的高自由度使得毫米波频段的雷达通信一体化成为可能。文献 [103] 首次分析了 mMIMO 雷达的检测性能。其仿真结果显示，mMIMO 雷达仅需要单个雷达信号快拍（Snapshot）即可达到采用多快拍的普通 MIMO 雷达的性能，且不易受到未知干扰的影响。

值得注意的是，毫米波和 mMIMO 天线阵列所带来的性能增益建立在更大的硬件资源和计算资源消耗上。对全数字 mMIMO 天线阵列来说，由于其需要的毫米波射频链路数量巨大，这一资源消耗将尤其显著。为解决这一问题，通常在毫米波基站中采用所谓的模数混合波束赋形结构 [104-105]。此结构仅需少量射频链路，通过移相器网络与 mMIMO 天线阵列相连接，而不需要每个天线都与一个单独的射频链路相连，从而达到降低射频链路成本和功耗的目的 [106]。这一思想不仅在通信领域，也在雷达领域的研究中有所体现，即所谓的 Phased-MIMO 雷达 [107]。这种雷达结合了相控阵雷达和全数字 MIMO 雷达的优势，将天线阵列划分为多个子阵列，在子阵列之间传输独立的数字波形，在子阵列上进行相控阵波束赋形 [108]。如此一来，在保留了 MIMO 雷达高自由度的同时，我们可以通过控制子阵列的相位来将信号能量集中在感兴趣的目标方向，从而提高回波的信号干扰噪声比。与通信中的混合模数阵列类似，Phased-MIMO 雷达能够在全数字和全模拟波束赋形之间取得性能折中。

考虑到混合波束赋形与 Phased-MIMO 雷达之间的天然联系，在 5G 毫米波基站中融合两种技术具有极大的潜力，且有助于多种新兴应用的发展，包括车联网和 mMIMO 定位等。在目前已有的工作中，文献 [109] 提出了一种基于毫米波混合波束赋形架构的雷达通信一体化系统，并讨论了其信道估计、上下行通信、雷达目标搜索与跟踪等多个方面的一体化传输与接收算法。单个模拟天线阵列通常用来生成定向的窄波束，在雷达通信一体化系统中，这种使用方式使得雷达探测方向局限于通信方向。为了支持不同方向的通信和目标探测，文献 [110] 提出了一个多波束方案：单个模拟天线阵列生成的波束包含两个以上主瓣，除非通信和雷达扫描方向重合。其中一个方向固定的子波束指向通信接收机，剩余的一个或多个子波束的每个数据包改变一次方向，用作雷达扫描。波束生成和更新，以及雷达探测的算法都在文献 [110] 中进行了探讨。两个子波束的多种共性合成的方法在文献 [110-112] 中得到了深入研究，以实现同时满足通信和雷达性能要求的多波束波形优化。波束赋形的系数量化方法和性能分析在文献 [111] 中进行了探讨。文献 [113-114] 进一步提出利用 mMIMO 毫米波基站作为路边单元，对多台车辆同时进行定位与通信。由于采用雷达回波对波束赋形进行辅助，与传统的基于纯通信协议的波束跟踪相比，B5G/6G 雷达通信一体化系统能够极大地减少导频的开销，从而提升通信速率。

1.4 预备知识

本节简单介绍雷达和通信系统的基本原理，为本书后续章节的讨论与分析打下基础。由于本书主要聚焦于脉冲体制雷达与通信的同频共存及一体化，因此本节仅对脉冲雷达进行介绍。连续波雷达的基本原理和知识可参考文献 [115-116]。

1.4.1 雷达信号处理的基础知识

脉冲雷达的基本工作流程为：雷达首先发射一个探测脉冲，脉冲信号到达目标后被目标反射至雷达端。这一回波中包含了目标距离、速度、角度等参数信息。雷达的任务是对回波进行处理，提取出目标信息，从而对目标进行定位或跟踪。由于雷达周期性地发射信号并接收回波，这一发射-接收循环通常被称为脉冲重复周期（Pulse Repetition Interval，PRI）。类似地，一秒发射的脉冲个数被定义为脉冲重复频率（Pulse Repetition Frequency，PRF）[73]。

我们考虑一个具有 N_{t} 个发射天线与 N_{r} 个接收天线的脉冲雷达，且该雷达正在探测位于远场（Far Field）的一个点状目标。该目标相对于雷达的距离、径向速度以及角度分别表示为 d、v 和 θ。进一步地，将雷达探测信号记为 $\boldsymbol{s}_{\mathrm{R}}(t) \in \mathbb{C}^{N_{\mathrm{t}} \times 1}$，则回波信号可以表示为

$$\boldsymbol{y}_{\mathrm{R}}(t) = \alpha \mathrm{e}^{\mathrm{j}2\pi f_{\mathrm{D}} t} \boldsymbol{b}(\theta) \boldsymbol{a}^{\mathrm{T}}(\theta) \boldsymbol{s}_{\mathrm{R}}(t-\tau) + \boldsymbol{z}_{\mathrm{R}}(t) \tag{1.1}$$

其中，$\alpha \in \mathbb{C}$ 包含了双程路径损耗（Round-trip Pathloss）及目标的 RCS；$f_{\mathrm{D}} = \dfrac{2vf_{\mathrm{c}}}{c}$ 表示多普勒频率（f_{c} 和 c 分别表示信号载频及光速）；$\boldsymbol{a}(\theta) \in \mathbb{C}^{N_{\mathrm{t}} \times 1}$ 和 $\boldsymbol{b}(\theta) \in \mathbb{C}^{N_{\mathrm{r}} \times 1}$ 分别表示发射阵列和接收阵列的方向矢量（Steering Vector），一般由阵列几何（Array Geometry）给定；$\tau = \dfrac{2d}{c}$ 表示双程时延（Round-trip Delay）；$\boldsymbol{z}_{\mathrm{R}}(t) \in \mathbb{C}^{N_{\mathrm{r}} \times 1}$ 是方差为 σ_{R}^2 的加性高斯白噪声（Additive White Gaussian Noise，AWGN）。

值得注意的是，除了噪声以外，雷达还会收到来自其他方位的干扰信号。这些干扰可能来自其他信号源，也可能是不感兴趣的目标或者障碍物反射至雷达的回波，后者一般称为杂波（Clutter）。通常需要对杂波进行抑制，以免对感兴趣的目标造成干

扰。受限于篇幅，本章不讨论杂波抑制问题，感兴趣的读者可自行查阅相关文献。

雷达信号处理通常关注两个基本问题：检测（Detection）和估计（Estimation）。其中，检测问题的最简形式考虑目标是否存在，通常可以建模为如下二元假设检验（Binary Hypothesis Testing，BHT）问题：

$$\boldsymbol{y}_{\mathrm{R}}(t)=\begin{cases}\mathcal{H}_0: \boldsymbol{z}_{\mathrm{R}}(t)\\ \mathcal{H}_1: \beta \mathrm{e}^{\mathrm{j}2\pi f_{\mathrm{D}}t}\boldsymbol{b}(\theta)\boldsymbol{a}^{\mathrm{T}}(\theta)\boldsymbol{s}_{\mathrm{R}}(t-\tau)+\boldsymbol{z}_{\mathrm{R}}(t)\end{cases} \tag{1.2}$$

其中，假设 $\mathcal{H}_0$（Null Hypothesis）表示雷达仅仅收到噪声的情况，假设 $\mathcal{H}_1$ 则表示雷达同时收到了回波和噪声。

为求解以上二元假设检验问题，需要设计一个检测器（Detector）来对 $\boldsymbol{y}_{\mathrm{R}}$ 进行检验。检测器 $\mathcal{T}(\cdot)$ 表征一种映射关系，将信号 $\boldsymbol{y}_{\mathrm{R}}$ 映射为一个正实数，再将这一正实数与一个预先给定的门限 γ 进行比较，从而决定选取 $\mathcal{H}_0$ 还是 $\mathcal{H}_1$。这一过程可以表示为

$$\mathcal{T}(\boldsymbol{y}_{\mathrm{R}}) \underset{\mathcal{H}_0}{\overset{\mathcal{H}_1}{\gtrless}} \gamma \tag{1.3}$$

式 (1.3) 中，如果 $\mathcal{T}(\boldsymbol{y}_{\mathrm{R}})>\gamma$ 则选取 $\mathcal{H}_1$，反之则选取 $\mathcal{H}_0$。根据场景和雷达所具有的不同先验信息，我们可以设计多种检测器来对回波信号进行检验。常用的检测器包括似然比检验（Likelihood Ratio Test，LRT）、广义似然比检验（Generalized Likelihood Ratio Test，GLRT）、Rao 检验（Rao Test）和 Wald 检验（Wald Test）等 [117]。

为衡量目标检测的好坏，人们提出了多种评价指标来描述检测器的性能，最常用的是**检测概率**（Detection Rate）和**虚警概率**（False-alarm Rate）。检测概率定义为目标存在且雷达判断 $\mathcal{H}_1$ 为真的概率（即目标存在，且雷达也判断目标存在），虚警概率则定义为目标不存在但雷达仍然判断 $\mathcal{H}_1$ 为真的概率（即目标不存在，但雷达判断目标存在）。这两种概率可以表示为

$$P_{\mathrm{D}}=\Pr(\mathcal{H}_1|\mathcal{H}_1), \quad P_{\mathrm{FA}}=\Pr(\mathcal{H}_1|\mathcal{H}_0) \tag{1.4}$$

其中，P_{D} 表示检测概率，P_{FA} 表示虚警概率。

除以上概率指标外，通常还关注**漏警概率**（False-dismissal Rate），即目标存在但雷达判断目标不存在的概率，可记为 $\Pr(\mathcal{H}_0|\mathcal{H}_1)$。与漏警相比，虚警对雷达造成的伤害更大。因为一旦判断目标存在，雷达就要动用硬件和信号处理资源来对目标进行进一步探测与跟踪，在虚警情形下，这将造成雷达资源的严重浪费。因此，目标检测器的设计通常需要遵循奈曼-皮尔逊准则（Neyman-Pearson Criterion）[117]，即在给定最小可容忍恒虚警概率的条件下最大化检测概率。

一旦确定目标存在，雷达就需要处理被噪声污染过的回波信号 $\boldsymbol{y}_{\mathrm{R}}$，从而对目标

的参数进行估计。如上文所述，对于点目标模型，人们感兴趣的参数通常包括距离 d、径向速度 v 和角度 θ，这些参数需要通过设计一个估计器（Estimator）来进行估计。与检测器类似，估计器同样可以看作一种特殊的映射，即将回波信号 $\boldsymbol{y}_{\mathrm{R}}$ 从信号空间（Signal Space）映射到参数空间（Parameter Space）。这一过程可以表示为

$$\mathcal{F}(\boldsymbol{y}_{\mathrm{R}}) = \left[\hat{d}, \hat{\theta}, \hat{v}\right]^{\mathrm{T}} \tag{1.5}$$

其中，$\hat{d}$、$\hat{\theta}$ 和 $\hat{v}$ 是对应参数真值的估计值。在实际情形中，一般需要针对这些参数设计独立的估计器。距离估计采用脉冲压缩方法来估计信号的时延，然后算出对应的距离，其实质是利用延迟的发射信号副本对回波进行匹配滤波。匹配滤波器输出响应最大时对应的时延，即目标的时延。这部分一般称为快时间信号处理，是对单个雷达脉冲内的信号样本（又称为快拍）的处理。对于速度估计，由于单个脉冲的持续时间较短，其多普勒相移难以识别，通常需要接收多个脉冲的回波以确保多普勒相移积累得足够大，再通过快速傅里叶变换来估计多普勒频率。这部分称为慢时间信号处理，即以一个脉冲对应一个慢时间单位的脉冲间信号处理。最后，角度估计可以采用经典的基于子空间的到达角估计算法，例如 MUSIC 或者 ESPIRIT [118]。

估计器的性能可以用**均方误差**（Mean Squared Error，MSE）进行描述。以角度估计为例，其均方误差定义为

$$\varepsilon_{\theta} = \mathbb{E}((\theta - \hat{\theta})^2) \tag{1.6}$$

然而，参数估计的 MSE 一般很难求出闭式解，这是因为真值 θ 和估计值 $\hat{\theta}$ 的概率分布在大多数情况下都难以解析获得。作为一种替代手段，人们经常采用的一个经典的性能指标是 CRLB。简言之，CRLB 是所有无偏估计器的方差的下界（无偏估计定义为估计值的数学期望为真值的估计器，因此其方差等于 MSE）。这一下界指出，无偏估计器的估计方差应至少与费希尔（Fisher）信息的逆相当，即 [75]

$$\operatorname{var}\left(\hat{\theta}\right) \geqslant \frac{1}{-\mathbb{E}\left(\dfrac{\partial^2 \ln p\left(\boldsymbol{y}_{\mathrm{R}};\theta\right)}{\partial \theta^2}\right)} \triangleq \mathrm{CRLB}\left(\theta\right) \tag{1.7}$$

其中，分母定义为关于 θ 的 Fisher 信息，$p\left(\boldsymbol{y}_{\mathrm{R}};\theta\right)$ 是关于 θ 的似然函数。在待估计量为矢量时，Fisher 信息进一步推广为 Fisher 信息矩阵。令 $\boldsymbol{\eta} = [d, \theta, v]^{\mathrm{T}}$，则 Fisher 信息矩阵 $\boldsymbol{J}$ 可以表示为

$$\boldsymbol{J} = -\mathbb{E}\left(\frac{\partial^2 \ln p\left(\boldsymbol{y}_{\mathrm{R}};\boldsymbol{\eta}\right)}{\partial \boldsymbol{\eta}^2}\right) \tag{1.8}$$

对矢量参数 $\boldsymbol{\eta}$ 进行估计，可得到 $\hat{\boldsymbol{\eta}}$，其 MSE 矩阵满足

$$\mathbb{E}\left(\left(\boldsymbol{\eta}-\hat{\boldsymbol{\eta}}\right)\left(\boldsymbol{\eta}-\hat{\boldsymbol{\eta}}\right)^{\mathrm{H}}\right) \geqslant \boldsymbol{J}^{-1} \tag{1.9}$$

因此，d、v、θ 的 CRLB 定义为 $\boldsymbol{J}^{-1}$ 的相应对角线元素。

1.4.2　多用户 MIMO 下行通信模型

本小节简要介绍多用户 MIMO（MU-MIMO）下行通信的基本模型及其性能指标刻画。考虑一台装备有 N 个发射天线的 MIMO 基站与 K 个单天线用户通信，则在 t 时刻，用户端接收到的信号可以表示为

$$\boldsymbol{y}_{\mathrm{C}}\left(t\right)=\boldsymbol{H}\boldsymbol{x}\left(t\right)+\boldsymbol{z}_{\mathrm{C}}\left(t\right) \tag{1.10}$$

其中，$\boldsymbol{x}\left(t\right) \in \mathbb{C}^{N\times 1}$ 是发射信号矢量；$\boldsymbol{H}=\left[\boldsymbol{h}_1,\boldsymbol{h}_2,\cdots,\boldsymbol{h}_K\right]^{\mathrm{H}} \in \mathbb{C}^{K\times N}$ 是 MIMO 信道矩阵，通常可以利用信道估计的方法得到，$\boldsymbol{h}_k \in \mathbb{C}^{N\times 1}$ 是第 k 个用户的信道矢量；$\boldsymbol{z}_{\mathrm{C}}\left(t\right)$ 是方差为 σ_{C}^2 的加性高斯白噪声。这一下行模型通常也被称为高斯广播信道（Gaussian Broadcast Channel）。

为保证下行通信的性能，我们需要根据信道矩阵 $\boldsymbol{H}$ 和发给 K 个用户的数据流对 $\boldsymbol{x}\left(t\right)$ 进行精心设计。令 $\boldsymbol{s}_{\mathrm{C}}\left(t\right) \in \mathbb{C}^{K\times 1}$ 表示发给用户的 K 个数据流（一般假设其服从标准正态分布），则 $\boldsymbol{x}\left(t\right)$ 与数据流和信道的关系可以建模为

$$\boldsymbol{x}\left(t\right)=\mathcal{P}\left(\boldsymbol{s}_{\mathrm{C}}\left(t\right),\boldsymbol{H}\right) \tag{1.11}$$

我们把式 (1.11) 中的映射关系定义为**预编码**（Precoding）。总体而言，预编码可以分为线性预编码（Linear Precoding）和非线性预编码（Nonlinear Precoding）两种类别。线性预编码操作可以表示为

$$\boldsymbol{x}\left(t\right)=\boldsymbol{W}\boldsymbol{s}_{\mathrm{C}}\left(t\right) \tag{1.12}$$

其中，$\boldsymbol{W}=\left[\boldsymbol{w}_1,\boldsymbol{w}_2,\cdots,\boldsymbol{w}_K\right] \in \mathbb{C}^{N\times K}$ 称为预编码矩阵，而 $\boldsymbol{w}_k$ 表示第 k 个用户的预编码矢量。进一步地，第 k 个用户的接收信号为

$$y_{\mathrm{C},k}\left(t\right)=\underbrace{\boldsymbol{h}_k^{\mathrm{H}}\boldsymbol{w}_k s_{\mathrm{C},k}\left(t\right)}_{\text{有用信号}}+\underbrace{\sum_{i=1,i\neq k}^{K}\boldsymbol{h}_k^{\mathrm{H}}\boldsymbol{w}_i s_{\mathrm{C},i}\left(t\right)}_{\text{MUI}}+\underbrace{z_{\mathrm{C},k}\left(t\right)}_{\text{噪声}} \tag{1.13}$$

MU-MIMO 预编码设计中的一个重要问题是如何抑制甚至消除 MUI，即式 (1.13) 的第 2 项。常用的具有解析表达式的线性预编码方法有最大比传输（Maximum Ratio Transmission，MRT）预编码、ZF 预编码和正则迫零（Regularized ZF，RZF）预编码 [119]。下面进行简要介绍。

（1）MRT 预编码。MRT 预编码的表达式为

$$\boldsymbol{W}_{\mathrm{MRT}}=\rho\boldsymbol{H}^{\mathrm{H}} \tag{1.14}$$

其中，功率控制因子 ρ 保证发射功率不超过上限。MRT 预编码对每个用户的接收数据流按照对应的信道矢量进行加权，因此，其第 k 个用户的接收信号可以表示为

$$y_{\mathrm{C},k}(t)=\underbrace{\rho\left\|\boldsymbol{h}_k\right\|^2 s_{\mathrm{C},k}(t)}_{\text{有用信号}}+\underbrace{\rho\sum_{i=1,i\neq k}^{K}\boldsymbol{h}_k^{\mathrm{H}}\boldsymbol{h}_i s_{\mathrm{C},i}(t)}_{\text{MUI}}+\underbrace{z_{\mathrm{C},k}(t)}_{\text{噪声}} \tag{1.15}$$

从式 (1.15) 可以看出，若 K 个用户的信道彼此之间统计独立，不同的信道矢量不具有较强的相关性，则第 1 项（有用信号）的增益最大化，第 2 项（MUI）则被削弱，从而对 MUI 进行了一定程度的抑制。

（2）ZF 预编码。ZF 预编码的表达式为

$$\boldsymbol{W}_{\mathrm{ZF}}=\rho\boldsymbol{H}^{\mathrm{H}}\left(\boldsymbol{H}\boldsymbol{H}^{\mathrm{H}}\right)^{-1} \tag{1.16}$$

ZF 预编码矩阵实际是信道矩阵 $\boldsymbol{H}$ 的右伪逆，与信道相乘后，能够完全消除 MUI。此时，第 k 个用户的接收信号为

$$y_{\mathrm{C},k}(t)=\underbrace{\rho s_{\mathrm{C},k}(t)}_{\text{有用信号}}+\underbrace{z_{\mathrm{C},k}(t)}_{\text{噪声}} \tag{1.17}$$

可以看到，与通过 MRT 预编码得到的式 (1.15) 相比，ZF 预编码虽然完全消除了 MUI，但也损失了信道的增益 $\left\|\boldsymbol{h}_k\right\|^2$。在信噪比较大时，ZF 预编码具有很好的性能；当信噪比较小时，由于忽略了噪声的影响，其可达和速率（Achievable Sum-rate）将比 MRT 预编码小，这一特性被称为噪声放大效应。

（3）RZF 预编码。RZF 预编码的表达式为

$$\boldsymbol{W}_{\mathrm{RZF}}=\rho\boldsymbol{H}^{\mathrm{H}}\left(\boldsymbol{H}\boldsymbol{H}^{\mathrm{H}}+\beta\boldsymbol{I}\right)^{-1} \tag{1.18}$$

其中，β 称为正则化因子，其设置通常与噪声方差和发射总功率有关。RZF 预编码的思想是最小化接收信号和发射信号的 MSE，因此又被称为最小均方误差（Minimum Mean-square Error，MMSE）预编码。可以看出，$\beta=0$ 时，RZF 预编码退化为 ZF 预编码；$\beta\to\infty$ 时，RZF 预编码等效于 MRT 预编码。

为进一步实现对通信性能的提升，基于凸优化（Convex Optimization）的线性预编码方案在过去 10 年得到了充分的研究。基于式 (1.13)，用户 k 的 SINR 可以表示为

$$\mathrm{SINR}_k=\frac{\left|\boldsymbol{h}_k^{\mathrm{H}}\boldsymbol{w}_k\right|^2}{\sum\limits_{i=1,i\neq k}^{K}\left|\boldsymbol{h}_k^{\mathrm{H}}\boldsymbol{w}_i\right|^2+\sigma_{\mathrm{C}}^2} \tag{1.19}$$

其中，分子表示有用信号功率，分母的第一项表示 MUI。考虑以下两个优化问题[120-121]。

（1）**功率最小化**（Power Minimization）：

$$
\begin{aligned}
&\min_{\boldsymbol{W}} \ \|\boldsymbol{W}\|_{\mathrm{F}}^2 \\
&\text{s.t.} \ \frac{\left|\boldsymbol{h}_k^{\mathrm{H}}\boldsymbol{w}_k\right|^2}{\sum\limits_{i=1,i\neq k}^{K}\left|\boldsymbol{h}_k^{\mathrm{H}}\boldsymbol{w}_i\right|^2+\sigma_{\mathrm{C}}^2} \geqslant \Gamma_k，\ \forall k
\end{aligned}
\tag{1.20}
$$

以上优化问题中，我们在给定每个用户的接收 SINR 门限 Γ_k 的同时，最小化总发射功率。该问题的约束条件虽然非凸，但可以通过简单的数学变换转换成凸的二阶锥规划（Second-order Cone Programming，SOCP）问题后进行求解，也可以利用半正定松弛（Semidefinite Relaxation，SDR）方法得到其凸松弛（Convex Relaxation）后进行求解[122]。

（2）**最小 SINR 最大化**（Max-min SINR）：

$$
\begin{aligned}
&\max_{\boldsymbol{W}} \ \min_{k} \ \frac{\left|\boldsymbol{h}_k^{\mathrm{H}}\boldsymbol{w}_k\right|^2}{\sum\limits_{i=1,i\neq k}^{K}\left|\boldsymbol{h}_k^{\mathrm{H}}\boldsymbol{w}_i\right|^2+\sigma_{\mathrm{C}}^2} \\
&\text{s.t.} \ \|\boldsymbol{W}\|_{\mathrm{F}}^2 \leqslant P_{\mathrm{T}}
\end{aligned}
\tag{1.21}
$$

以上优化问题中，我们在给定总发射功率 P_{T} 的同时，最大化所有用户中最小的 SINR，即最大化 SINR 的下界，从而保证公平性（Fairness）。该问题的目标函数非凸，也无法转换成 SOCP 问题，一般可以利用二分搜索（Bisection Search）法，在每次二分迭代计算出一个 SINR 门限后求解功率最小化问题，直到功率达到 P_{T}，此时对应的 SINR 即为式 (1.21) 的最大值。

除了以上线性预编码方法外，非线性预编码中的映射关系 [式 (1.11)] 是非线性的，即不存在一个能够显式表达的线性预编码矩阵 $\boldsymbol{W}$。非线性预编码能够进一步提升通信容量，甚至逼近高斯广播信道的容量极限。典型的非线性预编码方案包括脏纸编码（Dirty Paper Coding，DPC）、Tomlinson-Harashima 预编码（Tomlinson-Harashima Precoding，THP）和矢量摄动（Vector Pertubation，VP）预编码等[123-126]。其中，脏纸编码可以完全达到容量极限。受限于篇幅，本章不再展开介绍非线性预编码，感兴趣的读者请参阅文献 [119]。

上文介绍的所有预编码方案都只基于信道 $\boldsymbol{H}$，往往隐含地假设数据流是满足标准正态分布的。如果进一步考虑数据符号有某种具体的调制方式，例如 PSK 调制或者正交幅度调制（Quadrature Amplitude Modulation，QAM），并同时根据符号和信道来进行预编码设计，则可以更大幅度地提升系统性能。这一类预编码方法被称为**符号级预编码**（Symbol-level Precoding，SLP），是目前 MIMO 预编码领域的热点研究方向[127]。我们将在第 4 章等后续章节中具体讨论符号级预编码。

1.5 后续章节的内容安排

本书后续章节主要介绍雷达与通信频谱共享与一体化的关键技术与应用，具体内容安排如下。

第 2 章介绍雷达与通信的频谱共享。本章中，雷达与通信作为两个分立的系统仅在同一频谱上共存，即仅共享频谱资源。首先，介绍该场景下如何在通信基站利用一定的先验知识解决互干扰信道估计问题；然后，在已获取互干扰信道状态信息的前提下，为通信基站设计一种符号级预编码，在给定干扰门限约束下实现雷达与通信的同频共存。

第 3 章介绍雷达通信一体化波束赋形技术。此时，雷达与通信两种功能除共享频谱资源外，还共享硬件平台与信号处理资源。本章首先讨论两种基本的天线阵列部署方案，即分离式部署与共享式部署，并提出基于波束图样逼近的一体化波束赋形方案。然后在此基础上，进一步设计一种能够达到最优估计性能的一体化波束赋形方法。

第 4 章在第 3 章讨论的共享式天线阵列部署方案基础上，具体介绍雷达通信一体化波形的设计方法，而不是仅仅设计波束赋形矩阵。该方法在严格全向搜索波形（全向正交波形）约束、严格定向跟踪波形约束、总功率约束、逐天线功率约束和恒包络波形约束等多种 MIMO 雷达波形约束条件下，都能够最小化通信 MUI，从而可在保证 MIMO 雷达探测与估计性能的同时，高效地传输信息。

第 5 章在第 2 章～第 4 章内容的基础上，进一步讨论了雷达通信一体化技术在车联网场景中的具体应用，即利用 RSU 发射的一体化信号对高动态车辆进行波束跟踪，从而显著降低导频开销，提升通信性能。此外，该章还介绍了一种多车场景下的功率分配策略，可在优化雷达定位性能的同时，保证下行通信速率要求。

第 6 章简明扼要地总结了本书的全部技术内容，并对雷达通信一体化的若干开放问题进行了展望。

除了 1.4 节所介绍的基本预备知识外，一些数学与信号处理方面的学科知识基础能够帮助读者更好、更全面地理解本书的理论推导内容，包括但不限于：线性代数、矩阵分析、概率论与随机过程、凸优化、MIMO 雷达信号处理、MIMO 通信信号处理等。感兴趣的读者还可以阅读本书所引用的相关技术文献，以获取更详细的背景知识。

第 2 章　雷达与通信的频谱共享

本章围绕雷达通信频谱共享场景，讨论分立的雷达与通信系统在同一频段工作时的干扰消除及干扰管理问题。为此，首先归纳和定义雷达通信同频共存的基本问题，然后讨论雷达与通信的互干扰信道估计，最后介绍几种雷达与通信同频共存下的预编码方案。

2.1　雷达与通信同频共存的主要问题

总体而言，雷达与通信的同频共存可看作一种特殊的认知无线电场景。与仅包含通信系统的传统认知无线电不同的是，雷达与通信的同频共存需要同时考虑雷达探测与通信的性能指标，并且还要针对雷达独有的工作模式进行优化设计。宏观而言，这一领域所研究的问题可大致分为以下 3 类。

（1）**互干扰信道估计**。为实现雷达与通信系统间的干扰消除，应首先对互干扰信道（Interfering Channel）进行估计。然而，雷达所采用的工作模式、波形设计以及信号处理都与通信系统全然不同，因而传统的通信系统间基于导频的信道估计方法往往并不适用。此外，雷达系统往往存在更高的安全与隐私保护需求，而与民用系统之间共享导频信号进行合作式信道估计将有可能对其传输的安全性造成隐患，这就要求我们考虑非合作式的互干扰信道估计方法。

（2）**发射机设计**。在获取互干扰信道信息以后，需要在发射端进行信号设计、波束赋形和预编码等操作，以克服雷达与通信之间的互干扰，并尽量保证两者的性能指标不受太大影响。除通信的 SINR、误码率、通信速率等指标外，需要考虑的指标还有雷达的估计与检测性能，包括检测概率、虚警概率和估计误差等。在认知无线电框架下对雷达性能进行分析与优化，是实现发射预编码设计的关键。

（3）**接收抗干扰设计**。在雷达与通信同频共存场景下，接收机可能会同时收到雷达回波与通信信号。由于两种信号处于同一频段，往往需要对其进行分离，并对干扰信号进行抑制。例如在通信接收端，需要对雷达回波/散射波进行抑制，以便对通信信号进行低误码率解调；在雷达接收端，则需要识别并抑制通信信号，以便高精度地恢复目标回波。

本章主要对互干扰信道估计和发射机设计中的预编码问题展开讨论。对于接收机设计的相关技术细节，请参考文献 [71-72]。

2.2 雷达与通信的互干扰信道估计

在雷达与通信同频共存场景中，往往需要先对两者之间的互干扰信道进行估计。在此基础上，才能在雷达或通信端利用波束赋形等方法来对两者之间的干扰进行规避。现有研究工作大多假设利用传统方法进行信道估计。例如文献 [59] 提出，可以由基站发射导频信号，在雷达端接收，并由雷达对信道进行估计后，再通过预编码设计降低其对通信系统的干扰。文献 [60] 则提出在雷达与通信端之间建立一个控制中心，通过导频估计信道后，将各自掌握的信道状态信息（Channel State Information，CSI）传送至控制中心，进行交换与协调，从而对两个系统同时进行优化设计。总的来说，这些设想都是不太现实的。这是因为在实际情形中，往往是**通信系统希望利用雷达频谱进行传输，而非雷达系统想要使用通信频段**。为实现这一点，不管以何种方式要求雷达与通信端周期性地交换信息，甚或是要求雷达为配合通信端的传输而进行额外的预编码，都将不可避免地导致更大的系统开销和性能损失，而这一代价对雷达来说往往是不可接受的。此外，由于雷达通信同频共存的特殊性，简单地照搬经典的通信信道估计方法往往是行不通的，需要针对雷达特有的工作方式以及探测波形来重新设计更具实用价值的信道估计算法。

未来的通信系统想要工作在雷达频段上，一种更为可能的场景是：雷达正常工作，且其信号处理算法无须做出任何修改，所有的工作都在通信端完成。这就要求通信端在雷达**非协作**的情况下，对两者的互干扰信道进行估计。此时，两者之间不存在任何导频信号的传输。为解决这一问题，可考虑在通信端**直接**利用接收到的雷达探测信号进行信道估计。然而，随着目标状态的变化，雷达发射的波形往往是随机的。在对雷达探测波形的了解有限时，如何在通信端进行互干扰信道估计？换言之，**对互干扰信道的估计究竟需要通信端知道多少雷达波形的信息？**这就是本节需要讨论的问题。

本节讨论 MIMO 雷达与通信基站之间的互干扰信道估计问题。我们首先假设 MIMO 雷达工作在“搜索与跟踪”模式。在这种模式下，雷达根据待探测目标的状态，在搜索和跟踪两种状态下随机切换，即未探测到目标时发射全向搜索波形，探测到目标后发射定向跟踪波形。根据基站对雷达的两种波形的了解程度，我们分别设计了相应的假设检验与信道估计方法，以保证基站能以较高的概率对互干扰信道进行正确的估计。为保证内容的完整性，本节对衰落信道和视距（Line of Sight，LoS）信道两种情况进行分析与讨论。

2.2.1　系统模型及基本假设

如图2.1所示，我们考虑如下场景：具有 M 个天线的集中式 MIMO 雷达正在探测位于远场的目标，其天线排布方式为均匀线性阵列（Uniform Linear Array，ULA）。与此同时，一台具有 N 个天线的基站与 MIMO 雷达工作在同一频段，受到来自雷达信号的干扰。基站需要从接收到的雷达干扰信号中获取雷达与基站之间的互干扰信道状态信息（Interfering Channel State Information，ICSI）。本小节介绍雷达与基站共存的基本模型。

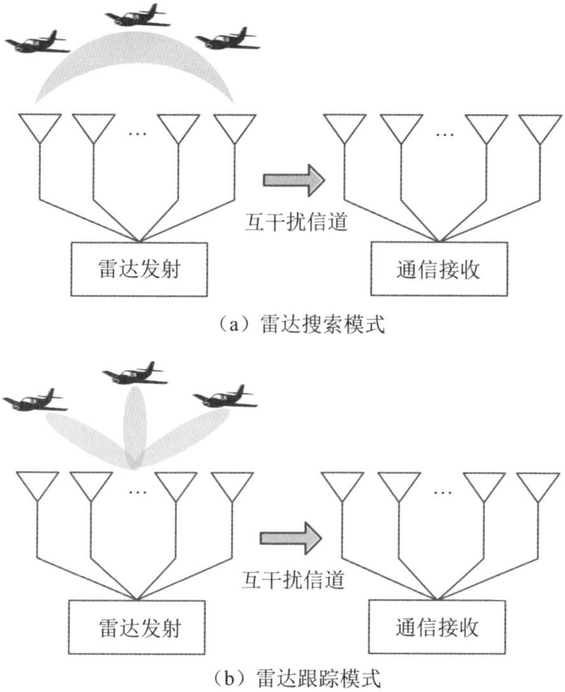

图 2.1　雷达通信互干扰模型

1. 雷达模型——搜索与跟踪

记 MIMO 雷达的发射波形为 $\boldsymbol{X} \in \mathbb{C}^{M \times L}$，则其空间样本协方差矩阵可以表示为

$$\boldsymbol{R}_X = \frac{1}{L}\boldsymbol{X}\boldsymbol{X}^{\mathrm{H}} \tag{2.1}$$

其中，L 表示雷达脉冲的长度。不失一般性，我们假设 $L > N \geqslant M \geqslant 2$。雷达的发射波束图样可由式 (2.2) 给出：

$$P_{\mathrm{d}}(\theta) = \boldsymbol{a}^{\mathrm{H}}(\theta)\,\boldsymbol{R}_X\boldsymbol{a}(\theta) \tag{2.2}$$

其中，θ 表示方位角，$\boldsymbol{a}(\theta)=\left[1,\mathrm{e}^{\mathrm{j}2\pi\Delta\sin(\theta)},\cdots,\mathrm{e}^{\mathrm{j}2\pi(M-1)\Delta\sin(\theta)}\right]^{\mathrm{T}}\in\mathbb{C}^{M\times1}$ 是发射天线阵列的方向矢量，Δ 是由信号波长归一化后的相邻天线间隔。一般地，MIMO 雷达有两种工作模式——搜索（Searching）模式和跟踪（Tracking）模式[57]。在搜索模式下，MIMO 雷达对目标的方位并无先验知识，因此发射全向正交波形[58]，其协方差矩阵为

$$\boldsymbol{R}_X=\frac{P_{\mathrm{R}}}{M}\boldsymbol{I}_M \tag{2.3}$$

其中，P_{R} 是雷达的总发射功率，$\boldsymbol{I}_M$ 是 M 维单位矩阵。容易看出，将式 (2.3) 代入式 (2.2) 后得到的波束图样在每个角度 θ 都为恒定值，因此是全向波束图样。MIMO 雷达首先通过发射这一搜索波形对目标的大致方位进行探测，再形成一个定向波束指向该方位，从而对目标进行更准确的探测[57]。在雷达进行定向发射时，其波形不再完全正交，即 $\boldsymbol{R}_X\neq\frac{P_{\mathrm{R}}}{M}\boldsymbol{I}_M$。这一定向探测过程称为跟踪模式。如图2.2所示，雷达的搜索模式和跟踪模式按照如下机制进行切换[128]：若在雷达的第 $i-1$ 个脉冲重复周期（Pulse Repetition Interval，PRI）未探测到目标，则第 i 个 PRI 为搜索模式；反之，若在第 $i-1$ 个 PRI 中探测到目标，则第 i 个 PRI 为跟踪模式。因此，我们给出假设 2.1。

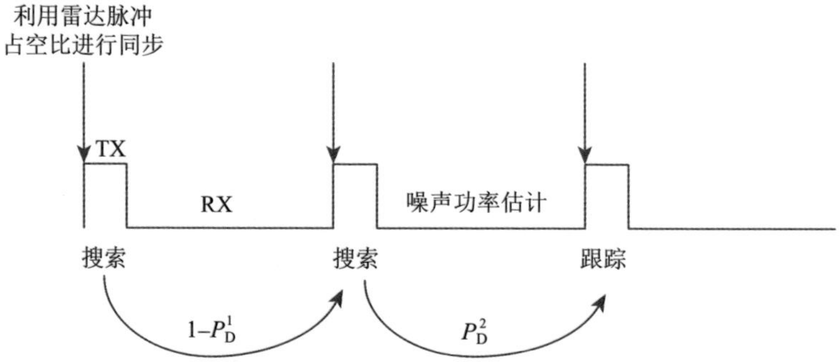

图 2.2 雷达的搜索模式与跟踪模式

假设 2.1：在第 i 个 PRI，雷达执行跟踪模式或者搜索模式的概率分别为 P_{D}^{i-1} 和 $1-P_{\mathrm{D}}^{i-1}$，其中 P_{D}^{i-1} 是雷达在第 $i-1$ 个 PRI 对目标的检测概率。

根据以上假设，MIMO 雷达在每一个 PRI 中随机地切换其发射波形 $\boldsymbol{X}$，这就使得我们难以利用传统方法在基站对互干扰信道进行估计。

2. 互干扰信道模型

根据实际场景的不同，雷达与基站之间的互干扰信道类别也有所不同。例如，军用雷达或者气象雷达往往部署于山顶等制高点，在这种情况下，雷达与基站之间为视距信道；用于低空飞行物监测或者道路交通监测的雷达通常部署在市区，与基站大致在同一高度，由于建筑物的遮挡，此时的互干扰信道很可能为非视距（Not Line of

Sight，NLoS）信道。为保证内容的完整性，本章对这两种信道的估计都进行了讨论。考虑到雷达与基站一般都处于固定位置，且不太可能随意移动，可以断定在视距信道场景下，信道将保持不变；在非视距信道场景下，信道的变化速度也不会太快。因此，为保证理论分析的可行性，我们给出假设 2.2。

假设 2.2：在视距信道场景下，假设雷达与通信基站之间的互干扰信道保持不变；在非视距信道场景下，假设互干扰信道为瑞利平坦衰落（Flat Rayleigh Fading），且在数个雷达 PRI 时间内保持不变。

3. 基站接收信号模型

记互干扰信道矩阵为 $\boldsymbol{G} \in \mathbb{C}^{N \times M}$，则基站接收到的信号矩阵可以表示为

$$\boldsymbol{Y} = \boldsymbol{G}\boldsymbol{X} + \boldsymbol{Z} \tag{2.4}$$

其中，$\boldsymbol{Z} = [\boldsymbol{z}_1, \boldsymbol{z}_2, \cdots, \boldsymbol{z}_L] \in \mathbb{C}^{N \times L}$ 是噪声矩阵，满足 $\boldsymbol{z}_l \sim \mathcal{CN}(\mathbf{0}, N_0 \boldsymbol{I}_N), \forall l$。为估计信道，基站必须知道雷达在何时发射脉冲，又在何时结束发射，也就是说，基站必须对雷达脉冲进行同步。如图 2.2 所示，在一个 PRI 中，雷达仅利用部分时间（一般比例低于 10%）进行发射，而在剩余时间（一般比例高于 90%）保持静默并接收回波信号。该时间比例被称为雷达的**占空比**（Duty Cycle）。利用雷达传输的这一特点，基站可以通过对雷达脉冲的上升沿与下降沿进行检测来进行同步。例如利用能量检测，当接收信号的功率高于某一门限时可以认为是脉冲开始，低于某一门限则认为脉冲结束。注意到在衰落信道场景下，随机时延扩展会影响同步的准确性。然而，由于我们假设信道是瑞利平坦衰落的，这一扩展会被约束在一个雷达子脉冲时间以内，因此所导致的同步误差可以忽略不计。以上讨论可以总结为假设 2.3。

假设 2.3：基站可以实现与雷达脉冲的完美同步，即基站可以准确获知一个雷达脉冲的开始与结束时间。

在雷达保持静默时，基站将仅接收到噪声，因而可以在这一阶段对噪声方差 N_0 进行较为准确的估计。进一步地，注意到雷达的天线数量与发射功率均为固定值，易于被基站获知，我们给出假设 2.4。

假设 2.4：基站已知噪声方差 N_0、雷达天线数量 M 和雷达发射功率 P_{R}。

基于假设 2.1～假设 2.4，我们考虑在基站对互干扰信道进行估计。接下来，首先讨论衰落信道场景，再讨论视距信道场景。

2.2.2　衰落信道估计的假设检验方法

考虑最理想的情形，基站对雷达在每一个 PRI 发射的波形 $\boldsymbol{X}$ 均已知。根据式 (2.4)，由于噪声是高斯白噪声，我们可以利用最大似然估计（Maximum Likelihood

Estimation，MLE）得到对 $\boldsymbol{G}$ 的估计如下：

$$\hat{\boldsymbol{G}} = \boldsymbol{Y}\boldsymbol{X}^{\mathrm{H}}\left(\boldsymbol{X}\boldsymbol{X}^{\mathrm{H}}\right)^{-1} \tag{2.5}$$

式 (2.5) 也是 $\boldsymbol{G}$ 的最小二乘估计（Least-squares Estimation，LSE）[75]。然而，由于雷达在每个 PRI 随机切换其发射波形，我们无法在基站准确判别雷达此时的工作模式。本小节中，我们假设基站对雷达的相关参数具有不同层次的了解。在各个层次上，我们设计不同的假设检验方法对 ICSI 进行估计。

1. 基站已知两种雷达波形

我们首先讨论基站对雷达的搜索波形和跟踪波形均已知的情形。在第 i 个 PRI，记雷达全向搜索波形为 $\boldsymbol{X}_0 \in \mathbb{C}^{M\times L}$，定向跟踪波形为 $\boldsymbol{X}_1 \in \mathbb{C}^{M\times L}$。由于 $\boldsymbol{X}_0$ 满足正交性，有

$$\frac{1}{L}\boldsymbol{X}_0\boldsymbol{X}_0^{\mathrm{H}} = \frac{P_{\mathrm{R}}}{M}\boldsymbol{I}_M \Rightarrow \boldsymbol{X}_0\boldsymbol{X}_0^{\mathrm{H}} = \frac{LP_{\mathrm{R}}}{M}\boldsymbol{I}_M \tag{2.6}$$

在对信道进行估计前，基站需要从包含噪声的接收信号 $\boldsymbol{Y} \in \mathbb{C}^{N\times L}$ 中识别出此时雷达发射的是哪一种波形，这一过程可以被建模为如下的经典假设检验（Hypothesis Testing）问题 [117]：

$$\boldsymbol{Y} = \begin{cases} \mathcal{H}_0 : \boldsymbol{G}\boldsymbol{X}_0 + \boldsymbol{W} \\ \mathcal{H}_1 : \boldsymbol{G}\boldsymbol{X}_1 + \boldsymbol{W} \end{cases} \tag{2.7}$$

根据本书 2.2.1 节所给出的雷达模式切换模型，式 (2.7) 中的两种假设的先验概率（Prior Probability）为

$$P\left(\mathcal{H}_0\right) = 1 - P_{\mathrm{D}}^{i-1}，\ P\left(\mathcal{H}_1\right) = P_{\mathrm{D}}^{i-1} \tag{2.8}$$

根据信号检测理论，我们可以利用广义似然比检验（Generalized Likelihood Ratio Test，GLRT）在 $\mathcal{H}_0$ 和 $\mathcal{H}_1$ 中进行选择。这一检验统计量由式 (2.9) 给出：

$$L_{\mathrm{G}}\left(\boldsymbol{Y}\right) = \frac{p\left(\boldsymbol{Y};\hat{\boldsymbol{G}}_1,\mathcal{H}_1\right)P\left(\mathcal{H}_1\right)}{p\left(\boldsymbol{Y};\hat{\boldsymbol{G}}_0,\mathcal{H}_0\right)P\left(\mathcal{H}_0\right)} = \frac{p\left(\boldsymbol{Y};\hat{\boldsymbol{G}}_1,\mathcal{H}_1\right)P_{\mathrm{D}}^{i-1}}{p\left(\boldsymbol{Y};\hat{\boldsymbol{G}}_0,\mathcal{H}_0\right)\left(1-P_{\mathrm{D}}^{i-1}\right)} \underset{\mathcal{H}_0}{\overset{\mathcal{H}_1}{\gtrless}} \gamma \tag{2.9}$$

其中，γ 是检测门限；$p\left(\boldsymbol{Y};\boldsymbol{G},\mathcal{H}_1\right)$ 和 $p\left(\boldsymbol{Y};\boldsymbol{G},\mathcal{H}_0\right)$ 分别是两种假设的似然函数，且可以表示为

$$p\left(\boldsymbol{Y};\boldsymbol{G},\mathcal{H}_0\right) = \left(\pi N_0\right)^{-NL}\exp\left(-\frac{1}{N_0}\mathrm{tr}\left(\left(\boldsymbol{Y}-\boldsymbol{G}\boldsymbol{X}_0\right)^{\mathrm{H}}\left(\boldsymbol{Y}-\boldsymbol{G}\boldsymbol{X}_0\right)\right)\right) \tag{2.10}$$

$$p\left(\boldsymbol{Y};\boldsymbol{G},\mathcal{H}_1\right) = \left(\pi N_0\right)^{-NL}\exp\left(-\frac{1}{N_0}\mathrm{tr}\left(\left(\boldsymbol{Y}-\boldsymbol{G}\boldsymbol{X}_1\right)^{\mathrm{H}}\left(\boldsymbol{Y}-\boldsymbol{G}\boldsymbol{X}_1\right)\right)\right) \tag{2.11}$$

式 (2.11) 中，$\hat{\boldsymbol{G}}_0$ 和 $\hat{\boldsymbol{G}}_1$ 分别是 $\mathcal{H}_0$ 和 $\mathcal{H}_1$ 两个假设下信道 $\boldsymbol{G}$ 的 MLE，且可以由以下两式给出：

$$\hat{\boldsymbol{G}}_0 = \boldsymbol{Y}\boldsymbol{X}_0^{\mathrm{H}}\left(\boldsymbol{X}_0\boldsymbol{X}_0^{\mathrm{H}}\right)^{-1} = \frac{M}{LP_{\mathrm{R}}}\boldsymbol{Y}\boldsymbol{X}_0^{\mathrm{H}} \tag{2.12}$$

$$\hat{\boldsymbol{G}}_1 = \boldsymbol{Y}\boldsymbol{X}_1^{\mathrm{H}}\left(\boldsymbol{X}_1\boldsymbol{X}_1^{\mathrm{H}}\right)^{-1} \tag{2.13}$$

一旦基站通过 GLRT 判别了雷达的工作模式，即可相应地利用式 (2.12) 或式 (2.13) 对信道进行估计。

值得注意的是，式 (2.9) 要求雷达对目标的检测概率 P_{D}^{i-1} 已知，而这对于基站来说是不可能的。因此，式 (2.9) 中的检验统计量只能被视作 GLRT 的**最优性能基准**。基站对两种假设的先验概率未知，因而只能假设 $P\left(\mathcal{H}_0\right) = P\left(\mathcal{H}_1\right) = 0.5$，即 $P_{\mathrm{D}}^{i-1} = 0.5$。此时，对应的检验统计量为

$$L_{\mathrm{G}}\left(\boldsymbol{Y}\right) = \frac{p\left(\boldsymbol{Y};\hat{\boldsymbol{G}}_1,\mathcal{H}_1\right)}{p\left(\boldsymbol{Y};\hat{\boldsymbol{G}}_0,\mathcal{H}_0\right)} \underset{\mathcal{H}_0}{\overset{\mathcal{H}_1}{\gtrless}} \gamma \tag{2.14}$$

2. 基站已知雷达搜索波形

在实际情形中，如果雷达目标快速移动，则其距离、方位角和速度等参数在每个 PRI 都会产生变化。这就导致在每个 PRI，跟踪波形 $\boldsymbol{X}_1$ 需要根据目标的参数实时地调整。因此，假定基站对于两种波形都已知是非常不现实的。注意到：MIMO 雷达全向搜索波形 $\boldsymbol{X}_0$ 仅需要满足正交性即可，并不需要在每个 PRI 中都有所变化，因此可以通过与雷达事先沟通，使基站获知恒定不变的搜索波形 $\boldsymbol{X}_0$ 的准确参数。而对于跟踪波形 $\boldsymbol{X}_1$，由于其随机性，基站无法得知任何有效信息。一种较符合实际情形的考虑是，假设基站仅仅已知雷达的搜索波形 $\boldsymbol{X}_0$，而不知道跟踪波形 $\boldsymbol{X}_1$。此时对应的假设检验问题变为

$$\begin{aligned} &\mathcal{H}_0: \boldsymbol{X} = \boldsymbol{X}_0, \boldsymbol{G} \\ &\mathcal{H}_1: \boldsymbol{X} \neq \boldsymbol{X}_0, \boldsymbol{G} \end{aligned} \tag{2.15}$$

式 (2.15) 中，信道矩阵 $\boldsymbol{G}$ 被称为冗余参数（Nuisance Parameter）[117]。对于以上假设检验问题，GLRT 将不再适用。这是因为 GLRT 需要求 $\mathcal{H}_1$ 下矩阵 $\boldsymbol{G}$ 的 MLE，这等同于求解如下优化问题：

$$\min_{\boldsymbol{G},\boldsymbol{X}} \left\|\boldsymbol{Y} - \boldsymbol{G}\boldsymbol{X}\right\|_{\mathrm{F}}^2 \quad \text{s.t.} \quad \left\|\boldsymbol{X}\right\|_{\mathrm{F}}^2 = LP_{\mathrm{R}} \tag{2.16}$$

其中，$\boldsymbol{X}$ 的 Frobenius 范数约束了雷达的发射功率预算。虽然式 (2.16) 非凸（Non-convex），但我们有很大概率导出目标函数为 0 的平凡解。这是因为，式 (2.16) 中 $\boldsymbol{G}$

没有约束，我们可以对 $\boldsymbol{X}$ 进行缩放来满足功率约束，并在 $\boldsymbol{G}$ 中对缩放进行抵消来保持目标函数值不变，这就导致我们有足够的自由度来保证 $\boldsymbol{Y}=\boldsymbol{G}\boldsymbol{X}$。在这种情况下，$\mathcal{H}_1$ 下的似然函数将恒大于 $\mathcal{H}_0$ 下的似然函数，于是假设检验就失去了意义。认识到这一事实以后，我们考虑利用 Rao 检验在两种假设之间进行判别。与 GLRT 不同，Rao 检验并不需要估计 $\mathcal{H}_1$ 下的参数 MLE。根据文献 [129]，我们首先将参数矢量化，并记为

$$\boldsymbol{\Theta}=\left[\operatorname{vec}^{\mathrm{T}}(\boldsymbol{X}),\operatorname{vec}^{\mathrm{T}}(\boldsymbol{G})\right]^{\mathrm{T}}\triangleq\left[\boldsymbol{\theta}_{\mathrm{r}}^{\mathrm{T}},\boldsymbol{\theta}_{\mathrm{s}}^{\mathrm{T}}\right]^{\mathrm{T}} \tag{2.17}$$

复参数下的 Rao 检验由式 (2.18) 给出 [129-130]：

$$T_{\mathrm{R}}(\boldsymbol{Y})=2\left.\frac{\partial\ln p(\boldsymbol{Y};\boldsymbol{\Theta})}{\partial\operatorname{vec}(\boldsymbol{X})}\right|_{\boldsymbol{\Theta}=\tilde{\boldsymbol{\Theta}}}^{\mathrm{T}}\left[\boldsymbol{J}^{-1}\left(\tilde{\boldsymbol{\Theta}}\right)\right]_{\boldsymbol{\theta}_{\mathrm{r}}\boldsymbol{\theta}_{\mathrm{r}}}\left.\frac{\partial\ln p(\boldsymbol{Y};\boldsymbol{\Theta})}{\partial\operatorname{vec}^{*}(\boldsymbol{X})}\right|_{\boldsymbol{\Theta}=\tilde{\boldsymbol{\Theta}}}\underset{H_0}{\overset{H_1}{\gtrless}}\gamma \tag{2.18}$$

其中，$\tilde{\boldsymbol{\Theta}}=[\boldsymbol{\theta}_{\mathrm{r}}^{\mathrm{T}},\hat{\boldsymbol{\theta}}_{\mathrm{s}}^{\mathrm{T}}]^{\mathrm{T}}=[\operatorname{vec}^{\mathrm{T}}(\boldsymbol{X}_0),\operatorname{vec}^{\mathrm{T}}(\hat{\boldsymbol{G}}_0)]^{\mathrm{T}}$ 是 $\mathcal{H}_0$ 下的参数 MLE；$[\boldsymbol{J}^{-1}\left(\tilde{\boldsymbol{\Theta}}\right)]_{\boldsymbol{\theta}_{\mathrm{r}}\boldsymbol{\theta}_{\mathrm{r}}}$ 是 $\boldsymbol{J}^{-1}\left(\tilde{\boldsymbol{\Theta}}\right)$ 的左上分块，且 $\boldsymbol{J}(\boldsymbol{\Theta})$ 是 Fisher 信息矩阵（Fisher Information Matrix，FIM）[75]。

利用 Rao 检验，基站仅能判断雷达是否工作在搜索模式，即在当前 PRI，雷达是否传输正交波形 $\boldsymbol{X}_0$。若是，则可以利用式 (2.12) 得到信道矩阵的 MLE；否则，基站必须监听雷达的下一次传输，直到 $\boldsymbol{X}_0$ 被发送。

3. 基站对雷达波形无知

是否有可能在基站对两种雷达波形均无知的时候进行信道估计呢？这种情形下，基站唯一的已知信息是当雷达发射搜索波形时，有 $\boldsymbol{X}\boldsymbol{X}^{\mathrm{H}}=\dfrac{LP_{\mathrm{R}}}{M}\boldsymbol{I}_{\mathrm{M}}$。此时，假设检验问题可以改写为

$$\begin{aligned}\mathcal{H}_0:\boldsymbol{X}\boldsymbol{X}^{\mathrm{H}}&=\frac{LP_{\mathrm{R}}}{M}\boldsymbol{I}_{\mathrm{M}},\boldsymbol{G}\\ \mathcal{H}_1:\boldsymbol{X}\boldsymbol{X}^{\mathrm{H}}&\neq\frac{LP_{\mathrm{R}}}{M}\boldsymbol{I}_{\mathrm{M}},\boldsymbol{G}\end{aligned} \tag{2.19}$$

在 Rao 检验框架下，一种可能的判别方式是首先估计 $\mathcal{H}_0$ 下的 MLE，即 $\hat{\boldsymbol{X}}_0$ 和 $\hat{\boldsymbol{G}}_0$，用以替换其未知的真实值 $\boldsymbol{X}_0$ 与 $\boldsymbol{G}$。这等同于求解如下优化问题：

$$\min_{\boldsymbol{G},\boldsymbol{X}}\|\boldsymbol{Y}-\boldsymbol{G}\boldsymbol{X}\|_{\mathrm{F}}^{2}\quad\text{s.t.}\ \boldsymbol{X}\boldsymbol{X}^{\mathrm{H}}=\frac{LP_{\mathrm{R}}}{M}\boldsymbol{I}_{\mathrm{M}} \tag{2.20}$$

与求解式 (2.16) 类似，我们仍有较高概率从式 (2.20) 导出目标函数为 0 的平凡解。这是因为在式 (2.20) 中，$\boldsymbol{X}$ 可以被视为一组正交基。在乘以无约束的 $\boldsymbol{G}$ 以后，这组正

交基将张成线性空间 $\mathbb{C}^{N\times L}$，使得任意给定 $\boldsymbol{Y}$，都可以寻找一组解来保证 $\boldsymbol{Y}=\boldsymbol{G}\boldsymbol{X}$，这就又使得假设检验失去了意义。另外，由于 $\boldsymbol{X}_0$ 和 $\boldsymbol{X}_1$ 均未知，我们也无法利用式 (2.12) 和式 (2.13) 对信道进行估计。因此，我们得出结论，**在基站对雷达的两种波形均无知时，不可能对信道矩阵 $\boldsymbol{G}$ 进行有效估计。**

2.2.3　视距信道估计的假设检验方法

本小节介绍在互干扰信道为视距信道的情况下对其参数的估计方法。此时，假设基站的天线排布方式为 ULA，则基站的接收信号矩阵为

$$\boldsymbol{Y}=\alpha\boldsymbol{b}\left(\phi\right)\boldsymbol{a}^{\mathrm{H}}\left(\theta\right)\boldsymbol{X}+\boldsymbol{W} \tag{2.21}$$

其中，$\boldsymbol{a}\left(\theta\right)$ 为雷达方向矢量，$\alpha\in\mathbb{C}$ 是包含路径损耗与随机相位偏差的复数因子，θ 和 ϕ 分别表示雷达信号到基站的出发角（Angle of Departure，AoD）与到达角（Angle of Arrival，AoA），$\boldsymbol{b}\left(\phi\right)$ 是基站天线阵列的方向矢量。由于雷达的天线阵列几何是固定的，基站可以事先获知雷达相邻天线的间距及阵列朝向，从而得知 AoD 和 AoA 之差。因此，可以不失一般性地假设 $\phi=\theta$，则在视距信道场景下的待估计参数为 α 和 θ。

假设基站完全已知雷达的发射波形 $\boldsymbol{X}$，则以上两种参数的 MLE 可以由式 (2.22) 给出：

$$\min_{\alpha,\theta}\left\|\boldsymbol{Y}-\alpha\boldsymbol{b}\left(\theta\right)\boldsymbol{a}^{\mathrm{H}}\left(\theta\right)\boldsymbol{X}\right\|_{\mathrm{F}}^{2} \tag{2.22}$$

注意到，如果固定 θ，则 α 的 MLE 可以表示为

$$\hat{\alpha}=\frac{\boldsymbol{b}^{\mathrm{H}}\left(\theta\right)\boldsymbol{Y}\boldsymbol{X}^{\mathrm{H}}\boldsymbol{a}\left(\theta\right)}{L\|\boldsymbol{b}\left(\theta\right)\|^{2}\boldsymbol{a}^{\mathrm{H}}\left(\theta\right)\boldsymbol{R}_{X}\boldsymbol{a}\left(\theta\right)}=\frac{\boldsymbol{b}^{\mathrm{H}}\left(\theta\right)\boldsymbol{Y}\boldsymbol{X}^{\mathrm{H}}\boldsymbol{a}\left(\theta\right)}{NL\boldsymbol{a}^{\mathrm{H}}\left(\theta\right)\boldsymbol{R}_{X}\boldsymbol{a}\left(\theta\right)} \tag{2.23}$$

由式 (2.23) 可以看出，α 的 MLE 可以由 θ 的 MLE 完全决定。将式 (2.23) 代入式 (2.22)，则 θ 的 MLE 可以表示为

$$\hat{\theta}=\arg\min_{\theta}f\left(\boldsymbol{Y};\theta,\boldsymbol{X}\right) \tag{2.24}$$

其中，

$$f\left(\boldsymbol{Y};\theta,\boldsymbol{X}\right)=\left\|\boldsymbol{Y}-\frac{\boldsymbol{b}^{\mathrm{H}}\left(\theta\right)\boldsymbol{Y}\boldsymbol{X}^{\mathrm{H}}\boldsymbol{a}\left(\theta\right)\boldsymbol{b}\left(\theta\right)\boldsymbol{a}^{\mathrm{H}}\left(\theta\right)\boldsymbol{X}}{NL\boldsymbol{a}^{\mathrm{H}}\left(\theta\right)\boldsymbol{R}_{X}\boldsymbol{a}\left(\theta\right)}\right\|_{\mathrm{F}}^{2} \tag{2.25}$$

式 (2.25) 是非凸的，很难求得其闭式解。然而，由于其仅有一个变量 θ，我们可以很容易地通过一维搜索来得到式 (2.25) 的最优数值解。

下面，根据基站对雷达波形参数的了解程度，我们首先通过假设检验方法来判断雷达的工作模式，再对信道参数进行估计。

1. 基站已知两种雷达波形

同样地，在某个 PRI 内，当基站已知雷达的搜索波形 $\boldsymbol{X}_0$ 和跟踪波形 $\boldsymbol{X}_1$ 时，假设检验问题可以表示为

$$\boldsymbol{Y}=\begin{cases}\mathcal{H}_0:\alpha\boldsymbol{b}\left(\theta\right)\boldsymbol{a}^{\mathrm{H}}\left(\theta\right)\boldsymbol{X}_0+\boldsymbol{W}\\ \mathcal{H}_1:\alpha\boldsymbol{b}\left(\theta\right)\boldsymbol{a}^{\mathrm{H}}\left(\theta\right)\boldsymbol{X}_1+\boldsymbol{W}\end{cases}\tag{2.26}$$

于是，我们可以再次利用 GLRT 进行判决。首先，将 $\boldsymbol{X}_0$ 和 $\boldsymbol{X}_1$ 分别代入式 (2.25)，利用一维搜索得到 θ 在两个假设下的 MLE（即 $\hat{\theta}_0$ 和 $\hat{\theta}_1$）以后，对应的似然函数可以写作

$$\begin{aligned}p\left(\boldsymbol{Y};\hat{\theta}_0,\mathcal{H}_0\right)&=(\pi N_0)^{-NL}\exp\left(-\frac{1}{N_0}f\left(\boldsymbol{Y};\hat{\theta}_0,\boldsymbol{X}_0\right)\right)\\ p\left(\boldsymbol{Y};\hat{\theta}_1,\mathcal{H}_1\right)&=(\pi N_0)^{-NL}\exp\left(-\frac{1}{N_0}f\left(\boldsymbol{Y};\hat{\theta}_1,\boldsymbol{X}_1\right)\right)\end{aligned}\tag{2.27}$$

其中，$f\left(\cdot\right)$ 的定义由式 (2.25) 给出。视距信道下的 GLRT 检测器为

$$L_{\mathrm{G}}^{\mathrm{LoS}}\left(\boldsymbol{Y}\right)=\frac{1}{N_0}\left(f\left(\boldsymbol{Y};\hat{\theta}_0,\boldsymbol{X}_0\right)-f\left(\boldsymbol{Y};\hat{\theta}_1,\boldsymbol{X}_1\right)\right)\underset{\mathcal{H}_0}{\overset{\mathcal{H}_1}{\gtrless}}\gamma\tag{2.28}$$

进行如上判决后，到达角 θ 的估计则可以选取对应假设的 MLE，α 的 MLE 则可以通过式 (2.23) 给出。

2. 基站已知雷达搜索波形

与衰落信道的情形类似，更符合实际情形的假设是基站仅已知雷达搜索波形 $\boldsymbol{X}_0$，此时的假设检验问题为

$$\begin{aligned}&\mathcal{H}_0:\boldsymbol{X}=\boldsymbol{X}_0,\alpha,\theta\\ &\mathcal{H}_1:\boldsymbol{X}\neq\boldsymbol{X}_0,\alpha,\theta\end{aligned}\tag{2.29}$$

此时，α、θ 为待估计冗余参数。同样，GLRT 检测器对式 (2.29) 不再适用。乍看之下，似乎 Rao 检验仍然可以用于式 (2.29) 的判决。然而，命题 2.1 终止了这一可能性。

命题 2.1

对于视距信道场景，Rao 检验不存在。♠

证明 在视距信道场景下，接收信号矩阵的概率密度函数为

$$p\left(\boldsymbol{Y}\right)=\left(\pi N_0\right)^{-NL}\exp\left(-\frac{1}{N_0}\mathrm{tr}\left(\left(\boldsymbol{Y}-\alpha\boldsymbol{b}\left(\theta\right)\boldsymbol{a}^{\mathrm{H}}\left(\theta\right)\boldsymbol{X}\right)^{\mathrm{H}}\left(\boldsymbol{Y}-\alpha\boldsymbol{b}\left(\theta\right)\boldsymbol{a}^{\mathrm{H}}\left(\theta\right)\boldsymbol{X}\right)\right)\right) \tag{2.30}$$

两边取对数，有

$$\ln p=-NL\ln\left(\pi N_0\right)-\frac{1}{N_0}\mathrm{tr}\left(\left(\boldsymbol{Y}-\alpha\boldsymbol{b}\left(\theta\right)\boldsymbol{a}^{\mathrm{H}}\left(\theta\right)\boldsymbol{X}\right)^{\mathrm{H}}\left(\boldsymbol{Y}-\alpha\boldsymbol{b}\left(\theta\right)\boldsymbol{a}^{\mathrm{H}}\left(\theta\right)\boldsymbol{X}\right)\right) \tag{2.31}$$

定义 $\boldsymbol{\theta}_{\mathrm{r}}=\mathrm{vec}\left(\boldsymbol{X}\right)\in\mathbb{C}^{ML\times 1}$，$\boldsymbol{\theta}_{\mathrm{s}}=\left[\alpha,\theta\right]^{\mathrm{T}}\in\mathbb{C}^{2\times 1}$。Fisher 信息矩阵可以分块表示为

$$\boldsymbol{J}\left(\boldsymbol{\Theta}\right)=\begin{bmatrix}\boldsymbol{J}_{\mathrm{rr}} & \boldsymbol{J}_{\mathrm{rs}}\\ \boldsymbol{J}_{\mathrm{sr}} & \boldsymbol{J}_{\mathrm{ss}}\end{bmatrix} \tag{2.32}$$

其中，有

$$\begin{aligned}
\boldsymbol{J}_{\mathrm{rr}}&=\mathbb{E}\left(\frac{\partial\ln p}{\partial\mathrm{vec}^{*}\left(\boldsymbol{X}\right)}\frac{\partial\ln p}{\partial\mathrm{vec}^{\mathrm{T}}\left(\boldsymbol{X}\right)}\right)=\frac{4N|\alpha|^2}{N_0}\boldsymbol{I}_L\otimes\boldsymbol{a}^{*}\left(\theta\right)\boldsymbol{a}^{\mathrm{T}}\left(\theta\right)\in\mathbb{C}^{ML\times ML}\\
\boldsymbol{J}_{\mathrm{rs}}&=\mathbb{E}\left(\frac{\partial\ln p}{\partial\mathrm{vec}^{*}\left(\boldsymbol{X}\right)}\left(\frac{\partial\ln p}{\partial\boldsymbol{\theta}_{\mathrm{s}}}\right)^{\mathrm{T}}\right)\in\mathbb{C}^{ML\times 2}\\
\boldsymbol{J}_{\mathrm{sr}}&=\boldsymbol{J}_{\mathrm{rs}}^{\mathrm{H}}\in\mathbb{C}^{2\times ML}\\
\boldsymbol{J}_{\mathrm{ss}}&=\mathbb{E}\left(\frac{\partial\ln p}{\partial\boldsymbol{\theta}_{\mathrm{s}}^{*}}\left(\frac{\partial\ln p}{\partial\boldsymbol{\theta}_{\mathrm{s}}}\right)^{\mathrm{T}}\right)\in\mathbb{C}^{2\times 2}
\end{aligned} \tag{2.33}$$

从式 (2.33) 可以得到

$$\begin{aligned}
&\mathrm{rank}\left(\boldsymbol{J}_{\mathrm{rr}}\right)=L\\
&\mathrm{rank}\left(\boldsymbol{J}_{\mathrm{rs}}\right)\leqslant 2,\ \mathrm{rank}\left(\boldsymbol{J}_{\mathrm{sr}}\right)\leqslant 2,\ \mathrm{rank}\left(\boldsymbol{J}_{\mathrm{ss}}\right)\leqslant 2
\end{aligned} \tag{2.34}$$

考虑

$$\bar{\boldsymbol{J}}=\boldsymbol{J}_{\mathrm{rr}}\left(\tilde{\boldsymbol{\Theta}}\right)-\boldsymbol{J}_{\mathrm{rs}}\left(\tilde{\boldsymbol{\Theta}}\right)\boldsymbol{J}_{\mathrm{ss}}^{-1}\left(\tilde{\boldsymbol{\Theta}}\right)\boldsymbol{J}_{\mathrm{sr}}\left(\tilde{\boldsymbol{\Theta}}\right) \tag{2.35}$$

根据矩阵秩的性质，以及 $L>M\geqslant 2$，有

$$\mathrm{rank}\left(\bar{\boldsymbol{J}}\right)\leqslant L+2<ML \tag{2.36}$$

因此，$\bar{\boldsymbol{J}}\in\mathbb{C}^{ML\times ML}$ 为秩亏矩阵，且不可逆。而 Rao 检验需要对式 (2.36) 求逆。因此，Rao 检验不存在。

直观地看，对命题 2.1 的解释很简单。由式 (2.21)，视距信道矩阵的秩为 1。将这一信道矩阵乘在雷达波形上后，后者将被映射到一个秩为 1 的子空间（Subspace），导

致波形信息的严重损失，且使得对应的 Fisher 信息矩阵为奇异矩阵。而 Rao 检验要求对 Fisher 信息矩阵求逆，因此 Rao 检验并不存在。

为解决这一问题，我们针对视距信道提出了一种能量检测算法。注意到：噪声为零均值高斯分布，且方差为 N_0，根据式 (2.21)，接收信号的平均功率为

$$\begin{aligned}
P_{\mathrm{LoS}} &= \mathbb{E}\left(\mathrm{tr}\left(\boldsymbol{Y}\boldsymbol{Y}^{\mathrm{H}}\right)\right) \\
&= \mathbb{E}\Big(\mathrm{tr}\left(|\alpha|^2\boldsymbol{b}(\theta)\boldsymbol{a}^{\mathrm{H}}(\theta)\boldsymbol{X}\boldsymbol{X}^{\mathrm{H}}\boldsymbol{a}(\theta)\boldsymbol{b}^{\mathrm{H}}(\theta)+\boldsymbol{W}\boldsymbol{W}^{\mathrm{H}}\right) \\
&\quad + 2\mathrm{Re}\left(\mathrm{tr}\left(\alpha\boldsymbol{b}(\theta)\boldsymbol{a}^{\mathrm{H}}(\theta)\boldsymbol{X}\boldsymbol{W}^{\mathrm{H}}\right)\right)\Big) \\
&= \mathbb{E}\left(\mathrm{tr}\left(|\alpha|^2\boldsymbol{b}(\theta)\boldsymbol{a}^{\mathrm{H}}(\theta)\boldsymbol{X}\boldsymbol{X}^{\mathrm{H}}\boldsymbol{a}(\theta)\boldsymbol{b}^{\mathrm{H}}(\theta)\right)\right) + \mathbb{E}\left(\mathrm{tr}\left(\boldsymbol{W}\boldsymbol{W}^{\mathrm{H}}\right)\right) \\
&\approx \frac{1}{L}\mathrm{tr}\left(|\alpha|^2\boldsymbol{b}(\theta)\boldsymbol{a}^{\mathrm{H}}(\theta)\boldsymbol{X}\boldsymbol{X}^{\mathrm{H}}\boldsymbol{a}(\theta)\boldsymbol{b}^{\mathrm{H}}(\theta)\right) + NN_0 \\
&= |\alpha|^2\mathrm{tr}\left(\boldsymbol{b}(\theta)\boldsymbol{a}^{\mathrm{H}}(\theta)\boldsymbol{R}_X\boldsymbol{a}(\theta)\boldsymbol{b}^{\mathrm{H}}(\theta)\right) + NN_0 \\
&= |\alpha|^2P_{\mathrm{d}}(\theta)\,\mathrm{tr}\left(\boldsymbol{b}(\theta)\boldsymbol{b}^{\mathrm{H}}(\theta)\right) + NN_0 \\
&= N|\alpha|^2P_{\mathrm{d}}(\theta) + NN_0
\end{aligned} \tag{2.37}$$

其中，$P_{\mathrm{d}}(\theta)$ 是雷达的发射波束图样，由式 (2.2) 定义。从式 (2.37) 不难看出，接收信号的平均功率与雷达在 θ 角度的发射功率成线性关系。进一步注意到，如果雷达发射的是全向搜索波形 $\boldsymbol{X}_0$，则有

$$P_{\mathrm{d}}(\theta) = \frac{P_{\mathrm{R}}}{M}\boldsymbol{a}^{\mathrm{H}}(\theta)\boldsymbol{I}_M\boldsymbol{a}(\theta) = P_{\mathrm{R}} \tag{2.38}$$

即 $P_{\mathrm{d}}(\theta)$ 在每个 θ 角度处都相等，均为 P_{R}；反之，如果发射的是定向跟踪波形 $\boldsymbol{X}_1$，由于其将大部分功率都集中在主瓣角度，$P_{\mathrm{d}}(\theta)$ 在主瓣处的功率远大于 P_{R}，在副瓣处的功率则远低于 P_{R}。注意到：在 $N_0=0$、$\alpha=1$ 的理想条件下，基站接收到的雷达信号功率将与雷达在角度 θ 处的波束图样成正比。我们将归一化的两种波束图样在图2.3中示出。根据以上观察，一种合理的门限设置是：若接收到的信号功率位于图2.3中蓝色虚线与红色虚线以内，则认为雷达发射的是全向搜索波形 $\boldsymbol{X}_0$，判 $\mathcal{H}_0$，并将 $\boldsymbol{X}_0$ 代入式 (2.25)，求出到达角 θ 的 MLE 估计；否则，判 $\mathcal{H}_1$，并继续监听下一次接收信号，直到雷达发射 $\boldsymbol{X}_0$。因此，在能量检测中，我们考虑两个门限 γ 和 η，并将这一检测器表示为

$$\begin{aligned}
T_{\mathrm{E}}(\boldsymbol{Y}) &= \frac{1}{L}\mathrm{tr}\left(\boldsymbol{Y}\boldsymbol{Y}^{\mathrm{H}}\right) \in [\gamma,\eta] \rightarrow \mathcal{H}_0 \\
T_{\mathrm{E}}(\boldsymbol{Y}) &= \frac{1}{L}\mathrm{tr}\left(\boldsymbol{Y}\boldsymbol{Y}^{\mathrm{H}}\right) \in (0,\gamma] \cup [\eta,+\infty) \rightarrow \mathcal{H}_1
\end{aligned} \tag{2.39}$$

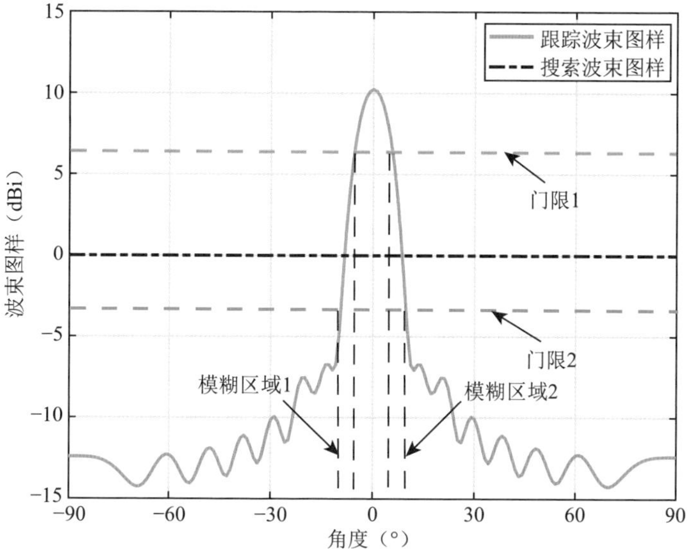

图 2.3　MIMO 雷达的搜索波束图样与跟踪波束图样

值得注意的是，上述检测判决仍然存在一定的模糊性。这是因为当基站的方位角位于图2.3中的两个模糊区域（Ambiguity Region）时，检测器将无法区分两种波束图样。通过缩小两个门限之间的距离，我们可以尽量地缩小这一区域，但同时也会使检测器对噪声的容忍度降低。

需要进一步强调的是，本小节给出的能量检测器无法应用于衰落信道情形。这是因为在衰落信道情形下，由于瑞利信道矩阵 $\boldsymbol{G}$ 的存在，基站接收信号 $\boldsymbol{Y}$ 的平均功率不满足式 (2.37)。因此，在衰落信道情形下，基站接收信号的功率并不与雷达波束图样在该角度的发射功率成正比。相反，由于矩阵 $\boldsymbol{G}$ 的每个元素都满足复高斯分布，接收平均功率将呈现随机化。这使得我们无法利用两种波束图样的区别来对雷达的两种工作状态进行有效区分。

3. 基站对雷达波形无知

最后，我们考虑基站对雷达的两种波形均无知的情形。首先，注意到由于能量检测器 [式 (2.39)] 并不需要已知 $\boldsymbol{X}_0$ 或 $\boldsymbol{X}_1$，我们可以继续利用该检测器来判决雷达的工作模式。

进行判决后，剩下的问题是如何对信道的参数进行估计。由式 (2.38)，当雷达发射 $\boldsymbol{X}_0$ 时，基站接收信号的平均功率可以表示为

$$P_{\mathrm{LoS}} = \mathbb{E}\left(\mathrm{tr}\left(\boldsymbol{Y}\boldsymbol{Y}^{\mathrm{H}}\right)\right) \approx \frac{1}{L}\mathrm{tr}\left(\boldsymbol{Y}\boldsymbol{Y}^{\mathrm{H}}\right) \approx NP_{\mathrm{R}}|\alpha|^2 + NN_0 \tag{2.40}$$

根据式 (2.40)，对 $|\alpha|^2$ 的一个合理估计为

$$|\alpha|^2 \approx \frac{\mathrm{tr}\left(\boldsymbol{Y}\boldsymbol{Y}^{\mathrm{H}}\right)}{LNP_{\mathrm{R}}} - \frac{N_0}{P_{\mathrm{R}}} \tag{2.41}$$

进一步地，还有

$$\begin{aligned}\frac{1}{L}\boldsymbol{Y}\boldsymbol{Y}^{\mathrm{H}} &= \frac{|\alpha|^2 P_{\mathrm{R}}}{M}\boldsymbol{b}(\theta)\,\boldsymbol{a}^{\mathrm{H}}(\theta)\,\boldsymbol{I}_M\boldsymbol{a}(\theta)\,\boldsymbol{b}^{\mathrm{H}}(\theta) + \widetilde{\boldsymbol{W}} \\ &= |\alpha|^2 P_{\mathrm{R}}\boldsymbol{b}(\theta)\,\boldsymbol{b}^{\mathrm{H}}(\theta) + \widetilde{\boldsymbol{W}}\end{aligned} \tag{2.42}$$

其中，$\widetilde{\boldsymbol{W}} = \frac{1}{L}\boldsymbol{W}\boldsymbol{W}^{\mathrm{H}} + 2\mathrm{Re}\left(\frac{\alpha}{L}\boldsymbol{b}(\theta)\,\boldsymbol{a}^{\mathrm{H}}(\theta)\,\boldsymbol{X}_0\boldsymbol{W}^{\mathrm{H}}\right)$ 是噪声信号矩阵。由式 (2.42)，θ 的 LSE 可以由式 (2.43) 给出：

$$\hat{\theta} = \arg\min_{\theta}\left\|\frac{1}{LP_{\mathrm{R}}}\boldsymbol{Y}\boldsymbol{Y}^{\mathrm{H}} - |\alpha|^2\boldsymbol{b}(\theta)\,\boldsymbol{b}^{\mathrm{H}}(\theta)\right\|_{\mathrm{F}}^2 \tag{2.43}$$

如此一来，如果根据能量检测器 [式 (2.39)] 给出的判决为 $\mathcal{H}_0$，则可以通过式 (2.41) 和式 (2.43) 来估计 $|\alpha|^2$ 和 θ，而这并不需要关于雷达波形的任何信息。需要注意的是，由于噪声矩阵 $\widetilde{\boldsymbol{W}}$ 不满足高斯分布，式 (2.41) 和式 (2.43) 并不是参数的最大似然估计 [75]。

2.2.4 理论性能分析

本小节对本节提出的假设检验框架与信道估计进行理论性能分析，并给出关于假设检验门限设置的一些讨论。对于假设检验，我们采用**判决错误概率**（Decision Error Probability）作为性能指标；对于信道估计，则采用**均方误差**作为性能度量。

1. 广义似然比检验

为给出 GLRT 的理论分析，我们需要求得对应假设下的参数最大似然估计的解析解。尽管在衰落信道和视距信道下，我们都考虑了 GRLT 检测，但由于视距信道下 θ 的最大似然估计不存在闭式解，因而无法解析地给出本书 2.2.3 节中视距信道下的 GLRT 检测器的概率分布。本小节仅对衰落信道下的 GLRT 进行理论分析。首先，将式 (2.12) 和式 (2.13) 分别代入式 (2.10) 和式 (2.11)，得到

$$\begin{aligned}&p\left(\boldsymbol{Y};\hat{\boldsymbol{G}}_0,\mathcal{H}_0\right) \\ &= (\pi N_0)^{-NL}\exp\left(-\frac{1}{N_0}\mathrm{tr}\left(\left(\boldsymbol{Y}-\hat{\boldsymbol{G}}_0\boldsymbol{X}_0\right)^{\mathrm{H}}\left(\boldsymbol{Y}-\hat{\boldsymbol{G}}_0\boldsymbol{X}_0\right)\right)\right) \\ &= (\pi N_0)^{-NL}\exp\left(-\frac{1}{N_0}\mathrm{tr}\left(\boldsymbol{Y}\left(\boldsymbol{I}_L - \frac{M}{LP_{\mathrm{R}}}\boldsymbol{X}_0^{\mathrm{H}}\boldsymbol{X}_0\right)\boldsymbol{Y}^{\mathrm{H}}\right)\right)\end{aligned} \tag{2.44}$$

$$
\begin{aligned}
& p\left(\boldsymbol{Y};\hat{\boldsymbol{G}}_1,\mathcal{H}_1\right) \\
&=(\pi N_0)^{-NL}\exp\left(-\frac{1}{N_0}\mathrm{tr}\left(\left(\boldsymbol{Y}-\hat{\boldsymbol{G}}_1\boldsymbol{X}_1\right)^{\mathrm{H}}\left(\boldsymbol{Y}-\hat{\boldsymbol{G}}_1\boldsymbol{X}_1\right)\right)\right) \\
&=(\pi N_0)^{-NL}\exp\left(-\frac{1}{N_0}\mathrm{tr}\left(\boldsymbol{Y}\left(\boldsymbol{I}_L-\boldsymbol{X}_1^{\mathrm{H}}\left(\boldsymbol{X}_1\boldsymbol{X}_1^{\mathrm{H}}\right)^{-1}\boldsymbol{X}_1\right)\boldsymbol{Y}^{\mathrm{H}}\right)\right)
\end{aligned}
\tag{2.45}
$$

然后，将式 (2.44) 和式 (2.45) 代入式 (2.14) 并取对数，则有

$$
\begin{aligned}
& \ln\frac{p\left(\boldsymbol{Y};\hat{\boldsymbol{G}}_1,\mathcal{H}_1\right)P_{\mathrm{D}}^{i-1}}{p\left(\boldsymbol{Y};\hat{\boldsymbol{G}}_0,\mathcal{H}_0\right)\left(1-P_{\mathrm{D}}^{i-1}\right)} \\
&=\frac{1}{N_0}\mathrm{tr}\left(\boldsymbol{Y}\left(\boldsymbol{X}_1^{\mathrm{H}}\left(\boldsymbol{X}_1\boldsymbol{X}_1^{\mathrm{H}}\right)^{-1}\boldsymbol{X}_1-\frac{M}{LP_{\mathrm{R}}}\boldsymbol{X}_0^{\mathrm{H}}\boldsymbol{X}_0\right)\boldsymbol{Y}^{\mathrm{H}}\right) \\
&\quad-\ln\left(\frac{1-P_{\mathrm{D}}^{i-1}}{P_{\mathrm{D}}^{i-1}}\right)\underset{\mathcal{H}_0}{\overset{\mathcal{H}_1}{\gtrless}}\gamma_0
\end{aligned}
\tag{2.46}
$$

于是，GLRT 检测器可以表示为

$$
\begin{aligned}
L_{\mathrm{G}}\left(\boldsymbol{Y}\right)&=\frac{1}{N_0}\mathrm{tr}\left(\boldsymbol{Y}\left(\boldsymbol{X}_1^{\mathrm{H}}\left(\boldsymbol{X}_1\boldsymbol{X}_1^{\mathrm{H}}\right)^{-1}\boldsymbol{X}_1-\frac{M}{LP_{\mathrm{R}}}\boldsymbol{X}_0^{\mathrm{H}}\boldsymbol{X}_0\right)\boldsymbol{Y}^{\mathrm{H}}\right)\underset{\mathcal{H}_0}{\overset{\mathcal{H}_1}{\gtrless}}\gamma \\
&=\gamma_0+\ln\left(\frac{1-P_{\mathrm{D}}^{i-1}}{P_{\mathrm{D}}^{i-1}}\right)
\end{aligned}
\tag{2.47}
$$

注意到: $\boldsymbol{X}_1^{\mathrm{H}}\left(\boldsymbol{X}_1\boldsymbol{X}_1^{\mathrm{H}}\right)^{-1}\boldsymbol{X}_1$ 和 $\frac{M}{LP_{\mathrm{R}}}\boldsymbol{X}_0^{\mathrm{H}}\boldsymbol{X}_0$ 均为**投影矩阵**，也是幂等矩阵（Idempotent Matrix）[75]，式 (2.47) 的物理意义是显而易见的，即：将接收到的信号分别正交投影到 $\boldsymbol{X}_1$ 和 $\boldsymbol{X}_0$ 的行空间中，通过比较两者投影的长度来确定接收信号矩阵 $\boldsymbol{Y}$ 与哪一种波形更“相似”，由此来进行假设判决。进一步地，由于 P_{D}^{i-1} 在实际情形中无法获知，因此基站只能认为 $P_{\mathrm{D}}^{i-1}=0$。于是，有 $\ln\left(\frac{1-P_{\mathrm{D}}^{i-1}}{P_{\mathrm{D}}^{i-1}}\right)=0$ 以及 $\gamma=\gamma_0$。

接下来，我们推导 L_{G} 的累积分布函数（Cumulative Distribution Function，CDF）。令

$$
\begin{aligned}
\boldsymbol{A}&=\boldsymbol{X}_1^{\mathrm{H}}\left(\boldsymbol{X}_1\boldsymbol{X}_1^{\mathrm{H}}\right)^{-1}\boldsymbol{X}_1 \\
\boldsymbol{B}&=\frac{M}{LP_{\mathrm{R}}}\boldsymbol{X}_0^{\mathrm{H}}\boldsymbol{X}_0\tilde{\boldsymbol{y}}=\frac{\mathrm{vec}\left(\boldsymbol{Y}^{\mathrm{H}}\right)}{\sqrt{N_0}} \\
\boldsymbol{D}&=\boldsymbol{I}_N\otimes\left(\boldsymbol{A}-\boldsymbol{B}\right)
\end{aligned}
\tag{2.48}
$$

则检验统计量可以紧凑地写作

$$L_{\mathrm{G}}(\boldsymbol{Y})=\tilde{\boldsymbol{y}}^{\mathrm{H}}\left(\boldsymbol{I}_N\otimes(\boldsymbol{A}-\boldsymbol{B})\right)\tilde{\boldsymbol{y}}=\tilde{\boldsymbol{y}}^{\mathrm{H}}\boldsymbol{D}\tilde{\boldsymbol{y}} \tag{2.49}$$

根据统计理论，如果 $\boldsymbol{D}$ 是幂等矩阵，则以上统计量服从非中心卡方分布（Non-central Chi-squared Distribution）。然而，尽管 $\boldsymbol{A}$ 和 $\boldsymbol{B}$ 均为幂等矩阵，$\boldsymbol{D}$ 却并不一定仍为幂等矩阵。此外，也不能保证 $\boldsymbol{D}$ 是半正定（Semidefinite）的。因此，$\boldsymbol{D}$ 只能被视作不定矩阵（Indefinite Matrix）。注意到 $\tilde{\boldsymbol{y}}$ 服从高斯分布，且均值非 0，这就使得 L_{G} 成为高斯变量的非中心不定二次型（Non-central Indefinite Quadratic Form）。根据统计理论，这个二次型的 CDF 并不存在解析解 [131]。

根据文献 [132] 中的方法，这里我们考虑利用鞍点近似（Saddle-point Approximation）法来近似计算 L_{G} 的 CDF。由于 $\tilde{\boldsymbol{y}}$ 服从高斯分布，则有 $\tilde{\boldsymbol{y}}\sim\mathcal{CN}(\boldsymbol{b},\boldsymbol{I}_{NL})$。其中，均值 $\boldsymbol{b}$ 在两种假设下分别为

$$\boldsymbol{b}=\begin{cases}\mathcal{H}_0:\mathrm{vec}\left(\boldsymbol{X}_0^{\mathrm{H}}\boldsymbol{G}^{\mathrm{H}}\right)/\sqrt{N_0}\\ \mathcal{H}_1:\mathrm{vec}\left(\boldsymbol{X}_1^{\mathrm{H}}\boldsymbol{G}^{\mathrm{H}}\right)/\sqrt{N_0}\end{cases} \tag{2.50}$$

将矩阵 $\boldsymbol{D}$ 的特征值分解记为 $\boldsymbol{D}=\boldsymbol{Q}\boldsymbol{\Lambda}\boldsymbol{Q}^{\mathrm{H}}$，其中 $\boldsymbol{\Lambda}=\mathrm{diag}\left(\lambda_1,\lambda_2,\cdots,\lambda_{NL}\right)$ 包含了矩阵的特征值。根据鞍点近似法，高斯变量的非中心不定高斯二次型 L_{G} 的 CDF 为 [132]

$$P\left(L_G\leqslant\gamma\right)\approx\frac{1}{2\pi}\exp\left(s\left(\omega_0\right)\right)\sqrt{\frac{2\pi}{\left|s''\left(\omega_0\right)\right|}} \tag{2.51}$$

其中

$$s(\omega)=\ln\left(\frac{\mathrm{e}^{\gamma(\mathrm{j}\omega+\beta)}\mathrm{e}^{-c(\omega)}}{(\mathrm{j}\omega+\beta)\det\left(\boldsymbol{I}+(\mathrm{j}\omega+\beta)\boldsymbol{\Lambda}\right)}\right) \tag{2.52}$$

$$c(\omega)=\sum_{i=1}^{NL}\left|\bar{b}_i\right|^2-\sum_{i=1}^{NL}\frac{\left|\bar{b}_i\right|^2}{1-(\mathrm{j}\omega+\beta)\lambda_i} \tag{2.53}$$

$$\bar{\boldsymbol{b}}=\boldsymbol{Q}^{\mathrm{H}}\boldsymbol{b}=\left[\bar{b}_1,\bar{b}_2,\cdots,\bar{b}_{NL}\right]^{\mathrm{T}} \tag{2.54}$$

以上结果对任意 $\beta>0$ 都成立，且与 β 的取值无关。ω_0 即为所谓的鞍点（一阶导数的零点），也是如下方程的解 [132]：

$$s'(\mathrm{j}\omega)=-\frac{1}{(-\omega+\beta)}-\sum_{i=1}^{NL}\frac{\lambda_i}{1+\lambda_i(-\omega+\beta)}+\gamma-\sum_{i=1}^{NL}\frac{\left|\bar{b}_i\right|^2\lambda_i}{\left(1+\lambda_i(-\omega+\beta)\right)^2}=0 \tag{2.55}$$

其中，$\omega = \mathrm{j}\,(\beta + x)$。文献 [132] 证明了式 (2.55) 在 $x \in (-\infty, 0)$ 时有且仅有一个实数解，因而可以利用一维搜索得到。在两种假设下，分别相应地代入式 (2.50) 中的均值 $\boldsymbol{b}$，结合式 (2.51)~ 式 (2.55)，即可给出 L_{G} 的 CDF。

得到 CDF 以后，就可以用判决错误概率衡量检测性能。在第 i 个 PRI，判决错误概率可以写作

$$
\begin{aligned}
P_{\mathrm{G}}^{i} &= P\left(L_{\mathrm{G}} \geqslant \gamma; \mathcal{H}_0\right) P\left(\mathcal{H}_0\right) + P\left(L_{\mathrm{G}} \leqslant \gamma; \mathcal{H}_1\right) P\left(\mathcal{H}_1\right) \\
&= \left(1 - P\left(L_{\mathrm{G}} \leqslant \gamma; \mathcal{H}_0\right)\right)\left(1 - P_{\mathrm{D}}^{i-1}\right) + P\left(L_{\mathrm{G}} \leqslant \gamma; \mathcal{H}_1\right) P_{\mathrm{D}}^{i-1}
\end{aligned} \tag{2.56}
$$

2. Rao 检验

针对衰落信道下雷达仅已知搜索波形 $\boldsymbol{X}_0$ 的情形，我们采用了 Rao 检验。这一检验统计量的推导需要求得 Fisher 信息矩阵。我们首先给出接收信号矩阵 $\boldsymbol{Y}$ 的 PDF 如下：

$$
p\left(\boldsymbol{Y}\right) = \left(\pi N_0\right)^{-NL} \exp\left(-\frac{1}{N_0}\mathrm{tr}\left(\left(\boldsymbol{Y} - \boldsymbol{G}\boldsymbol{X}\right)^{\mathrm{H}}\left(\boldsymbol{Y} - \boldsymbol{G}\boldsymbol{X}\right)\right)\right) \tag{2.57}
$$

两边取对数，得

$$
\ln p = -NL \ln \pi N_0 - \frac{1}{N_0}\mathrm{tr}\left(\left(\boldsymbol{Y} - \boldsymbol{G}\boldsymbol{X}\right)^{\mathrm{H}}\left(\boldsymbol{Y} - \boldsymbol{G}\boldsymbol{X}\right)\right) \tag{2.58}
$$

为计算 Fisher 信息矩阵，首先推导对数 PDF 关于参数的偏导数如下：

$$
\begin{aligned}
&\frac{\partial \ln p}{\partial \mathrm{vec}\left(\boldsymbol{X}\right)} = \frac{2}{N_0}\left(\boldsymbol{I}_L \otimes \boldsymbol{G}^{\mathrm{H}}\right)\boldsymbol{z}, \quad \frac{\partial \ln p}{\partial \mathrm{vec}^*\left(\boldsymbol{X}\right)} = \frac{2}{N_0}\left(\boldsymbol{I}_L \otimes \boldsymbol{G}^{\mathrm{T}}\right)\boldsymbol{z}^* \\
&\frac{\partial \ln p}{\partial \mathrm{vec}\left(\boldsymbol{G}\right)} = \frac{2}{N_0}\left(\boldsymbol{X}^* \otimes \boldsymbol{I}_N\right)\boldsymbol{z}, \quad \frac{\partial \ln p}{\partial \mathrm{vec}^*\left(\boldsymbol{G}\right)} = \frac{2}{N_0}\left(\boldsymbol{X} \otimes \boldsymbol{I}_N\right)\boldsymbol{z}^*
\end{aligned} \tag{2.59}
$$

其中，$\boldsymbol{z} = \mathrm{vec}\left(\boldsymbol{Y} - \boldsymbol{G}\boldsymbol{X}\right)$。根据文献 [133]，Fisher 信息矩阵可以被分块表示为

$$
\boldsymbol{J}\left(\boldsymbol{\Theta}\right) = \begin{bmatrix} \boldsymbol{J}_{\mathrm{rr}} & \boldsymbol{J}_{\mathrm{rs}} \\ \boldsymbol{J}_{\mathrm{sr}} & \boldsymbol{J}_{\mathrm{ss}} \end{bmatrix} \tag{2.60}
$$

其中，$\boldsymbol{\Theta}$ 的定义参照式 (2.17)。利用 $\mathbb{E}\left(\boldsymbol{z}^*\boldsymbol{z}^{\mathrm{T}}\right) = N_0\boldsymbol{I}_{NL}$ 这一事实，我们有 [133]

$$
\begin{aligned}
\boldsymbol{J}_{\mathrm{rr}} &= \mathbb{E}\left(\frac{\partial \ln p}{\partial \mathrm{vec}^*\left(\boldsymbol{X}\right)}\frac{\partial \ln p}{\partial \mathrm{vec}^{\mathrm{T}}\left(\boldsymbol{X}\right)}\right) \\
&= \frac{4}{N_0^2}\left(\boldsymbol{I}_L \otimes \boldsymbol{G}^{\mathrm{T}}\right)\mathbb{E}\left(\boldsymbol{z}^*\boldsymbol{z}^{\mathrm{T}}\right)\left(\boldsymbol{I}_L \otimes \boldsymbol{G}^*\right) = \frac{4}{N_0}\boldsymbol{I}_L \otimes \boldsymbol{G}^{\mathrm{T}}\boldsymbol{G}^*
\end{aligned} \tag{2.61}
$$

$$\boldsymbol{J}_{\mathrm{rs}}=\mathbb{E}\left(\frac{\partial\ln p}{\partial\mathrm{vec}^*\left(\boldsymbol{X}\right)}\frac{\partial\ln p}{\partial\mathrm{vec}^{\mathrm{T}}\left(\boldsymbol{G}\right)}\right)=\frac{4}{N_0}\boldsymbol{X}^{\mathrm{H}}\otimes\boldsymbol{G}^{\mathrm{T}} \tag{2.62}$$

$$\boldsymbol{J}_{\mathrm{sr}}=\boldsymbol{J}_{\mathrm{rs}}^{\mathrm{H}}=\frac{4}{N_0}\boldsymbol{X}\otimes\boldsymbol{G}^* \tag{2.63}$$

$$\boldsymbol{J}_{\mathrm{ss}}=\mathbb{E}\left(\frac{\partial\ln p}{\partial\mathrm{vec}^*\left(\boldsymbol{G}\right)}\frac{\partial\ln p}{\partial\mathrm{vec}^{\mathrm{T}}\left(\boldsymbol{G}\right)}\right)=\frac{4}{N_0}\boldsymbol{X}\boldsymbol{X}^{\mathrm{H}}\otimes\boldsymbol{I}_N \tag{2.64}$$

因此，Fisher 信息矩阵可以表示为

$$\boldsymbol{J}\left(\boldsymbol{\Theta}\right)=\frac{4}{N_0}\begin{bmatrix}\boldsymbol{I}_L\otimes\boldsymbol{G}^{\mathrm{T}}\boldsymbol{G}^* & \boldsymbol{X}^{\mathrm{H}}\otimes\boldsymbol{G}^{\mathrm{T}}\\ \boldsymbol{X}\otimes\boldsymbol{G}^* & \boldsymbol{X}\boldsymbol{X}^{\mathrm{H}}\otimes\boldsymbol{I}_N\end{bmatrix} \tag{2.65}$$

记 $\mathcal{H}_0$ 下的参数 MLE 为 $\tilde{\boldsymbol{\Theta}}=\left[\boldsymbol{\theta}_{\mathrm{r}}^{\mathrm{T}},\hat{\boldsymbol{\theta}}_{\mathrm{s}}^{\mathrm{T}}\right]^{\mathrm{T}}=\left[\mathrm{vec}^{\mathrm{T}}\left(\boldsymbol{X}_0\right),\mathrm{vec}^{\mathrm{T}}\left(\hat{\boldsymbol{G}}_0\right)\right]^{\mathrm{T}}$。注意到 $\boldsymbol{X}_0\boldsymbol{X}_0^{\mathrm{H}}=\frac{LP_{\mathrm{R}}}{M}\boldsymbol{I}_M\triangleq\rho\boldsymbol{I}_M$，则有

$$\begin{aligned}&\left[\boldsymbol{J}^{-1}\left(\tilde{\boldsymbol{\Theta}}\right)\right]_{\boldsymbol{\theta}_{\mathrm{r}}\boldsymbol{\theta}_{\mathrm{r}}}\\&=\left(\boldsymbol{J}_{\mathrm{rr}}\left(\tilde{\boldsymbol{\Theta}}\right)-\boldsymbol{J}_{\mathrm{rs}}\left(\tilde{\boldsymbol{\Theta}}\right)\boldsymbol{J}_{\mathrm{ss}}^{-1}\left(\tilde{\boldsymbol{\Theta}}\right)\boldsymbol{J}_{\mathrm{sr}}\left(\tilde{\boldsymbol{\Theta}}\right)\right)^{-1}\\&=\frac{N_0}{4}\left(\boldsymbol{I}_L\otimes\hat{\boldsymbol{G}}_0^{\mathrm{T}}\hat{\boldsymbol{G}}_0^*-\frac{1}{\rho}\left(\boldsymbol{X}_0^{\mathrm{H}}\otimes\hat{\boldsymbol{G}}_0^{\mathrm{T}}\right)\boldsymbol{I}_{MN}\left(\boldsymbol{X}_0\otimes\hat{\boldsymbol{G}}_0^*\right)\right)^{-1}\\&=\frac{N_0}{4}\left(\left(\boldsymbol{I}_L-\frac{1}{\rho}\boldsymbol{X}_0^{\mathrm{H}}\boldsymbol{X}_0\right)\otimes\left(\hat{\boldsymbol{G}}_0^{\mathrm{T}}\hat{\boldsymbol{G}}_0^*\right)\right)^{-1}\end{aligned} \tag{2.66}$$

其中，$\rho=\frac{LP_{\mathrm{R}}}{M}$，$\hat{\boldsymbol{G}}_0$ 由式 (2.12) 给出。利用式 (2.12)、式 (2.18)、式 (2.59) 和式 (2.66)，我们得到 Rao 检验统计量为

$$T_{\mathrm{R}}\left(\boldsymbol{Y}\right)=\frac{2}{N_0}\mathrm{tr}\left(\left(\boldsymbol{I}_L-\frac{M}{LP_{\mathrm{R}}}\boldsymbol{X}_0^{\mathrm{H}}\boldsymbol{X}_0\right)\boldsymbol{Y}^{\mathrm{H}}\boldsymbol{Y}\boldsymbol{X}_0^{\mathrm{H}}\left(\boldsymbol{X}_0\boldsymbol{Y}^{\mathrm{H}}\boldsymbol{Y}\boldsymbol{X}_0^{\mathrm{H}}\right)^{-1}\boldsymbol{X}_0\boldsymbol{Y}^{\mathrm{H}}\boldsymbol{Y}\right)\underset{\mathcal{H}_0}{\overset{\mathcal{H}_1}{\gtrless}}\gamma \tag{2.67}$$

可见，我们并不需要有关 $\boldsymbol{X}_1$ 的信息就可以对假设检验问题 [式 (2.18)] 进行判决。然而，由于式 (2.67) 中存在关于 $\boldsymbol{Y}$ 的高次项，以及矩阵求逆等非线性操作，我们难以解析地求出检验统计量 T_{R} 的分布。

3. Rao 检验的一种特殊情形

下面讨论在雷达天线数量与基站天线数量相等时，Rao 检验的一种特殊情形。在这种情形下，统计量的概率分布可以被解析求解。首先注意到，如果 $L>M=N$ 成

立，且 $\boldsymbol{Y}$ 和 $\boldsymbol{X}_0$ 均为满秩矩阵，则矩阵 $\boldsymbol{Y}\boldsymbol{X}_0^{\mathrm{H}} \in \mathbb{C}^{N\times N}$ 和 $\boldsymbol{X}_0\boldsymbol{Y}^{\mathrm{H}} \in \mathbb{C}^{N\times N}$ 均为可逆方阵。于是，有

$$\begin{aligned}&\boldsymbol{Y}\boldsymbol{X}_0^{\mathrm{H}}\left(\boldsymbol{X}_0\boldsymbol{Y}^{\mathrm{H}}\boldsymbol{Y}\boldsymbol{X}_0^{\mathrm{H}}\right)^{-1}\boldsymbol{X}_0\boldsymbol{Y}^{\mathrm{H}}\\ &=\left(\left(\boldsymbol{X}_0\boldsymbol{Y}^{\mathrm{H}}\right)^{-1}\boldsymbol{X}_0\boldsymbol{Y}^{\mathrm{H}}\boldsymbol{Y}\boldsymbol{X}_0^{\mathrm{H}}\left(\boldsymbol{Y}\boldsymbol{X}_0^{\mathrm{H}}\right)^{-1}\right)^{-1}=\boldsymbol{I}_N\end{aligned} \tag{2.68}$$

将式 (2.68) 代入式 (2.67)，则 Rao 检验统计量可以被简化为

$$\begin{aligned}T_{\mathrm{Rs}}(\boldsymbol{Y})&=\frac{2}{N_0}\mathrm{tr}\left(\left(\boldsymbol{I}_L-\frac{M}{LP_{\mathrm{R}}}\boldsymbol{X}_0^{\mathrm{H}}\boldsymbol{X}_0\right)\boldsymbol{Y}^{\mathrm{H}}\boldsymbol{Y}\right)\\ &=\frac{2}{N_0}\mathrm{tr}\left(\boldsymbol{Y}\left(\boldsymbol{I}_L-\frac{M}{LP_{\mathrm{R}}}\boldsymbol{X}_0^{\mathrm{H}}\boldsymbol{X}_0\right)\boldsymbol{Y}^{\mathrm{H}}\right)\\ &\triangleq\frac{2}{N_0}\mathrm{tr}\left(\boldsymbol{Y}\boldsymbol{P}\boldsymbol{Y}^{\mathrm{H}}\right)\underset{\mathcal{H}_0}{\overset{\mathcal{H}_1}{\gtrless}}\gamma\end{aligned} \tag{2.69}$$

可以看到，式 (2.69) 是高斯变量的二次型，且矩阵 $\boldsymbol{P}=\boldsymbol{I}_L-\frac{M}{LP_{\mathrm{R}}}\boldsymbol{X}_0^{\mathrm{H}}\boldsymbol{X}_0$ 是投影矩阵，也是幂等矩阵，该矩阵可以把任意矢量投影到 $\boldsymbol{X}_0^{\mathrm{H}}$ 的**零空间**中。于是，我们有

$$\mathrm{tr}\left(\boldsymbol{G}\boldsymbol{X}_0\boldsymbol{P}\boldsymbol{X}_0^{\mathrm{H}}\boldsymbol{G}^{\mathrm{H}}\right)=0 \tag{2.70}$$

因此，有

$$\mathrm{tr}\left(\boldsymbol{G}\boldsymbol{X}_1\boldsymbol{P}\boldsymbol{X}_1^{\mathrm{H}}\boldsymbol{G}^{\mathrm{H}}\right)\geqslant 0=\mathrm{tr}\left(\boldsymbol{G}\boldsymbol{X}_0\boldsymbol{P}\boldsymbol{X}_0^{\mathrm{H}}\boldsymbol{G}^{\mathrm{H}}\right) \tag{2.71}$$

式 (2.70) 和式 (2.71) 可以看作无噪声场景下的假设检验。Rao 检验统计量 [式 (2.69)] 有效地区分了两种假设。若将高斯噪声考虑进来，可以推断 $T_{\mathrm{Rs}}(\boldsymbol{Y};\mathcal{H}_1)\geqslant T_{\mathrm{Rs}}(\boldsymbol{Y};\mathcal{H}_0)$ 有很大概率成立，这使得特殊情形下的 Rao 检验具有明确的物理意义（零空间投影）。

命题 2.2

T_{Rs} 在 $\mathcal{H}_0$ 和 $\mathcal{H}_1$ 假设下分别服从中心与非中心卡方分布，即

$$T_{\mathrm{Rs}}\sim\begin{cases}\mathcal{H}_0:\mathcal{X}_K^2\\ \mathcal{H}_1:\mathcal{X}_K^2(\mu)\end{cases} \tag{2.72}$$

其中，$\mu=\frac{2}{N_0}\mathrm{tr}\left(\boldsymbol{G}\boldsymbol{X}_1\left(\boldsymbol{I}_L-\frac{M}{LP_{\mathrm{R}}}\boldsymbol{X}_0^{\mathrm{H}}\boldsymbol{X}_0\right)\boldsymbol{X}_1^{\mathrm{H}}\boldsymbol{G}^{\mathrm{H}}\right)$ 是非中心参量，$K=2N(L-M)$ 是两种卡方分布的自由度。♠

证明 首先将式 (2.69) 改写为

$$T_{\mathrm{Rs}}\left(\boldsymbol{Y}\right)=\frac{2}{N_0}\mathrm{tr}\left(\boldsymbol{Y}\boldsymbol{P}\boldsymbol{Y}^{\mathrm{H}}\right)=2\tilde{\boldsymbol{y}}^{\mathrm{H}}\left(\boldsymbol{I}_N\otimes\boldsymbol{P}\right)\tilde{\boldsymbol{y}} \tag{2.73}$$

其中，$\tilde{\boldsymbol{y}}$ 由式 (2.48) 定义，满足方差为 1 的复高斯分布。因此，$\sqrt{2}\tilde{\boldsymbol{y}}$ 的实部与虚部均满足标准正态分布。由于矩阵 $\boldsymbol{I}_N\otimes\boldsymbol{P}$ 仍然为幂等矩阵，在两种假设下，式 (2.73) 满足卡方分布 [131]。特别地，在 $\mathcal{H}_0$ 假设下，非中心参量为

$$\mu_0=\frac{2}{N_0}\mathrm{tr}\left(\boldsymbol{G}\boldsymbol{X}_0\left(\boldsymbol{I}_L-\frac{M}{LP_{\mathrm{R}}}\boldsymbol{X}_0^{\mathrm{H}}\boldsymbol{X}_0\right)\boldsymbol{X}_0^{\mathrm{H}}\boldsymbol{G}^{\mathrm{H}}\right)=0 \tag{2.74}$$

因为非中心参量为 0，式 (2.74) 说明 $T_{\mathrm{Rs}}\left(\boldsymbol{Y};\mathcal{H}_0\right)$ 实质上满足中心卡方分布。同理，在 $\mathcal{H}_1$ 假设下，非中心参量为

$$\mu=\frac{2}{N_0}\mathrm{tr}\left(\boldsymbol{G}\boldsymbol{X}_1\left(\boldsymbol{I}_L-\frac{M}{LP_{\mathrm{R}}}\boldsymbol{X}_0^{\mathrm{H}}\boldsymbol{X}_0\right)\boldsymbol{X}_1^{\mathrm{H}}\boldsymbol{G}^{\mathrm{H}}\right) \tag{2.75}$$

两种假设下，分布的自由度均由 $\boldsymbol{I}_N\otimes\boldsymbol{P}$ 的秩给出，即

$$K=2\mathrm{rank}\left(\boldsymbol{I}_N\otimes\boldsymbol{P}\right)=2N\mathrm{rank}\left(\boldsymbol{P}\right)=2N\mathrm{tr}\left(\boldsymbol{P}\right)=2N\left(L-M\right) \tag{2.76}$$

这里我们利用了幂等矩阵秩的性质，即 $\mathrm{rank}\left(\boldsymbol{P}\right)=\mathrm{tr}\left(\boldsymbol{P}\right)$。

与式 (2.56) 类似，在雷达天线数与基站天线数相等时，Rao 检验 [式 (2.69)] 的理论判决错误概率为

$$P_{\mathrm{Rs}}^{i}=\left(1-\mathcal{F}_{\chi_K^2}\left(\gamma\right)\right)\left(1-P_{\mathrm{D}}^{i-1}\right)+\mathcal{F}_{\chi_K^2(\mu)}\left(\gamma\right)P_{\mathrm{D}}^{i-1} \tag{2.77}$$

其中，$\mathcal{F}_{\chi_K^2}$ 和 $\mathcal{F}_{\chi_K^2(\mu)}$ 是对应的中心与非中心卡方分布的 CDF。

4. 视距信道下的能量检测

下面我们推导视距信道下的能量检测器的理论性能。首先，注意到

$$\frac{2}{N_0}\mathrm{tr}\left(\boldsymbol{Y}\boldsymbol{Y}^{\mathrm{H}}\right)=2\tilde{\boldsymbol{y}}^{\mathrm{H}}\tilde{\boldsymbol{y}} \tag{2.78}$$

是高斯变量的平方和，因此满足卡方分布 [131]。其中 $\tilde{\boldsymbol{y}}\sim\mathcal{CN}\left(\boldsymbol{d},\boldsymbol{I}_{NL}\right)$ 是经过归一化和矢量化后的接收信号，而 $\boldsymbol{d}$ 满足

$$\boldsymbol{d}=\begin{cases}\mathcal{H}_0:\mathrm{vec}\left(\alpha^*\boldsymbol{X}_0^{\mathrm{H}}\boldsymbol{a}\left(\theta\right)\boldsymbol{b}^{\mathrm{H}}\left(\theta\right)\right)/\sqrt{N_0}\\ \mathcal{H}_1:\mathrm{vec}\left(\alpha^*\boldsymbol{X}_1^{\mathrm{H}}\boldsymbol{a}\left(\theta\right)\boldsymbol{b}^{\mathrm{H}}\left(\theta\right)\right)/\sqrt{N_0}\end{cases} \tag{2.79}$$

参考命题 2.2 的证明过程，将矩阵 $\boldsymbol{P}$ 替换为 $\boldsymbol{I}_L$，可以求得两种假设下卡方分布的非中心参量分别为

$$\begin{aligned}\varepsilon_0 &= \frac{2|\alpha|^2}{N_0}\operatorname{tr}\left(\boldsymbol{b}(\theta)\,\boldsymbol{a}^{\mathrm{H}}(\theta)\,\boldsymbol{X}_0\boldsymbol{X}_0^{\mathrm{H}}\boldsymbol{a}(\theta)\,\boldsymbol{b}^{\mathrm{H}}(\theta)\right) = \frac{2|\alpha|^2 NLP_{\mathrm{R}}}{N_0}\\ \varepsilon_1 &= \frac{2|\alpha|^2}{N_0}\operatorname{tr}\left(\boldsymbol{b}(\theta)\,\boldsymbol{a}^{\mathrm{H}}(\theta)\,\boldsymbol{X}_1\boldsymbol{X}_1^{\mathrm{H}}\boldsymbol{a}(\theta)\,\boldsymbol{b}^{\mathrm{H}}(\theta)\right)\end{aligned} \tag{2.80}$$

自由度为

$$\kappa = 2\mathrm{rank}\left(\boldsymbol{I}_{NL}\right) = 2NL \tag{2.81}$$

对于能量检测器 [式 (2.39)]，给定任意门限 $\tilde{\eta} \geqslant \tilde{\gamma} \geqslant 0$，则有

$$\frac{1}{L}\operatorname{tr}\left(\boldsymbol{Y}\boldsymbol{Y}^{\mathrm{H}}\right) \in [\tilde{\gamma}, \tilde{\eta}] \Leftrightarrow \frac{2}{N_0}\operatorname{tr}\left(\boldsymbol{Y}\boldsymbol{Y}^{\mathrm{H}}\right) \in \left[\frac{2L\tilde{\gamma}}{N_0}, \frac{2L\tilde{\eta}}{N_0}\right] \tag{2.82}$$

令 $\gamma \triangleq \dfrac{2L\tilde{\gamma}}{N_0}$，$\eta \triangleq \dfrac{2L\tilde{\eta}}{N_0}$，在两种假设下，统计量未落入对应的判决域的概率分别为

$$\begin{aligned}P\left(T_{\mathrm{E}}(\boldsymbol{Y}) \notin [\tilde{\gamma}, \tilde{\eta}]\,;\mathcal{H}_0\right) &= P\left(\frac{2}{N_0}\operatorname{tr}\left(\boldsymbol{Y}\boldsymbol{Y}^{\mathrm{H}}\right) \notin [\gamma, \eta]\,;\mathcal{H}_0\right)\\ &= 1-\left(1-\mathcal{F}_{\mathcal{X}_\kappa^2(\varepsilon_0)}(\gamma)\right)\mathcal{F}_{\mathcal{X}_\kappa^2(\varepsilon_0)}(\eta)\\ P\left(T_{\mathrm{E}}(\boldsymbol{Y}) \in [\tilde{\gamma}, \tilde{\eta}]\,;\mathcal{H}_1\right) &= P\left(\frac{2}{N_0}\operatorname{tr}\left(\boldsymbol{Y}\boldsymbol{Y}^{\mathrm{H}}\right) \in [\gamma, \eta]\,;\mathcal{H}_1\right)\\ &= \left(1-\mathcal{F}_{\mathcal{X}_\kappa^2(\varepsilon_1)}(\gamma)\right)\mathcal{F}_{\mathcal{X}_\kappa^2(\varepsilon_1)}(\eta)\end{aligned} \tag{2.83}$$

在第 i 个 PRI，能量检测器的判决错误概率为

$$\begin{aligned}P_{\mathrm{E}}^{i} = &\left[1-\left(1-\mathcal{F}_{\mathcal{X}_\kappa^2(\varepsilon_0)}(\gamma)\right)\mathcal{F}_{\mathcal{X}_\kappa^2(\varepsilon_0)}(\eta)\right]\left(1-P_{\mathrm{D}}^{i-1}\right)\\ &+\left(1-\mathcal{F}_{\mathcal{X}_\kappa^2(\varepsilon_1)}(\gamma)\right)\mathcal{F}_{\mathcal{X}_\kappa^2(\varepsilon_1)}(\eta)\,P_{\mathrm{D}}^{i-1}\end{aligned} \tag{2.84}$$

5. 有关判决门限的讨论

在以上 3 种检测器中，判决门限的设置显然会对检测性能产生影响。对于 GLRT 检测器，由于其具有明确的物理意义，即最大似然比，最优的门限值显然为 $\gamma = \ln\left(\dfrac{1-P_{\mathrm{D}}^{i-1}}{P_{\mathrm{D}}^{i-1}}\right)$。然而，基站并不知道 P_{D}^{i-1} 的真实值，所以只能采用次优门限 $\gamma = 0$。这一点对于衰落信道和视距信道下的 GLRT 均适用。

对于基站未知跟踪波形 $\boldsymbol{X}_1$ 的情况，即 Rao 检测和能量检测，基站无法确定最佳

门限。因此，只能通过数值仿真，经验性地给出使错误概率较小的门限。我们将在本书2.2.6节进一步说明这一点。

2.2.5 信道估计性能分析

如前文所述，在视距信道下，θ 的两种估计——式 (2.25) 和式 (2.43) 的解析解都难以推导，因此本小节仅考虑衰落信道下的信道估计性能。假设雷达发射波形为 $\boldsymbol{X}$，记信道的最小二乘估计为 $\hat{\boldsymbol{G}}=\boldsymbol{Y}\boldsymbol{X}^{\mathrm{H}}\left(\boldsymbol{X}\boldsymbol{X}^{\mathrm{H}}\right)^{-1}$，则其与真实信道之间的平方误差（Squared Error）由式 (2.85) 给出：

$$\phi=\left\|\hat{\boldsymbol{G}}-\boldsymbol{G}\right\|_{\mathrm{F}}^{2}=\left\|\boldsymbol{Y}\boldsymbol{X}^{\mathrm{H}}\left(\boldsymbol{X}\boldsymbol{X}^{\mathrm{H}}\right)^{-1}-\boldsymbol{G}\right\|_{\mathrm{F}}^{2}=\left\|\left(\boldsymbol{X}\boldsymbol{X}^{\mathrm{H}}\right)^{-1}\boldsymbol{X}\boldsymbol{Y}^{\mathrm{H}}-\boldsymbol{G}^{\mathrm{H}}\right\|_{\mathrm{F}}^{2} \tag{2.85}$$

令

$$\begin{aligned}&\bar{\boldsymbol{y}}=\operatorname{vec}\left(\boldsymbol{Y}^{\mathrm{H}}\right)\sim\mathcal{CN}\left(\operatorname{vec}\left(\boldsymbol{X}^{\mathrm{H}}\boldsymbol{G}^{\mathrm{H}}\right),N_0\boldsymbol{I}_{NL}\right)\\&\boldsymbol{T}=\boldsymbol{I}_N\otimes\left(\boldsymbol{X}\boldsymbol{X}^{\mathrm{H}}\right)^{-1}\boldsymbol{X},\ \bar{\boldsymbol{g}}=\operatorname{vec}\left(\boldsymbol{G}^{\mathrm{H}}\right)\end{aligned} \tag{2.86}$$

则式 (2.85) 可被简写为

$$\phi=\left\|\boldsymbol{T}\bar{\boldsymbol{y}}-\bar{\boldsymbol{g}}\right\|^{2} \tag{2.87}$$

我们有

$$\boldsymbol{y}_{\mathrm{eq}}=\boldsymbol{T}\bar{\boldsymbol{y}}-\bar{\boldsymbol{g}}\sim\mathcal{CN}\left(\boldsymbol{0},N_0\boldsymbol{T}\boldsymbol{T}^{\mathrm{H}}\right) \tag{2.88}$$

且注意到

$$\boldsymbol{T}\boldsymbol{T}^{\mathrm{H}}=\boldsymbol{I}_N\otimes\left(\boldsymbol{X}\boldsymbol{X}^{\mathrm{H}}\right)^{-1}\boldsymbol{X}\cdot\boldsymbol{I}_N\otimes\boldsymbol{X}^{\mathrm{H}}\left(\boldsymbol{X}\boldsymbol{X}^{\mathrm{H}}\right)^{-1}=\boldsymbol{I}_N\otimes\left(\boldsymbol{X}\boldsymbol{X}^{\mathrm{H}}\right)^{-1} \tag{2.89}$$

则可得到信道估计的 MSE 为

$$\begin{aligned}\mathbb{E}\left(\phi\right)&=\mathbb{E}\left(\left\|\boldsymbol{y}_{\mathrm{eq}}\right\|^{2}\right)=\mathbb{E}\left(\operatorname{tr}\left(\boldsymbol{y}_{\mathrm{eq}}\boldsymbol{y}_{\mathrm{eq}}^{\mathrm{H}}\right)\right)=\operatorname{tr}\left(\mathbb{E}\left(\boldsymbol{y}_{\mathrm{eq}}\boldsymbol{y}_{\mathrm{eq}}^{\mathrm{H}}\right)\right)\\&=N_0\operatorname{tr}\left(\boldsymbol{I}_N\otimes\left(\boldsymbol{X}\boldsymbol{X}^{\mathrm{H}}\right)^{-1}\right)=\frac{N_0N}{L}\operatorname{tr}\left(\boldsymbol{R}_X^{-1}\right)\end{aligned} \tag{2.90}$$

若雷达发射的是跟踪波形，则式 (2.90) 中 $\boldsymbol{R}_X=\dfrac{1}{L}\boldsymbol{X}_1\boldsymbol{X}_1^{\mathrm{H}}$。特别地，对于正交全向波形 $\boldsymbol{X}_0$，MSE 可以简化为

$$\mathbb{E}(\phi)=\frac{N_0N}{L}\operatorname{tr}\left(\left(\frac{P_{\mathrm{R}}}{M}\boldsymbol{I}_M\right)^{-1}\right)=\frac{N_0M^2N}{LP_{\mathrm{R}}} \tag{2.91}$$

2.2.6　数值仿真结果

本小节给出基于蒙特卡洛仿真的数值结果，来进一步验证以上方案的可行性以及相关讨论与分析的正确性。下面我们给出仿真中参数设置的情况。

（1）**雷达波形设置**。对于搜索波形 $\boldsymbol{X}_0$，我们取 $\boldsymbol{X}_0=\sqrt{\frac{LP_{\mathrm{R}}}{M}}\boldsymbol{U}$，其中 $\boldsymbol{U}\in\mathbb{C}^{M\times L}$ 为任意酉矩阵。对于跟踪波形 $\boldsymbol{X}_1$，根据文献 [57], 我们首先通过求解经典的 3dB 波束图样优化问题来设计其波形协方差矩阵 $\boldsymbol{R}\in\mathbb{C}^{M\times M}$，该优化问题为

$$\begin{aligned}
\min_{t,\boldsymbol{R}}\quad & -t\\
\text{s.t.}\quad & \boldsymbol{a}^{\mathrm{H}}(\theta_0)\boldsymbol{R}\boldsymbol{a}(\theta_0)-\boldsymbol{a}^{\mathrm{H}}(\theta_m)\boldsymbol{R}\boldsymbol{a}(\theta_m)\geqslant t,\ \forall\theta_m\in\Psi\\
& \boldsymbol{a}^{\mathrm{H}}(\theta_1)\boldsymbol{R}\boldsymbol{a}(\theta_1)=\boldsymbol{a}^{\mathrm{H}}(\theta_0)\boldsymbol{R}\boldsymbol{a}(\theta_0)/2\\
& \boldsymbol{a}^{\mathrm{H}}(\theta_2)\boldsymbol{R}\boldsymbol{a}(\theta_2)=\boldsymbol{a}^{\mathrm{H}}(\theta_0)\boldsymbol{R}\boldsymbol{a}(\theta_0)/2\\
& \boldsymbol{R}\succeq 0,\ \boldsymbol{R}=\boldsymbol{R}^{\mathrm{H}}\\
& \operatorname{diag}(\boldsymbol{R})=\frac{P_{\mathrm{R}}\boldsymbol{1}}{M}
\end{aligned} \tag{2.92}$$

其中，θ_0 表示待探测目标的大致方位，即雷达的主瓣位置，$\theta_2-\theta_1$ 决定了主瓣的 3dB 宽度，Ψ 表示副瓣区域。该优化问题旨在给定雷达 3dB 主瓣宽度的同时，最大化主瓣与旁瓣之差 t。这个问题为凸问题，可以利用 MATLAB 中的 CVX 工具包 [134] 进行求解。求解该优化问题可以最小化副瓣高度，同时，得到的波束图样具有给定的 3dB 主瓣宽度，且在每个雷达天线上具有一致的发射功率。

得到协方差矩阵 $\boldsymbol{R}$ 后，我们再通过楚列斯基（Cholesky）分解得到 $\boldsymbol{X}_1$。不失一般性，我们假定目标方位角为 0°，跟踪波束的主瓣宽度为 10°。在 $M=16$ 时，这一波束图样的形式可以参考图2.3。

（2）**门限设置**。对于 GLRT 检测，我们考虑两种门限，即最优门限 $\gamma=\ln\left(\frac{1-P_{\mathrm{D}}^{i-1}}{P_{\mathrm{D}}^{i-1}}\right)$ 和次优门限 $\gamma=0$；对于 Rao 检验的特殊情形（$M=N$），我们利用蒙特卡洛仿真**遍历**大量的信道矩阵后给出**遍历性经验门限**（Ergodic Empirical Threshold），这一经验门限可以保证针对信道进行多次**平均**后的错误概率最小。同时，根据理论错误概率，我们针对**单次**信道计算了最优门限；对于 Rao 检验的一般情形（$M\neq N$），由于其理论

错误概率无法闭式求解，我们仅给出多次仿真后的一般经验门限结果。对于视距信道下的能量检测，经验门限简单地给定为 $\gamma = N\left(\frac{P_{\rm R}}{2} + N_0\right)$，$\eta = N\left(2P_{\rm R} + N_0\right)$，同时，也利用理论错误概率针对特定信道得到最优门限，并与经验门限结果进行对比。

（3）**其他参数**。为简便起见，我们假设雷达在每个 PRI 对目标都具有相同的检测概率，即 $P_{\rm D}^i = P_{\rm D}$，$i = 1, 2, \cdots$。不失一般性，固定 $P_{\rm R} = 1$，且定义雷达信号的发射 SNR 为 $P_{\rm R}/N_0$。因此，通过改变 N_0 的值即可改变信号的 SNR。如果没有特殊说明，固定 $L = 20$，且假设雷达和基站天线阵列的相邻天线间隔均为半波长，即归一化天线间隔为 $\varDelta = \varOmega = 1/2$。

1. 衰落信道场景

下面针对瑞利衰落信道展开讨论。不失一般性，信道矩阵 $\boldsymbol{G}$ 的每一个元素为独立同分布，且服从均值为 0、方差为 1 的复高斯分布。

我们首先考虑雷达的目标检验概率为 $P_{\rm D} = 0.9$ 且 $M = N = 16$ 的情形。为了能够使读者对我们获取遍历性经验门限的方法有一个直观印象，图2.4展示了遍历大量信道矩阵 $\boldsymbol{G}$ 后，Rao 检验的经验门限。可以观察到，在每一个 SNR 值处，门限均不相同。且对于每一个 SNR 值，判决错误概率曲线都具有唯一的最小值点。请注意，此处的判决错误概率与通信系统的误码率不同，后者往往需要达到 10^{-5}（甚至更低）才有较好的性能，而判决错误概率仅需达到 $10^{-3} \sim 10^{-2}$ 即可。这是因为我们仅需要保证**在绝大多数情况下对雷达的工作模式判决正确**即可（例如 100 次里有 99 次判决正确）。

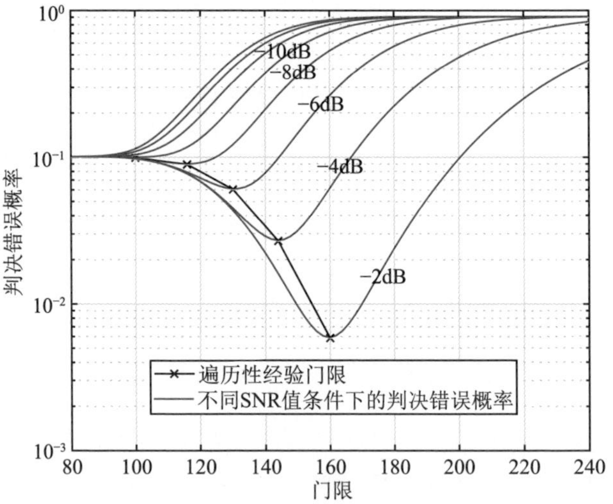

图 2.4　雷达与基站天线数相等时的 Rao 检验遍历性经验门限，
$M = N = 16$，$L = 20$，$P_{\rm D} = 0.9$

针对单次信道实现，我们在图2.5中比较了上述条件下 GLRT 与 Rao 检验的性能。其中，实线和虚线分别为理论性能与仿真性能。对于 GLRT，我们分别采用了最优门限与次优门限；对于 Rao 检验，我们不仅考察了图2.4给出的经验门限，还计算了该次信道实现所对应的最优门限。这两种检验的仿真曲线与对应理论曲线吻合得较好，这说明本书 2.2.4 节的理论分析是正确的。与使用最优门限相比，使用经验门限或者次优门限的性能并未下降太多。此外，Rao 检验在 SNR 较低时的性能优于 GLRT，其判决错误概率保持在 0.1 左右，在 SNR 较高时则相反。我们分析原因如下：根据图2.4，我们看到 SNR 较低时，最优门限接近 0。Rao 检验的统计量是非负的，因此在低 SNR 条件下进行 Rao 检验时，基本上每次都会判决为假设 $\mathcal{H}_1$。而在 $P_{\rm D}=0.9$ 时，$\mathcal{H}_1$ 为真的概率为 0.9，因此判决错误概率接近 0.1。对于 GLRT，由于其检验统计量既可以为正也可以为负，在 SNR 较低时相当于在两种假设中随机进行选择，其判决错误概率接近 0.5。然而，在高 SNR 条件下，GLRT 同时利用了 $\boldsymbol{X}_0$ 和 $\boldsymbol{X}_1$ 的信息，而 Rao 检验仅利用了 $\boldsymbol{X}_0$ 的信息，这就导致前者的性能优于后者。

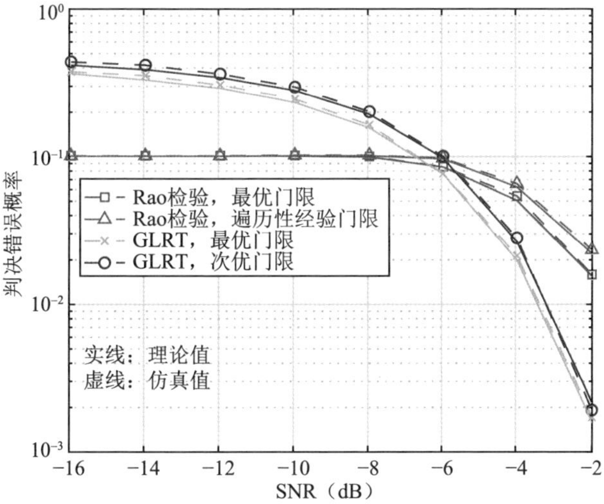

图 2.5　雷达与基站天线数相等时的 GLRT 与 Rao 检验的性能，$M=N=16$，$L=20$，$P_{\rm D}=0.9$

图2.6进一步地给出了 $P_{\rm D}=0.5$ 时，GLRT 与 Rao 检验的性能对比。此时 GLRT 的最优门限与次优门限相等。我们分别观察了 $M=16$ 和 $M=10$ 的情况。其中，对于 $M=16$ 时的 Rao 检验，我们给出了遍历性经验门限与最优门限下的性能曲线；对于 $M=10$ 时的 Rao 检验，我们仅能给出一般经验门限下的性能曲线。首先观察到，$M=10$ 时，两种检测器的性能都优于其 $M=16$ 的对应情形。这是因为基站天线数大于雷达天线数时，前者有更大的自由度来进行假设判决。其次，我们还观察到，无论

$M=16$ 还是 $M=10$，在低 SNR 和高 SNR 条件下，Rao 检验的性能都要弱于 GLRT，这是由于 $\mathcal{H}_1$ 为真的概率为 0.5，因此在低 SNR 条件下时，Rao 检验的判决错误概率也接近 0.5。这与从图2.5中得出的结论是一致的。

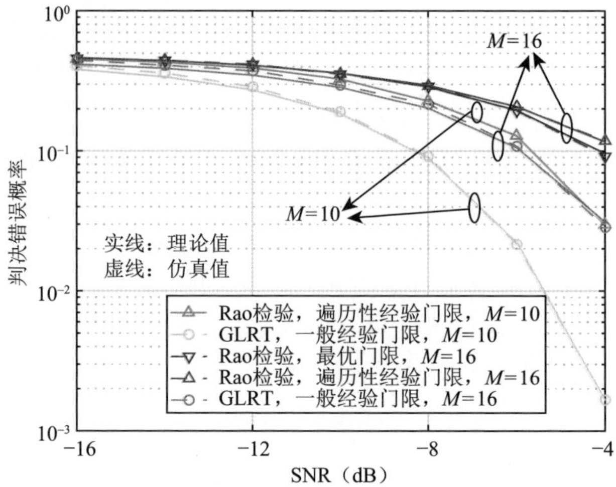

图 2.6　雷达与基站天线数不等时 GLRT 与 Rao 检验的性能, $N=16$，$L=20$，$P_{\mathrm{D}}=0.5$

在图2.7中，我们比较了分别利用搜索波形和跟踪波形对信道进行最大似然估计的 MSE 性能。其中，我们固定雷达天线数量 M 为 5，并逐渐增加基站天线数 N。与假设检验的仿真结果不同，此处我们设置了一个较大的 SNR（15dB）。这是因为利

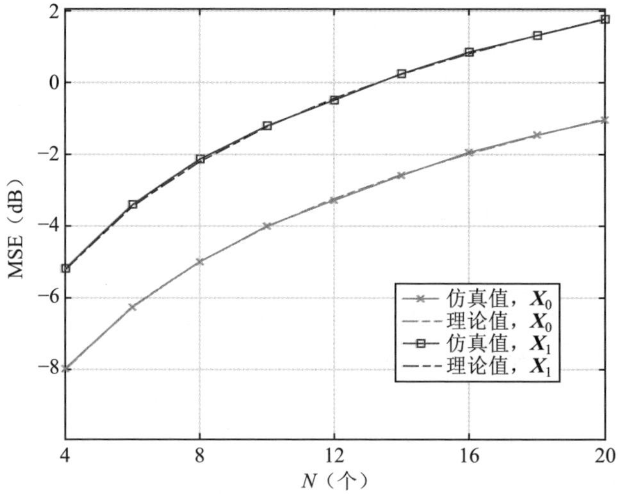

图 2.7　信道估计性能与基站天线数 N **的关系,** $M=5$，$L=20$，SNR $=15$dB

用 NL 个元素在两个假设中进行选择，类似于使用 NL 个元素的信息进行二进制相移键控（Binary Phase Shift Keying，BPSK）判决。由于分集增益的存在，每个元素并不需要太大的 SNR。而信道估计需要对信道矩阵中的每个元素分别进行估计，并不存在分集增益，因此接收信号矩阵的每个元素都需要相对较大的 SNR 才能达到正常的估计性能。首先可以看到，MSE 是随着基站天线数的增加而增加的。这是因为基站天线数的增加导致了信道矩阵的维数增加、需要估计的信道矩阵元素变多，而 SNR 保持恒定。其次，理论曲线与仿真曲线完美吻合，证明了我们对 MSE 推导的正确性。最后，与跟踪波形 $\boldsymbol{X}_1$ 相比，使用搜索波形 $\boldsymbol{X}_0$ 进行信道估计大约有 3dB 的增益，这是因为在信道估计理论中，最优的导频信号就是正交信号。

2. 视距信道场景

下面针对视距信道场景展开讨论。不失一般性，我们假设基站相对雷达的方位角 $\theta = 20°$，且每次蒙特卡洛仿真中，随机产生模为 1 的 α。为简便起见，我们用 ED 表示能量检测。

我们在图2.8中展示了 $P_{\rm D} = 0.9$、$M = N = 16$ 时 GLRT 与能量检测的性能。首先可以看到，能量检测的理论性能曲线与仿真性能曲线吻合得很好，这证明我们对能量检测的理论分析是正确的。其次，采用最优门限的两种检测器的性能均优于采用次优门限或者经验门限的对应检测性能。最后，能量检测的性能在高 SNR 条件下明显优于 GLRT。这一现象是反直觉的，然而也是合乎情理的。这是因为，GLRT 并未考虑数据本身的结构，其性能取决于两种假设的PDF之间的“距离”。在视距信道下，接

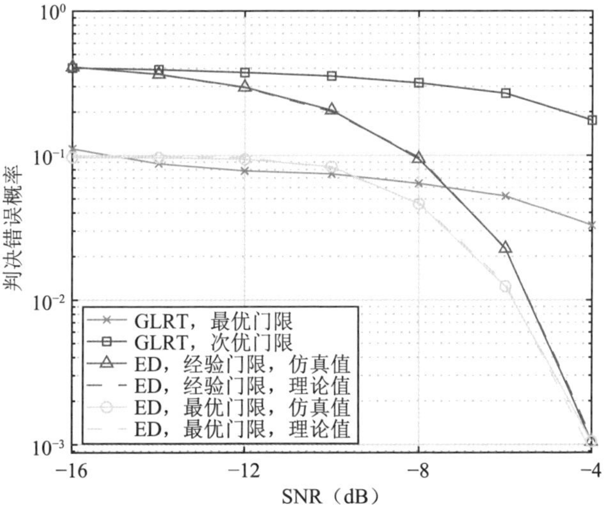

图 2.8　视距信道下 GLRT 与能量检测的性能对比, $M = N = 16$，$L = 20$，$P_{\rm D} = 0.9$

收到的信号被投影到了秩为 1 的子空间，这一“距离”也因为数据的降维而急剧缩短，因此性能较差。而能量检测利用了两种波束赋形图样之间的区别，等同于利用了数据本身的结构，因此有更好的性能。

由于能量检测利用了两种不同波束图样的区别，其性能必然与基站所在的方位角有关。图2.9展示了这一关系，图中 SNR $= -6$dB，其他参数不变。可以看到，图 2.9 中所有性能曲线都与图2.3中的跟踪波束图样的副瓣区域相似。这是因为跟踪波束图样与搜索波束图样在每个角度的功率差别决定了检测性能。在主瓣区域，能量检测在两种门限下都具有较好的性能，这也正是由于跟踪波束图样与搜索波束图样在这一区域具有最大的功率差。最后，正如我们在本书 2.2.3 节中预测的，在图2.3中的模糊区域，由于两种波束图样的功率无法得到有效区分，检测性能较差。然而，这一区域对应的角度范围很小，基站位于这一区域的概率也就相对较低。

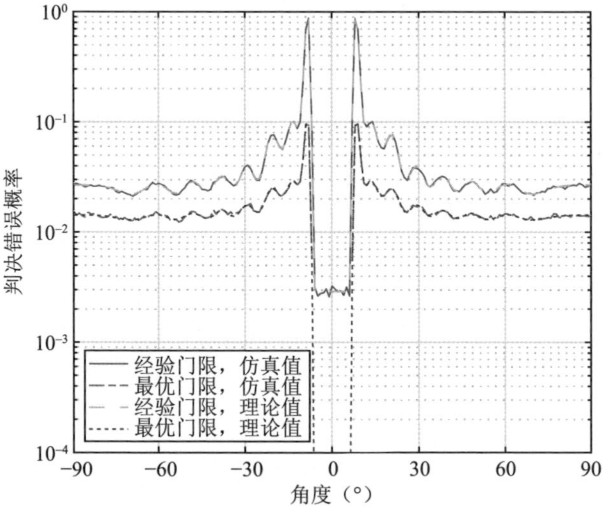

图 2.9　视距信道下能量检测性能与基站方位角的关系, $M = N = 16$，$L = 20$，$P_{\mathrm{D}} = 0.9$，SNR $= -6$dB

图2.10展示了视距信道下基站对雷达信号到达角度 θ 的估计性能与基站天线数 N 的关系。在雷达波形已知时，我们使用最大似然估计器 [式 (2.24)]；雷达波形未知时，我们使用最小二乘估计器 [式 (2.43)]。我们固定 $M = 4$，并增加基站天线数，其他参数与图2.9一致。可以观察到，与衰落信道的情形恰巧相反，角度估计的 MSE 随着基站天线数的增加而减小。这是因为，不论基站有多少个天线，我们需要估计的都只有一个参数 θ。在雷达天线数不变的条件下，基站天线数的增加为我们带来了额外的自由度，因此可以得到更为准确的估计。进一步地，在使用最大似然估计器 [式 (2.24)] 时，正交搜索波形 $\boldsymbol{X}_0$ 与跟踪波形 $\boldsymbol{X}_1$ 相比具有更好的性能，这与衰落信道中的情形

是一致的。我们还发现，使用最小二乘估计器 [式 (2.43)] 比使用 $\boldsymbol{X}_1$ 的最大似然估计器要好，但仍然比使用 $\boldsymbol{X}_0$ 的最大似然估计器要差约 3dB。这是因为最小二乘估计器只能在基站判决假设 $\mathcal{H}_0$ 为真时使用，在假设 $\mathcal{H}_1$ 为真时不能使用，实质上也是基于 $\boldsymbol{X}_0$ 的估计器，所以一定比 $\boldsymbol{X}_0$ 对应的最大似然估计器的性能要差。尽管如此，这一估计器已经可以达到较好的性能，而且并不需要基站知道任何雷达波形的信息。

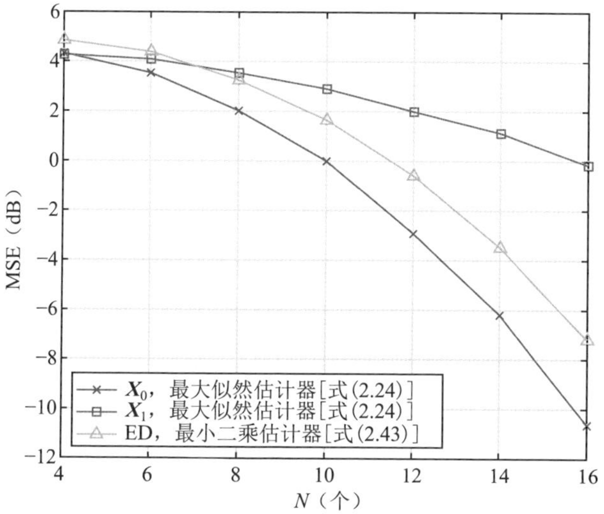

图 2.10　视距信道下到达角度 θ 的估计性能与基站天线数 N 的关系， $M=4$，$L=20$，SNR $=-6$dB

图2.11展示了对于 α 的最大似然估计性能与基站天线数 N 的关系。其变化趋

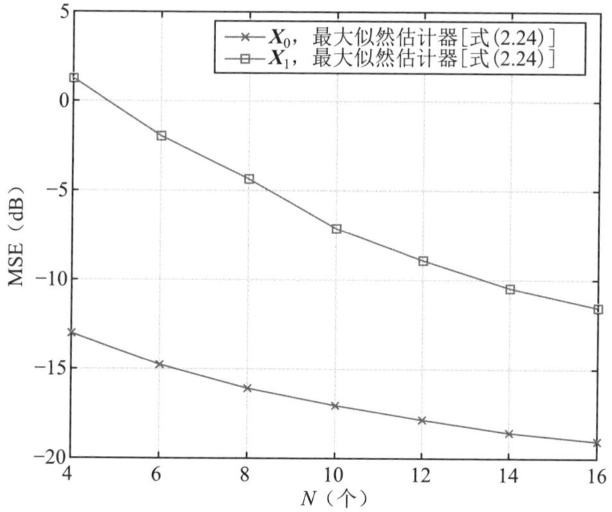

图 2.11　视距信道下 α 的最大似然估计性能与基站天线数 N 的关系， $M=4$，$L=20$，SNR $=-6$dB

势与角度估计类似，且使用 $\boldsymbol{X}_0$ 进行估计的性能远超 $\boldsymbol{X}_1$。然而，我们仍然需要利用假设检验来判决雷达的工作模式，然后才能进行相应的参数估计。

2.3 雷达与通信的同频共存预编码

为实现雷达系统与通信系统的同频共存，往往需要利用预编码设计来消除二者对彼此的干扰。正如本书1.4.2节所介绍的，在线性预编码方案中，给定原始信号 $\boldsymbol{s}_{\mathrm{C}} \in \mathbb{C}^{K\times 1}$ 和预编码矩阵 $\boldsymbol{W} \in \mathbb{C}^{N\times K}$，后者将前者预编码为 $\boldsymbol{x} = \boldsymbol{W}\boldsymbol{s}_{\mathrm{C}} \in \mathbb{C}^{N\times 1}$ 并发射出去，用以均衡或抵消信道对原始信号带来的失真，或消除干扰。现有的工作中，文献 [64] 提出在雷达端进行零空间投影预编码设计，以消除其对通信系统的干扰。在实际情况中，这不仅对雷达性能造成了损失，还会导致宝贵的雷达计算资源的浪费。文献 [60-65] 则考虑联合设计通信端发射信号的协方差矩阵和雷达的次采样矩阵，以同时优化二者的性能。这需要雷达系统与通信系统进行深层次的信息交换，计算复杂度往往较高，难以工程实现。因此，结合本章的讨论，一种更为实际的方案是：**仅在通信端进行预编码设计，而雷达保持正常工作，甚至无须知道基站的存在**。此外，值得注意的是，现有的工作中，通信模型往往是点对点通信。因此，这些方案无法处理更实际却也更复杂的多用户通信场景。现有的文献多假设信道状态信息（Channel State Information，CSI）是完美已知的，而完美的CSI在现实中是不存在的。这使得CSI存在估计误差时，这些方案的性能往往较差，无法保证系统对误差的鲁棒性（Robustness）。总而言之，我们需要回答如下问题。

（1）当雷达与多用户通信系统共用同一频段时，如何仅在基站进行预编码设计，保证其在不干扰雷达正常工作的同时，还能确保多个下行通信用户的服务质量？

（2）当信道的 CSI 存在估计误差时，如何通过仅在基站进行预编码设计，使得在最坏的情况下，雷达与通信系统均能正常工作？

在多用户通信模型中，用户总会收到基站发送给其他用户的信号，这被称为MUI。在基站已知CSI时，我们能否利用这些干扰来增强预编码设计的性能呢？答案是肯定的。基于这一理念，文献 [135] 给出了一种所谓的“建设性干扰”预编码方案，并证明该方案与传统预编码相比具有更好的性能。然而，文献 [135] 中的预编码设计仅针对通信系统。在雷达通信同频共存场景下，还需要进一步考虑雷达的性能约束。

本节讨论 MIMO 雷达与多用户 MIMO 通信系统的同频共存，并试图回答以上问题。本节假设基站已知信道的 CSI，即采用 2.2 节介绍的信道估计算法对信道的 CSI 进行了估计。在此基础上，我们首先按照经典观念，认为 MUI 是有害的，并通过预编码设计实现如下目的：①减小基站对雷达的干扰；②保证下行用户的服务质量（Quality of Service，QoS）；③抑制 MUI。我们称这种设计为干扰抑制（Interference Reduction，IR）预编码设计。随后，我们讨论一种全新的预编码设计，该设计中，除了达到目的①和②外，还可以将 MUI 利用起来作为有用信号能量。我们称这种设计为建设性干扰（Constructive Interference，CI）预编码设计。在这两种预编码方案下，我们分别给出了在信道 CSI 存在误差时的鲁棒算法，保证即使在最坏情形下，雷达与通信的性能约束也能被严格满足。最后，我们分析了基站干扰对雷达检测与估计性能造成的影响。

2.3.1　系统模型与基本假设

我们考虑的同频共存场景如图2.12所示，一个 N 天线基站正向 K 个单天线用户发射通信信号，这是典型的 MU-MISO 下行通信系统。与此同时，附近有一台配备了 M_{t} 个发射天线和 M_{r} 个接收天线的 MIMO 雷达正在探测远场的点状目标。由于二者工作在同一频段，它们将不可避免地对彼此造成干扰。

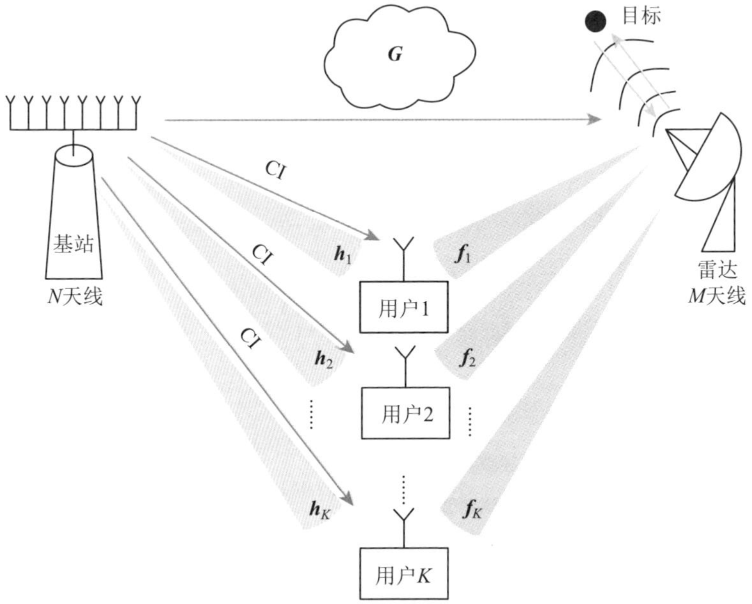

图 2.12　MIMO 雷达与 MU-MISO 下行通信系统同频共存场景

在第 l 个时刻，第 i 个下行通信用户的接收信号可以表示为

$$y_i^{\mathrm{C}}[l] = \boldsymbol{h}_i^{\mathrm{H}} \sum_{k=1}^{K} \boldsymbol{w}_k s_{\mathrm{C},k}[l] + \sqrt{P_{\mathrm{R}}} \boldsymbol{f}_i^{\mathrm{H}} \boldsymbol{s}_{\mathrm{R}}[l] + n_i[l],\ i = 1, 2, \cdots, K \tag{2.93}$$

其中，$\boldsymbol{h}_i \in \mathbb{C}^{N\times 1}$ 是基站到该用户的通信信道矢量，$\boldsymbol{f}_i \in \mathbb{C}^{M_\mathrm{t}\times 1}$ 是雷达到该用户的互干扰信道矢量，$\boldsymbol{w}_i \in \mathbb{C}^{N\times 1}$ 是基站对该用户的预编码矢量，$s_{\mathrm{C},k}[l]$ 和 $n_i[l] \sim \mathcal{CN}\left(0,\sigma_\mathrm{C}^2\right)$ 则分别表示发给该用户的通信符号以及方差为 σ_C^2 的高斯噪声。

式 (2.93) 的第 2 项表示雷达对该用户的干扰，其中 $\boldsymbol{S}_\mathrm{R} = [\boldsymbol{s}_\mathrm{R}[1], \boldsymbol{s}_\mathrm{R}[2], \cdots, \boldsymbol{s}_\mathrm{R}[L_\mathrm{R}]] \in \mathbb{C}^{M_\mathrm{t}\times L_\mathrm{R}}$ 是雷达的探测波形，L_R 是雷达脉冲的长度，P_R 则代表雷达的发射功率。

若雷达目标的方位角为 θ，则雷达接收到的回波信号的第 l 个快拍为

$$\boldsymbol{y}^\mathrm{R}[l] = \alpha\sqrt{P_\mathrm{R}}\boldsymbol{A}(\theta)\,\boldsymbol{s}_\mathrm{R}[l] + \boldsymbol{G}^\mathrm{H}\sum_{k=1}^{K}\boldsymbol{w}_k s_{\mathrm{C},k}[l] + \boldsymbol{z}_l \tag{2.94}$$

其中，$\boldsymbol{G} = \left[\boldsymbol{g}_1, \boldsymbol{g}_2, \cdots, \boldsymbol{g}_{M_\mathrm{r}}\right] \in \mathbb{C}^{N\times M_\mathrm{r}}$ 是基站与雷达之间的互干扰信道；$\alpha \in \mathbb{C}$ 表示接收信号的复振幅，该振幅一般由目标的 RCS 和雷达与目标的距离决定；$\boldsymbol{z}_l = [z_1[l], z_2[l], \cdots, z_{M_\mathrm{r}}[l]]^\mathrm{T} \in \mathbb{C}^{M_\mathrm{r}\times 1}$ 是高斯噪声，满足 $z_m[l] \sim \mathcal{CN}\left(0,\sigma_\mathrm{R}^2\right), \forall m$。此外，$\boldsymbol{A}(\theta)$ 的定义为

$$\boldsymbol{A}(\theta) = \boldsymbol{a}_\mathrm{r}(\theta)\,\boldsymbol{a}_\mathrm{t}^\mathrm{H}(\theta) \tag{2.95}$$

其中，$\boldsymbol{a}_\mathrm{t}(\theta) \in \mathbb{C}^{M_\mathrm{t}\times 1}$ 和 $\boldsymbol{a}_\mathrm{r}(\theta) \in \mathbb{C}^{M_\mathrm{r}\times 1}$ 分别是雷达的发射和接收方向矢量。式 (2.94) 中的回波信号分量是在单个距离–多普勒单元（Range-Doppler Bin）中获得的，因此忽略了时延和多普勒参数 [58]。为简便起见，我们令 MIMO 雷达使用同一天线阵列进行发射和接收，于是有 $M_\mathrm{r} = M_\mathrm{t} = M$，$\boldsymbol{a}_\mathrm{r}(\theta) = \boldsymbol{a}_\mathrm{t}(\theta) = \boldsymbol{a}(\theta)$，根据文献 [136]，MIMO 雷达天线阵列的基本模型为

$$A_{im}(\theta) = a_i(\theta)\,a_m(\theta) = \mathrm{e}^{-\mathrm{j}\omega\tau_{im}(\theta)} = \mathrm{e}^{-\mathrm{j}\frac{2\pi}{\lambda}[\sin(\theta);\cos(\theta)]^\mathrm{T}(\boldsymbol{x}_i+\boldsymbol{x}_m)} \tag{2.96}$$

其中，ω 和 λ 分别是雷达信号载波的角频率与波长；$A_{im}(\theta)$ 是矩阵 $\boldsymbol{A}$ 中位于第 i 行第 m 列的元素，代表由第 i 个天线阵元发射的信号被第 m 个天线阵元接收后产生的相位时延；$\boldsymbol{x}_i = \left[x_i^1; x_i^2\right]$ 代表第 i 个阵元对应的坐标位置。

不失一般性，我们引入如下假设。

假设 2.5：尽管本章提出的方法也可以用在 QAM 的通信信号中，为符号表示方便起见，我们假设通信符号为归一化的 PSK 调制，即 $d_k[l] = \mathrm{e}^{\mathrm{j}\phi_k[l]}$，其中 $\phi_k[l]$ 是其 PSK 相位。

假设 2.6：与文献 [65] 一致，我们假设 $\boldsymbol{H} = [\boldsymbol{h}_1, \boldsymbol{h}_2, \cdots, \boldsymbol{h}_K]$、$\boldsymbol{F} = [\boldsymbol{f}_1, \boldsymbol{f}_2, \cdots, \boldsymbol{f}_K]$ 和 $\boldsymbol{G} = [\boldsymbol{g}_1, \boldsymbol{g}_2, \cdots, \boldsymbol{g}_M]$ 这 3 组信道均为瑞利平坦衰落，且彼此统计独立。

假设 2.7：我们假设 MIMO 雷达工作在搜索模式，因此发送的是正交波形，这意

味着 $\frac{1}{L_{\rm R}}\sum_{l=1}^{L_{\rm R}}\boldsymbol{s}_{\rm R}[l]\boldsymbol{s}_{\rm R}^{\rm H}[l]=\boldsymbol{I}$。在此假设下，雷达对第 i 个通信用户的平均干扰功率为 $P_{\rm R}\|\boldsymbol{f}_i\|^2$。

假设 2.8：为了将注意力集中在雷达与通信的同频共存上，我们不在雷达端考虑由杂波和虚假目标引起的干扰，并假设通信信号是唯一的干扰源。这与文献 [64] 中的模型一致。

假设 2.9：我们假设雷达的子脉冲长度与通信符号长度一致。在实际系统中，S 波段雷达的子脉冲长度与 LTE 系统的符号长度基本一致，因此这一假设是合理的。根据文献 [65]，我们还假设雷达脉冲长度与通信帧长一致，即 $L_{\rm C}=L_{\rm R}$。

假设 2.10：我们假设所有的 3 组信道对于基站都是已知的（不一定完美已知）。对于基站与用户之间的通信信道 $\boldsymbol{H}$ 的信息，我们可以利用基于导频的经典算法获得。基站和用户监听雷达信号，并利用 2.2 节介绍的信道估计算法分别估计信道 $\boldsymbol{G}$ 和 $\boldsymbol{F}$，用户再将信道 $\boldsymbol{F}$ 反馈至基站。

2.3.2　基于干扰抑制的预编码

根据假设 2.5～假设 2.10，基站的平均发射功率为

$$P_{\rm C}=\sum_{k=1}^{K}\|\boldsymbol{w}_k\|^2 \tag{2.97}$$

雷达的第 m 个天线接收到的来自基站信号的干扰为

$$u_m=\boldsymbol{g}_m^{\rm H}\sum_{k=1}^{K}\boldsymbol{w}_k s_{{\rm C},k} \tag{2.98}$$

如无特殊说明，我们在本章后续介绍中省略时间指标 l。由式 (2.98)，我们定义雷达第 m 个天线接收到的平均 INR 为

$$r_m=\frac{\mathbb{E}\left(|u_m|^2\right)}{\sigma_{\rm R}^2}=\frac{{\rm tr}\left(\boldsymbol{g}_m\boldsymbol{g}_m^{\rm H}\sum\limits_{k=1}^{K}\boldsymbol{w}_k\boldsymbol{w}_k^{\rm H}\right)}{\sigma_{\rm R}^2} \tag{2.99}$$

根据式 (2.93), 第 i 个用户的接收 SINR 为

$$\gamma_i=\frac{\left|\boldsymbol{h}_i^{\rm H}\boldsymbol{w}_i\right|^2}{\sum\limits_{k=1,k\neq i}^{K}\left|\boldsymbol{h}_i^{\rm H}\boldsymbol{w}_k\right|^2+P_{\rm R}\|\boldsymbol{f}_i\|^2+\sigma_{\rm C}^2},\forall i \tag{2.100}$$

式 (2.100) 中的 $\sum_{k=1,k\neq i}^{K}\left|\boldsymbol{h}_i^{\mathrm{H}}\boldsymbol{w}_k\right|^2$ 就是 MUI。从传统视角看，这一干扰对系统的性能是有害的，因此存在于式 (2.100) 的分母中，需要得到抑制 [121]。在 IR 原则下，本节考虑在基站设计线性预编码矩阵来实现雷达与通信系统的同频共存。

1. 完美 CSI 假设下的预编码

本小节中，我们假设 3 组信道的 CSI 都已被基站完美获知。给定用户要求的 SINR 最低门限，以及雷达可容忍的 INR 门限后，自然会引出一个问题：基站需要多大的发射功率才能同时保证下行用户以及雷达的正常工作？这就进一步引出了如下基于 IR 的功率最小化问题：

$$
\begin{aligned}
\mathcal{P}_0 : \min_{\boldsymbol{w}_k}\ & P_{\mathrm{C}} \\
\text{s.t.}\ & \gamma_i \geqslant \varGamma_i, \forall i \\
& r_m \leqslant R_m, \forall m
\end{aligned} \tag{2.101}
$$

其中，$\varGamma_i$ 是第 i 个用户要求的 SINR 门限，R_m 是第 m 个雷达接收射频链路（RF Chain）所能承受的最高 INR。与相控阵雷达不同，MIMO 雷达在每个天线后配备独立的射频链路。根据雷达的基本理论，射频链路的动态范围直接决定了雷达所能探测的最小及最大距离。为确保射频链路的动态性能，我们对每个雷达天线都引入了独立的 INR 约束，使其对应的射频链路接收到的干扰小于给定门限。

类似地，我们还可以考虑如下的干扰最小化（Interference Minimization）问题：

$$
\begin{aligned}
\mathcal{P}_1 : \min_{\boldsymbol{w}_k}\ & \sum_{m=1}^{M} r_m \sigma_{\mathrm{R}}^2 \\
\text{s.t.}\ & \gamma_i \geqslant \varGamma_i, \forall i \\
& P_{\mathrm{C}} \leqslant P
\end{aligned} \tag{2.102}
$$

其中，P 是基站的发射功率预算。问题 $\mathcal{P}_1$ 中，我们最小化雷达端收到的总干扰功率，同时约束基站的发射功率小于其预算，并保证每个用户的 SINR 需求都得到满足。

尽管问题 $\mathcal{P}_0$ 和 $\mathcal{P}_1$ 均为非凸问题，但我们可以采用经典的 SDR 算法近似地求解 [137]。这里我们以问题 $\mathcal{P}_0$ 为例，对 SDR 算法进行简单介绍。首先，将 $\mathcal{P}_0$ 改写为

$$
\begin{aligned}
\mathcal{P}_0 : \min_{\boldsymbol{w}_k}\ & \sum_{k=1}^{K} \|\boldsymbol{w}_k\|^2 \\
\text{s.t.}\ & \frac{\left|\boldsymbol{h}_i^{\mathrm{H}}\boldsymbol{w}_i\right|^2}{\sum\limits_{k=1,k\neq i}^{K}\left|\boldsymbol{h}_i^{\mathrm{H}}\boldsymbol{w}_k\right|^2 + P_{\mathrm{R}}\|\boldsymbol{f}_i\|^2 + \sigma_{\mathrm{C}}^2} \geqslant \varGamma_i, \forall i \\
& \operatorname{tr}\left(\boldsymbol{g}_m\boldsymbol{g}_m^{\mathrm{H}}\sum_{k=1}^{K}\boldsymbol{w}_k\boldsymbol{w}_k^{\mathrm{H}}\right) \leqslant R_m\sigma_{\mathrm{R}}^2, \forall m
\end{aligned} \tag{2.103}
$$

令 $\boldsymbol{W}_k=\boldsymbol{w}_k\boldsymbol{w}_k^{\mathrm{H}}$，根据线性代数的基础知识，有

$$\begin{gathered}\sum_{k=1}^{K}\|\boldsymbol{w}_k\|^2=\sum_{k=1}^{K}\operatorname{tr}(\boldsymbol{W}_k),\ \left|\boldsymbol{h}_i^{\mathrm{H}}\boldsymbol{w}_k\right|^2=\operatorname{tr}\left(\boldsymbol{h}_i\boldsymbol{h}_i^{\mathrm{H}}\boldsymbol{W}_k\right)\\ \operatorname{tr}\left(\boldsymbol{g}_m\boldsymbol{g}_m^{\mathrm{H}}\sum_{k=1}^{K}\boldsymbol{w}_k\boldsymbol{w}_k^{\mathrm{H}}\right)=\operatorname{tr}\left(\boldsymbol{g}_m\boldsymbol{g}_m^{\mathrm{H}}\sum_{k=1}^{K}\boldsymbol{W}_k\right)\end{gathered}\tag{2.104}$$

注意到矩阵 $\boldsymbol{W}_k$ 满足 $\boldsymbol{W}_k\succeq 0$，$\operatorname{rank}(\boldsymbol{W}_k)=1$，我们可以进一步将问题 $\mathcal{P}_0$ 改写为

$$\begin{aligned}\mathcal{P}_0:\min_{\boldsymbol{W}_k}\ &\sum_{k=1}^{K}\operatorname{tr}(\boldsymbol{W}_k)\\ \text{s.t. }\operatorname{tr}\left(\boldsymbol{h}_i\boldsymbol{h}_i^{\mathrm{H}}\boldsymbol{W}_i\right)&\geqslant\varGamma_i\left(\sum_{k=1,k\neq i}^{K}\operatorname{tr}\left(\boldsymbol{h}_i\boldsymbol{h}_i^{\mathrm{H}}\boldsymbol{W}_k\right)+P_{\mathrm{R}}\|\boldsymbol{f}_i\|^2+\sigma_{\mathrm{C}}^2\right),\forall i\\ \operatorname{tr}&\left(\boldsymbol{g}_m\boldsymbol{g}_m^{\mathrm{H}}\sum_{k=1}^{K}\boldsymbol{W}_k\right)\leqslant R_m\sigma_{\mathrm{R}}^2,\forall m\\ &\boldsymbol{W}_k\succeq 0,\ \operatorname{rank}(\boldsymbol{W}_k)=1,\forall k\end{aligned}\tag{2.105}$$

以上问题仍然是非凸的，其非凸的原因就在于秩为 1 的约束。SDR 算法通过略去秩约束得到以下优化问题：

$$\begin{aligned}\tilde{\mathcal{P}}_0:\min_{\boldsymbol{W}_k}\ &\sum_{k=1}^{K}\operatorname{tr}(\boldsymbol{W}_k)\\ \text{s.t. }\operatorname{tr}\left(\boldsymbol{h}_i\boldsymbol{h}_i^{\mathrm{H}}\boldsymbol{W}_i\right)&\geqslant\varGamma_i\left(\sum_{k=1,k\neq i}^{K}\operatorname{tr}\left(\boldsymbol{h}_i\boldsymbol{h}_i^{\mathrm{H}}\boldsymbol{W}_k\right)+P_{\mathrm{R}}\|\boldsymbol{f}_i\|^2+\sigma_{\mathrm{C}}^2\right),\forall i\\ \operatorname{tr}&\left(\boldsymbol{g}_m\boldsymbol{g}_m^{\mathrm{H}}\sum_{k=1}^{K}\boldsymbol{W}_k\right)\leqslant R_m\sigma_{\mathrm{R}}^2,\forall m\\ &\boldsymbol{W}_k\succeq 0,\forall k\end{aligned}\tag{2.106}$$

问题 $\tilde{\mathcal{P}}_0$ 是半正定规划（Semidefinite Programming，SDP）问题。众所周知，SDP 问题为凸问题，因此其局部最优解（Locally Optimal Solution）就是全局最优解（Globally Optimal Solution）。通常这一问题可以利用 MATLAB 中的 CVX 工具包 [134] 进行快速求

解。得到 $\tilde{\mathcal{P}}_0$ 的解 $\boldsymbol{W}_k$ 后，若其秩为 1，则该解为原问题的全局最优解；若其秩大于 1，则可以利用 rank-1 近似法得到预编码矢量 $\boldsymbol{w}_k$。例如，我们可以对 $\boldsymbol{W}_k$ 进行特征值分解，取其最大特征值对应的特征矢量作为 $\boldsymbol{w}_k$，这与机器学习理论中的主成分分析（Principal Component Analysis，PCA）类似[138]，如此得到的就是原问题 $\mathcal{P}_0$ 的一个近似解。

干扰最小化问题 $\mathcal{P}_1$ 可以采用类似的算法进行求解，这里就不再赘述。

2. 不完美 CSI 假设下的鲁棒预编码

在实际场景中，由于噪声、干扰以及量化误差的存在，完美 CSI 是不可能获得的。因此，更为实际的假设是，基站获得的 3 组信道的 CSI 都是有误差的。这里我们采用经典的范数有界误差（Norm-bounded Error）来对基站获得的不完美 CSI 进行建模。首先，我们将信道矢量表示为

$$\boldsymbol{h}_i = \hat{\boldsymbol{h}}_i + \boldsymbol{e}_{hi}，\ \boldsymbol{f}_i = \hat{\boldsymbol{f}}_i + \boldsymbol{e}_{fi}, \forall i，\ \boldsymbol{g}_m = \hat{\boldsymbol{g}}_m + \boldsymbol{e}_{gm}, \forall m \tag{2.107}$$

其中，$\hat{\boldsymbol{h}}_i$、$\hat{\boldsymbol{g}}_m$ 和 $\hat{\boldsymbol{f}}_i$ 表示基站估计得到的信道矢量，$\boldsymbol{e}_{hi}$、$\boldsymbol{e}_{gm}$ 和 $\boldsymbol{e}_{fi}$ 是范数约束的随机误差矢量。所有这些矢量构成了如下 3 组球形集合：

$$\begin{aligned}
\mathcal{U}_{hi} &= \left\{ \boldsymbol{e}_{hi} \middle| \|\boldsymbol{e}_{hi}\|^2 \leqslant \delta_{hi}^2 \right\} \\
\mathcal{U}_{gm} &= \left\{ \boldsymbol{e}_{gm} \middle| \|\boldsymbol{e}_{gm}\|^2 \leqslant \delta_{gm}^2 \right\} \\
\mathcal{U}_{fi} &= \left\{ \boldsymbol{e}_{fi} \middle| \|\boldsymbol{e}_{fi}\|^2 \leqslant \delta_{fi}^2 \right\}
\end{aligned} \tag{2.108}$$

其中，δ_{hi}、δ_{gm} 和 δ_{fi} 是误差的范数界。当基站的 CSI 由用户进行量化后反馈获得时，这一模型是合理的。特别地，如果是均匀量化，所有的量化误差都可以被包含到以上误差集合中[139]。

我们进一步假设，基站对于误差本身并无任何信息，但对于其范数的上界是已知的。因此在基站考虑一种对所有可能的误差都具有鲁棒性的预编码设计，使之在最坏情况（Worst Case）下仍能保证下行用户以及雷达的性能约束。需要注意的是，鲁棒方法仅对这样的优化问题有效，即**所有的随机误差都在约束条件内**。当目标函数中也有随机误差时，鲁棒方法是没有意义的。这是因为鲁棒性是针对优化问题的约束而言的，而不可能保证在所有情况下目标函数能被最小化。我们注意到，对于基站功率最小化问题，信道的随机误差都在约束条件中，而对于干扰最小化问题，目标函数中的信道 $\boldsymbol{g}_m$ 存在随机误差。因此，下面仅针对基站功率最小化问题给出一种鲁棒预编码设计。回顾问题 $\mathcal{P}_0$，在 CSI 存在误差的条件下，保证其约束在任何误差下都不被违反的鲁棒优化问题为

$$
\begin{aligned}
\mathcal{P}_2: & \min_{\boldsymbol{w}_k} \sum_{k=1}^{K} \|\boldsymbol{w}_k\|^2 \\
\text{s.t.} & \ \frac{\left|\boldsymbol{h}_i^{\mathrm{H}} \boldsymbol{w}_i\right|^2}{\sum\limits_{k=1,k\neq i}^{K} \left|\boldsymbol{w}_i^{\mathrm{H}} \boldsymbol{w}_k\right|^2 + P_{\mathrm{R}} \|\boldsymbol{f}_i\|^2 + \sigma_{\mathrm{C}}^2} \geqslant \varGamma_i, \quad \forall \boldsymbol{e}_{hi} \in \mathcal{U}_{hi}, \forall \boldsymbol{e}_{fi} \in \mathcal{U}_{fi}, \forall i \\
& \operatorname{tr}\left(\boldsymbol{g}_m \boldsymbol{g}_m^{\mathrm{H}} \sum_{k=1}^{K} \boldsymbol{w}_k \boldsymbol{w}_k^{\mathrm{H}}\right) \leqslant R_m \sigma_{\mathrm{R}}^2, \quad \forall \boldsymbol{e}_{gm} \in \mathcal{U}_{gm}, \forall m
\end{aligned} \tag{2.109}
$$

接下来，我们考虑上述问题的最坏情形。注意到当信道 $\boldsymbol{F}$ 存在误差时，以下不等式成立：

$$
\|\boldsymbol{f}_i\|^2 = \left\|\hat{\boldsymbol{f}}_i + \boldsymbol{e}_{fi}\right\|^2 \leqslant \left(\left\|\hat{\boldsymbol{f}}_i\right\| + \|\boldsymbol{e}_{fi}\|\right)^2 \leqslant \left(\left\|\hat{\boldsymbol{f}}_i\right\| + \delta_{fi}\right)^2 \tag{2.110}
$$

其中，第一个小于等于号依赖范数的三角不等式，即 $\|\boldsymbol{x}+\boldsymbol{y}\| \leqslant \|\boldsymbol{x}\| + \|\boldsymbol{y}\|$；第二个小于等于号则是根据上述对误差范数有界的定义。类似地，当信道 $\boldsymbol{G}$ 存在误差时，我们有

$$
\begin{aligned}
& \operatorname{tr}\left(\boldsymbol{g}_m \boldsymbol{g}_m^{\mathrm{H}} \sum_{k=1}^{K} \boldsymbol{w}_k \boldsymbol{w}_k^{\mathrm{H}}\right) \\
= & \sum_{k=1}^{K} \operatorname{tr}\left(\left(\hat{\boldsymbol{g}}_m + \boldsymbol{e}_{gm}\right)\left(\hat{\boldsymbol{g}}_m^{\mathrm{H}} + \boldsymbol{e}_{gm}^{\mathrm{H}}\right) \boldsymbol{w}_k \boldsymbol{w}_k^{\mathrm{H}}\right) \\
= & \sum_{k=1}^{K} \operatorname{tr}\left(\left(\hat{\boldsymbol{g}}_m \hat{\boldsymbol{g}}_m^{\mathrm{H}} + \hat{\boldsymbol{g}}_m \boldsymbol{e}_{gm}^{\mathrm{H}} + \boldsymbol{e}_{gm} \hat{\boldsymbol{g}}_m^{\mathrm{H}} + \boldsymbol{e}_{gm} \boldsymbol{e}_{gm}^{\mathrm{H}}\right) \boldsymbol{w}_k \boldsymbol{w}_k^{\mathrm{H}}\right)
\end{aligned} \tag{2.111}
$$

利用柯西–施瓦茨（Cauchy-Schwarz）不等式，以及误差范数界的定义，有

$$
\begin{aligned}
& \operatorname{tr}\left(\boldsymbol{g}_m \boldsymbol{g}_m^{\mathrm{H}} \sum_{k=1}^{K} \boldsymbol{w}_k \boldsymbol{w}_k^{\mathrm{H}}\right) \\
\leqslant & \sum_{k=1}^{K} \operatorname{tr}\left(\hat{\boldsymbol{g}}_m \hat{\boldsymbol{g}}_m^{\mathrm{H}} \boldsymbol{w}_k \boldsymbol{w}_k^{\mathrm{H}}\right) + \left(2\left\|\hat{\boldsymbol{g}}_m\right\|\left\|\boldsymbol{e}_{gm}\right\| + \left\|\boldsymbol{e}_{gm}\right\|^2\right) \sum_{k=1}^{K} \operatorname{tr}\left(\boldsymbol{w}_k \boldsymbol{w}_k^{\mathrm{H}}\right) \\
\leqslant & \sum_{k=1}^{K} \operatorname{tr}\left(\hat{\boldsymbol{g}}_m \hat{\boldsymbol{g}}_m^{\mathrm{H}} \boldsymbol{w}_k \boldsymbol{w}_k^{\mathrm{H}}\right) + \left(2\delta_{gm}\left\|\hat{\boldsymbol{g}}_m\right\| + \delta_{gm}^2\right) \sum_{k=1}^{K} \operatorname{tr}\left(\boldsymbol{w}_k \boldsymbol{w}_k^{\mathrm{H}}\right)
\end{aligned} \tag{2.112}
$$

最后，我们处理通信用户 SINR 的鲁棒约束，将其改写为

$$
\boldsymbol{h}_i^{\mathrm{H}}\left(\boldsymbol{w}_i \boldsymbol{w}_i^{\mathrm{H}} - \varGamma_i \sum_{k=1,k\neq i}^{K} \boldsymbol{w}_k \boldsymbol{w}_k^{\mathrm{H}}\right) \boldsymbol{h}_i - \varGamma_i\left(P_{\mathrm{R}}\|\boldsymbol{f}_i\|^2 + \sigma_{\mathrm{C}}^2\right) \geqslant 0, \forall i \tag{2.113}
$$

最坏的情况下，式 (2.113) 中的两组信道 CSI 均有误差，我们必须保证对任意 $\boldsymbol{e}_{hi}^{\mathrm{H}}\boldsymbol{e}_{hi} \leqslant \delta_{hi}^2$，式 (2.114) 都成立：

$$\begin{gathered}\left(\hat{\boldsymbol{h}}_i+\boldsymbol{e}_{hi}\right)^{\mathrm{H}}\left(\boldsymbol{w}_i\boldsymbol{w}_i^{\mathrm{H}}-\Gamma_i\sum_{k=1,k\neq i}^{K}\boldsymbol{w}_k\boldsymbol{w}_k^{\mathrm{H}}\right)\\ \left(\hat{\boldsymbol{h}}_i+\boldsymbol{e}_{hi}\right)-\Gamma_i\left(P_{\mathrm{R}}(\|\boldsymbol{f}_i\|+\delta_{fi})^2+\sigma_{\mathrm{C}}^2\right)\geqslant 0\end{gathered} \tag{2.114}$$

根据著名的 S 引理（S-Lemma）[140]，式 (2.114) 对 $\forall \boldsymbol{e}_{hi}^{\mathrm{H}}\boldsymbol{e}_{hi} \leqslant \delta_{hi}^2$ 成立的充要条件是

$$\begin{bmatrix}\hat{\boldsymbol{h}}_i^{\mathrm{H}}\boldsymbol{Q}_i\hat{\boldsymbol{h}}_i-\Gamma_i\beta_i-s_i\delta_{hi}^2 & \hat{\boldsymbol{h}}_i^{\mathrm{H}}\boldsymbol{Q}_i\\ \boldsymbol{Q}_i\hat{\boldsymbol{h}}_i & \boldsymbol{Q}_i+s_i\boldsymbol{I}\end{bmatrix}\succeq 0 \tag{2.115}$$

其中，$\beta_i=P_{\mathrm{R}}(\|\hat{\boldsymbol{f}}_i\|+\delta_{fi})^2+\sigma_{\mathrm{C}}^2$，$s_i \geqslant 0$ 是非负辅助变量，$\boldsymbol{Q}_i=\boldsymbol{w}_i\boldsymbol{w}_i^{\mathrm{H}}-\Gamma_i\sum\limits_{k=1,k\neq i}^{K}\boldsymbol{w}_k\boldsymbol{w}_k^{\mathrm{H}}$。我们沿用矩阵变量 $\boldsymbol{W}_k=\boldsymbol{w}_k\boldsymbol{w}_k^{\mathrm{H}}$，将所有鲁棒约束代入原问题，可得基站功率最小化问题为

$$\begin{aligned}\mathcal{P}_3:&\min_{\boldsymbol{W}_i,s_i}\sum_{i=1}^{K}\mathrm{tr}\left(\boldsymbol{W}_i\right)\\ \text{s.t.}&\begin{bmatrix}\hat{\boldsymbol{h}}_i^{\mathrm{H}}\boldsymbol{Q}_i\hat{\boldsymbol{h}}_i-\Gamma_i\beta_i-s_i\delta_{hi}^2 & \hat{\boldsymbol{h}}_i^{\mathrm{H}}\boldsymbol{Q}_i\\ \boldsymbol{Q}_i\hat{\boldsymbol{h}}_i & \boldsymbol{Q}_i+s_i\boldsymbol{I}\end{bmatrix}\succeq 0\\ &\boldsymbol{W}_i\succeq 0，\mathrm{rank}\left(\boldsymbol{W}_i\right)=1，s_i\geqslant 0,\forall i\\ &\sum_{i=1}^{K}\left(\mathrm{tr}\left(\hat{\boldsymbol{g}}_m\hat{\boldsymbol{g}}_m^{\mathrm{H}}\boldsymbol{W}_i\right)+\zeta_{gm}\mathrm{tr}\left(\boldsymbol{W}_i\right)\right)\leqslant R_m\sigma_{\mathrm{R}}^2,\forall m\end{aligned} \tag{2.116}$$

其中，$\zeta_{gm}=2\delta_2\|\hat{\boldsymbol{g}}_m\|+\delta_{gm}^2$。

这一问题是非凸的，与求解问题 $\mathcal{P}_0$ 类似，我们去掉 $\mathcal{P}_3$ 中的 rank-1 约束，即可将以上问题松弛为一个 SDP 问题。求解这一问题后，再利用 rank-1 近似法得到原问题的近似解。

2.3.3 建设性干扰预编码

在2.3.2节中，我们将 MUI 视作需要被抑制的有害干扰，因此将其放在 SINR 的分母项中。然而，注意到这样一个事实：在 MU-MISO 下行链路中，由于基站已知通信信道矩阵 $\boldsymbol{H}$ 及其将要使用的预编码矩阵，MUI 对于基站而言也是已知的。是否有可能利用这部分干扰来加强有用信号的功率呢？本小节我们利用所谓的建设性干

扰（Constructive Interference，CI）进行预编码，来达到雷达与通信系统同频共存的目的。

1. CI 的概念与约束条件

CI 的概念最早由英国伦敦大学学院的 C. Masouros 在文献 [141] 中提出。他将干扰信号划分为 CI 和破坏性干扰（Destructive Interference，DI），前者将接收到的通信符号星座点推离判决门限，使得判决正确的概率增加，后者则将星座点拉到判决门限以内，使解调器产生错误判决。图2.13给出了一系列 PSK 调制的星座图，其中红色的星座点表示被 DI 污染后的符号，绿色的星座点则表示受益于 CI 的符号。可以看到，受到 CI 作用的符号的有用功率增加，因此 SINR 也随之增加。由此我们设想，如果能设计一种预编码算法，使得所有的 DI 都旋转方向，成为 CI，则 MUI 将对信号的解调产生有益作用，而不是像传统观点所认为的那样是有害的。

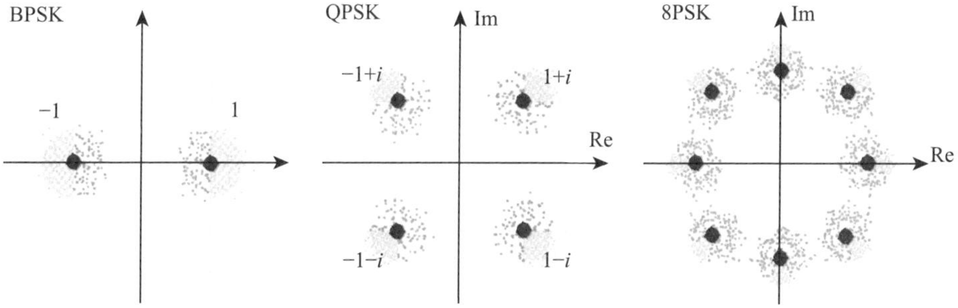

图 2.13　一系列 PSK 调制的星座图[141]

我们接下来推导当以上条件成立时，预编码矢量所需要满足的约束条件。由于 CI 是与接收到的通信星座点相关联的，这里考虑对**瞬时功率**进行优化。由于假设通信系统采用 PSK 调制，在某一时刻 l，基站的瞬时发射功率为

$$P_{\mathrm{C}}\left[l\right]=\left\|\sum_{k=1}^{K}\boldsymbol{w}_k\mathrm{e}^{\mathrm{j}(\phi_k[l]-\phi_1[l])}\right\|^2 \tag{2.117}$$

其中，$\phi_k\left[l\right]$ 代表第 k 个用户符号的相位，我们把 $\mathrm{e}^{\mathrm{j}\phi_1[l]}$ 作为相位参考。为简便起见，我们将在后续的推导中省略时间下标 l。假设所有的 MUI 都是建设性的，则第 i 个用户的**瞬时** SINR 约束可以表示为

$$\tilde{\gamma}_i=\frac{\left|\boldsymbol{h}_i^{\mathrm{H}}\sum\limits_{k=1}^{K}\boldsymbol{w}_k\mathrm{e}^{\mathrm{j}\phi_k}\right|^2}{P_{\mathrm{R}}\left|\boldsymbol{f}_i^{\mathrm{T}}\boldsymbol{s}_{\mathrm{R}}\right|^2+\sigma_{\mathrm{C}}^2}\geqslant\varGamma_i \tag{2.118}$$

在无噪声的理想条件下，第 i 个用户接收到的信号为

$$\tilde{y}_i = \boldsymbol{h}_i^{\mathrm{H}} \sum_{k=1}^{K} \boldsymbol{w}_k \mathrm{e}^{\mathrm{j}\phi_k} \tag{2.119}$$

如图2.14所示，由于干扰是建设性的，接收到的信号星座点落入了蓝色的建设性区域（Constructive Area）。首先对 $\tilde{y}_i$ 施加一个相移，使其落入以 $\mathrm{e}^{\mathrm{j}\phi_i}$ 为参考相位的参考系中，于是得到

$$\hat{y}_i = \tilde{y}_i \mathrm{e}^{-\mathrm{j}\phi_i} = \boldsymbol{h}_i^{\mathrm{H}} \sum_{k=1}^{K} \boldsymbol{w}_k \mathrm{e}^{\mathrm{j}(\phi_k - \phi_i)} \tag{2.120}$$

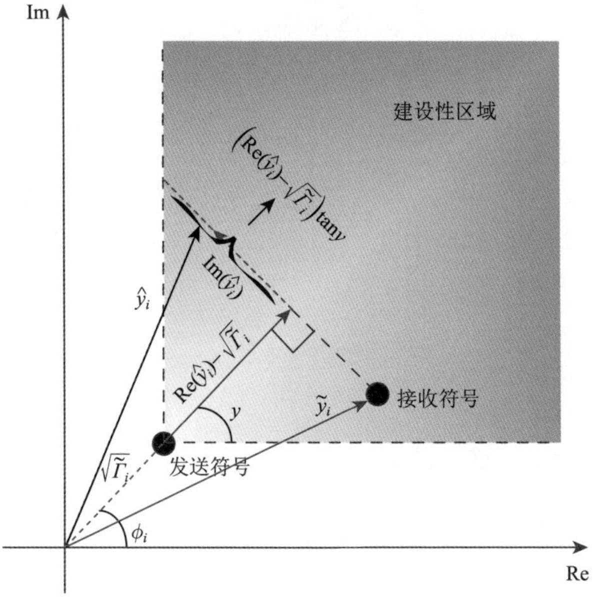

图 2.14 CI 约束条件

图2.14给出了上述星座点的几何关系，可以看到，如果 $\tilde{y}_i$ 在建设性区域中，则 $\hat{y}_i$ 一定也在该区域中。根据简单的三角函数关系，$\hat{y}_i$ 必须满足

$$|\mathrm{Im}\,(\hat{y}_i)| \leqslant \left(\mathrm{Re}\,(\hat{y}_i) - \tilde{\Gamma}_i\right) \tan\psi \tag{2.121}$$

其中，$\psi = \dfrac{\pi}{M_{\mathrm{p}}}$，而 M_{p} 是 PSK 调制阶数。将式 (2.120) 代入式 (2.121)，得到 CI 约束条件：

$$\left|\mathrm{Im}\left(\boldsymbol{h}_i^{\mathrm{H}} \sum_{k=1}^{K} \boldsymbol{w}_k \mathrm{e}^{\mathrm{j}(\phi_k - \phi_i)}\right)\right| \leqslant \left(\mathrm{Re}\left(\boldsymbol{h}_i^{\mathrm{H}} \sum_{k=1}^{K} \boldsymbol{w}_k \mathrm{e}^{\mathrm{j}(\phi_k - \phi_i)}\right) - \sqrt{\tilde{\Gamma}_i}\right) \tan\psi, \forall i \tag{2.122}$$

最后，对于雷达的 INR 约束，我们也可以将其改写为如下瞬时约束条件：

$$\left|\boldsymbol{g}_m^{\mathrm{H}}\sum_{k=1}^{K}\boldsymbol{w}_k\mathrm{e}^{\mathrm{j}\phi_k}\right|^2\leqslant R_m\sigma_{\mathrm{R}}^2,\forall m \tag{2.123}$$

2. 完美 CSI 假设下的优化问题设计

基于上面的分析，我们可以将 CI 视角下的基站功率最小化问题写作

$$\begin{aligned}\mathcal{P}_4:\ &\min_{\boldsymbol{w}_k}\ \left\|\sum_{k=1}^{K}\boldsymbol{w}_k\mathrm{e}^{\mathrm{j}(\phi_k-\phi_1)}\right\|^2\\ &\text{s.t.}\ \left|\mathrm{Im}\left(\boldsymbol{h}_i^{\mathrm{H}}\sum_{k=1}^{K}\boldsymbol{w}_k\mathrm{e}^{\mathrm{j}(\phi_k-\phi_i)}\right)\right|\\ &\qquad\leqslant\left(\mathrm{Re}\left(\boldsymbol{h}_i^{\mathrm{H}}\sum_{k=1}^{K}\boldsymbol{w}_k\mathrm{e}^{\mathrm{j}(\phi_k-\phi_i)}\right)-\sqrt{\tilde{\Gamma}_i}\right)\tan\psi,\forall i\\ &\qquad\left|\boldsymbol{g}_m^{\mathrm{H}}\sum_{k=1}^{K}\boldsymbol{w}_k\mathrm{e}^{\mathrm{j}\phi_k}\right|^2\leqslant R_m\sigma_{\mathrm{R}}^2,\forall m\end{aligned} \tag{2.124}$$

问题 $\mathcal{P}_4$ 中，接收到的星座点被允许落在建设性区域中。而对于 IR 预编码问题 $\mathcal{P}_0$，接收星座点被限制在发射符号附近。问题 $\mathcal{P}_4$ 与问题 $\mathcal{P}_0$ 相比具有更宽松的可行域，因此可以推断，该问题的最优解应能导出更低的发射功率。

由于通信符号在发射端已知，我们可以将其乘在信道矩阵中，从而进一步简化问题。我们引入如下中间变量：

$$\boldsymbol{w}\triangleq\sum_{k=1}^{K}\boldsymbol{w}_k\mathrm{e}^{\mathrm{j}(\phi_k-\phi_1)},\tilde{\boldsymbol{h}}_i\triangleq\boldsymbol{h}_i\mathrm{e}^{\mathrm{j}(\phi_1-\phi_i)},\tilde{\boldsymbol{g}}_m\triangleq\boldsymbol{g}_m\mathrm{e}^{\mathrm{j}\phi_1} \tag{2.125}$$

则问题 $\mathcal{P}_4$ 可以转化为

$$\begin{aligned}&\mathcal{P}_5:\min_{\boldsymbol{w}}\|\boldsymbol{w}\|^2\\ &\text{s.t.}\ \left|\mathrm{Im}\left(\tilde{\boldsymbol{h}}_i^{\mathrm{H}}\boldsymbol{w}\right)\right|\leqslant\left(\mathrm{Re}\left(\tilde{\boldsymbol{h}}_i^{\mathrm{H}}\boldsymbol{w}\right)-\sqrt{\tilde{\Gamma}_i}\right)\tan\psi,\forall i\\ &\qquad\left|\tilde{\boldsymbol{g}}_m^{\mathrm{H}}\boldsymbol{w}\right|\leqslant\sqrt{R_m\sigma_{\mathrm{R}}^2},\forall m\end{aligned} \tag{2.126}$$

容易看出，问题 $\mathcal{P}_5$ 是凸二次约束下的二次规划问题（Convex QCQP）[140]，可以利用 CVX 工具包进行求解。与需要利用 SDR 进行近似求解的干扰抑制预编码相比，$\mathcal{P}_5$ 更容易进行求解。同理，我们也可以将 CI 视角下的雷达干扰最小化问题改写为

$$\begin{aligned} \mathcal{P}_6 : & \min_{\boldsymbol{w}} \sum_{m=1}^{M} \left| \tilde{\boldsymbol{g}}_m^{\mathrm{H}} \boldsymbol{w} \right|^2 \\ \text{s.t.} & \left| \mathrm{Im}\left(\tilde{\boldsymbol{h}}_i^{\mathrm{H}} \boldsymbol{w} \right) \right| \leqslant \left(\mathrm{Re}\left(\tilde{\boldsymbol{h}}_i^{\mathrm{H}} \boldsymbol{w} \right) - \sqrt{\tilde{\Gamma}_i} \right) \tan\psi, \forall i \\ & \|\boldsymbol{w}\| \leqslant \sqrt{P} \end{aligned} \tag{2.127}$$

问题 $\mathcal{P}_6$ 也是凸 QCQP 问题。在解得最优解 $\boldsymbol{w}$ 后，利用式 (2.125)，我们得到 CI 预编码向量为

$$\boldsymbol{w}_k = \frac{\boldsymbol{w} \mathrm{e}^{\mathrm{j}(\phi_1 - \phi_k)}}{K}, \forall k \tag{2.128}$$

3. 不完美 CSI 假设下的鲁棒预编码

下面针对不完美 CSI 场景，给出 CI 视角下的鲁棒预编码设计。我们仍然使用范数有界的 CSI 误差模型，即式 (2.107) 和式 (2.108)。对问题 $\mathcal{P}_5$，保证其约束在任何误差下都不被违反的鲁棒优化问题为

$$\begin{aligned} \mathcal{P}_7 : & \min_{\boldsymbol{w}} \|\boldsymbol{w}\|^2 \\ \text{s.t.} & \left| \mathrm{Im}\left(\tilde{\boldsymbol{h}}_i^{\mathrm{H}} \boldsymbol{w} \right) \right| \leqslant \left(\mathrm{Re}\left(\tilde{\boldsymbol{h}}_i^{\mathrm{H}} \boldsymbol{w} \right) - \sqrt{\tilde{\Gamma}_i} \right) \tan\psi \\ & \forall \boldsymbol{e}_{hi} \in \mathcal{U}_{hi},\ \forall \boldsymbol{e}_{fi} \in \mathcal{U}_{fi}, \forall i \\ & \left| \tilde{\boldsymbol{g}}_m^{\mathrm{H}} \boldsymbol{w} \right| \leqslant \sqrt{R_m \sigma_{\mathrm{R}}^2},\ \forall \boldsymbol{e}_{gm} \in \mathcal{U}_{gm}, \forall m \end{aligned} \tag{2.129}$$

其中，$\tilde{\Gamma}_i = \Gamma_i \left(P_{\mathrm{R}} \left| \boldsymbol{f}_i^{\mathrm{H}} \boldsymbol{s}_{\mathrm{R}} \right|^2 + \sigma_{\mathrm{C}}^2 \right)$。

在信道 $\boldsymbol{F}$ 的 CSI 存在误差时，有

$$\begin{aligned} \left| \boldsymbol{f}_i^{\mathrm{H}} \boldsymbol{s}_{\mathrm{R}} \right|^2 &= \left| \hat{\boldsymbol{f}}_i^{\mathrm{H}} \boldsymbol{s}_{\mathrm{R}} + \boldsymbol{e}_{fi}^{\mathrm{H}} \boldsymbol{s}_{\mathrm{R}} \right|^2 \\ &\leqslant \left(\left| \hat{\boldsymbol{f}}_i^{\mathrm{H}} \boldsymbol{s}_{\mathrm{R}} \right| + \left| \boldsymbol{e}_{fi}^{\mathrm{H}} \boldsymbol{s}_{\mathrm{R}} \right| \right)^2 \\ &\leqslant \left(\left| \hat{\boldsymbol{f}}_i^{\mathrm{H}} \boldsymbol{s}_{\mathrm{R}} \right| + \delta_{fi} \|\boldsymbol{s}_{\mathrm{R}}\| \right)^2 \end{aligned} \tag{2.130}$$

在鲁棒预编码下，INR 约束为

$$\max\ \left| \tilde{\boldsymbol{g}}_m^{\mathrm{H}} \boldsymbol{w} \right| \leqslant \sqrt{R_m \sigma_{\mathrm{R}}^2},\ \forall \boldsymbol{e}_{gm} \in \mathcal{U}_{gm}, \forall m \tag{2.131}$$

即在最坏情况下，基站对雷达的干扰仍然满足约束条件。由于 $\tilde{\boldsymbol{g}}_m \triangleq \boldsymbol{g}_m \mathrm{e}^{\mathrm{j}\phi_1}$，我们有 $\left\| \tilde{\boldsymbol{g}}_m^{\mathrm{H}} \boldsymbol{w} \right\|^2 = \left\| \boldsymbol{g}_m^{\mathrm{H}} \boldsymbol{w} \right\|^2$。为方便推导，我们略去信道矢量、误差矢量和约束条件中的下

标 m，并将信道 $\boldsymbol{g}$ 以实部和虚部表示为

$$\boldsymbol{g}=\hat{\boldsymbol{g}}_{\mathrm{R}}+\mathrm{j}\hat{\boldsymbol{g}}_{\mathrm{I}}+\boldsymbol{e}_{g\mathrm{R}}+\mathrm{j}\boldsymbol{e}_{g\mathrm{I}} \tag{2.132}$$

令 $\bar{\boldsymbol{g}}=[\hat{\boldsymbol{g}}_{\mathrm{R}};\hat{\boldsymbol{g}}_{\mathrm{I}}]$, $\bar{\boldsymbol{e}}_g=[\boldsymbol{e}_{g\mathrm{R}};\boldsymbol{e}_{g\mathrm{I}}]$，则基站对雷达的干扰功率可以表示为

$$\left|\tilde{\boldsymbol{g}}^{\mathrm{H}}\boldsymbol{w}\right|^2=\left\|\left[\begin{array}{cc}\hat{\boldsymbol{g}}_{\mathrm{R}}^{\mathrm{H}}+\boldsymbol{e}_{g\mathrm{R}}^{\mathrm{H}} & \hat{\boldsymbol{g}}_{\mathrm{I}}^{\mathrm{H}}+\boldsymbol{e}_{g\mathrm{I}}^{\mathrm{H}}\\ \hat{\boldsymbol{g}}_{\mathrm{I}}^{\mathrm{H}}+\boldsymbol{e}_{g\mathrm{I}}^{\mathrm{H}} & -\hat{\boldsymbol{g}}_{\mathrm{R}}^{\mathrm{H}}-\boldsymbol{e}_{g\mathrm{R}}^{\mathrm{H}}\end{array}\right]\left[\begin{array}{c}\boldsymbol{w}_{\mathrm{R}}\\ -\boldsymbol{w}_{\mathrm{I}}\end{array}\right]\right\|^2=\left\|\begin{array}{c}\bar{\boldsymbol{g}}^{\mathrm{H}}\boldsymbol{w}_2+\bar{\boldsymbol{e}}_g^{\mathrm{H}}\boldsymbol{w}_2\\ \bar{\boldsymbol{g}}^{\mathrm{H}}\boldsymbol{w}_1+\bar{\boldsymbol{e}}_g^{\mathrm{H}}\boldsymbol{w}_1\end{array}\right\|^2 \tag{2.133}$$

根据 Cauchy-Schwarz 不等式，式 (2.133) 可以被展开为

$$\begin{aligned}&\left\|\begin{array}{c}\bar{\boldsymbol{g}}^{\mathrm{H}}\boldsymbol{w}_2+\bar{\boldsymbol{e}}_g^{\mathrm{H}}\boldsymbol{w}_2\\ \bar{\boldsymbol{g}}^{\mathrm{H}}\boldsymbol{w}_1+\bar{\boldsymbol{e}}_g^{\mathrm{H}}\boldsymbol{w}_1\end{array}\right\|^2\\ &\leqslant\left|\bar{\boldsymbol{g}}^{\mathrm{H}}\boldsymbol{w}_2\right|^2+\left|\bar{\boldsymbol{g}}^{\mathrm{H}}\boldsymbol{w}_1\right|^2+2\delta_g^2\|\boldsymbol{w}_2\|^2+2\delta_g\left(\left\|\bar{\boldsymbol{g}}^{\mathrm{H}}\boldsymbol{w}_2\boldsymbol{w}_2^{\mathrm{H}}\right\|+\left\|\bar{\boldsymbol{g}}^{\mathrm{H}}\boldsymbol{w}_1\boldsymbol{w}_1^{\mathrm{H}}\right\|\right)\\ &\leqslant\left|\bar{\boldsymbol{g}}^{\mathrm{H}}\boldsymbol{w}_2\right|^2+\left|\bar{\boldsymbol{g}}^{\mathrm{H}}\boldsymbol{w}_1\right|^2+\left(2\delta_g^2+4\delta_g\left\|\bar{\boldsymbol{g}}\right\|\right)\left\|\boldsymbol{w}_2\right\|^2\end{aligned} \tag{2.134}$$

因此，雷达 INR 的鲁棒约束条件为

$$\left|\bar{\boldsymbol{g}}^{\mathrm{T}}\boldsymbol{w}_2\right|^2+\left|\bar{\boldsymbol{g}}^{\mathrm{T}}\boldsymbol{w}_1\right|^2+\left(2\delta_g^2+4\delta_g\left\|\bar{\boldsymbol{g}}\right\|\right)\left\|\boldsymbol{w}_2\right\|^2\leqslant R\sigma_{\mathrm{R}}^2 \tag{2.135}$$

对于 SINR 约束，对应的鲁棒约束条件为

$$\begin{aligned}&\max\left|\mathrm{Im}\left(\tilde{\boldsymbol{h}}_i^{\mathrm{H}}\boldsymbol{w}\right)\right|-\mathrm{Re}\left(\tilde{\boldsymbol{h}}_i^{\mathrm{H}}\boldsymbol{w}\right)\tan\psi+\sqrt{\tilde{\varGamma}_i}\tan\psi\leqslant 0\\ &\forall\boldsymbol{e}_{hi}\in\mathcal{U}_{hi},\forall\boldsymbol{e}_{fi}\in\mathcal{U}_{fi},\forall i\end{aligned} \tag{2.136}$$

令 $\hat{\tilde{\boldsymbol{h}}}_i=\hat{\boldsymbol{h}}_i\mathrm{e}^{\mathrm{j}(\phi_1-\phi_i)}$，$\tilde{\boldsymbol{e}}_{hi}=\boldsymbol{e}_{hi}\mathrm{e}^{\mathrm{j}(\phi_1-\phi_i)}$，我们有 $\tilde{\boldsymbol{h}}_i=\hat{\tilde{\boldsymbol{h}}}_i+\tilde{\boldsymbol{e}}_{hi}$。我们同样略去下标 i，并将信道矢量表示为

$$\tilde{\boldsymbol{h}}=\hat{\tilde{\boldsymbol{h}}}_{\mathrm{R}}+\mathrm{j}\hat{\tilde{\boldsymbol{h}}}_{\mathrm{I}}+\tilde{\boldsymbol{e}}_{h\mathrm{R}}+\mathrm{j}\tilde{\boldsymbol{e}}_{h\mathrm{I}} \tag{2.137}$$

于是有

$$\begin{aligned}\mathrm{Im}\left(\tilde{\boldsymbol{h}}w\right)&=\mathrm{Im}\left(\left(\hat{\tilde{\boldsymbol{h}}}_{\mathrm{R}}+\mathrm{j}\hat{\tilde{\boldsymbol{h}}}_{\mathrm{I}}+\tilde{\boldsymbol{e}}_{h\mathrm{R}}+\mathrm{j}\tilde{\boldsymbol{e}}_{h\mathrm{I}}\right)\left(\boldsymbol{w}_{\mathrm{R}}+\mathrm{j}\boldsymbol{w}_{\mathrm{I}}\right)\right)\\ &=\left[\hat{\tilde{\boldsymbol{h}}}_{\mathrm{R}},\hat{\tilde{\boldsymbol{h}}}_{\mathrm{I}}\right]\left[\begin{array}{c}\boldsymbol{w}_{\mathrm{I}}\\ \boldsymbol{w}_{\mathrm{R}}\end{array}\right]+\left[\tilde{\boldsymbol{e}}_{h\mathrm{R}},\tilde{\boldsymbol{e}}_{h\mathrm{I}}\right]\left[\begin{array}{c}\boldsymbol{w}_{\mathrm{I}}\\ \boldsymbol{w}_{\mathrm{R}}\end{array}\right]\\ &\triangleq\hat{\bar{\boldsymbol{h}}}^{\mathrm{H}}\boldsymbol{w}_1+\bar{\boldsymbol{e}}_h^{\mathrm{H}}\boldsymbol{w}_1\end{aligned} \tag{2.138}$$

$$
\begin{aligned}
\operatorname{Re}\left(\tilde{\boldsymbol{h}}w\right) &= \operatorname{Re}\left(\left(\hat{\tilde{\boldsymbol{h}}}_{\mathrm{R}}+\mathrm{j}\hat{\tilde{\boldsymbol{h}}}_{\mathrm{I}}+\tilde{\boldsymbol{e}}_{h\mathrm{R}}+\mathrm{j}\tilde{\boldsymbol{e}}_{h\mathrm{I}}\right)\left(\boldsymbol{w}_{\mathrm{R}}+\mathrm{j}\boldsymbol{w}_{\mathrm{I}}\right)\right) \\
&= \left[\hat{\tilde{\boldsymbol{h}}}_{\mathrm{R}},\hat{\tilde{\boldsymbol{h}}}_{\mathrm{I}}\right]\begin{bmatrix}\boldsymbol{w}_{\mathrm{R}}\\-\boldsymbol{w}_{\mathrm{I}}\end{bmatrix}+\left[\tilde{\boldsymbol{e}}_{h\mathrm{R}},\tilde{\boldsymbol{e}}_{h\mathrm{I}}\right]\begin{bmatrix}\boldsymbol{w}_{\mathrm{R}}\\-\boldsymbol{w}_{\mathrm{I}}\end{bmatrix} \\
&\triangleq \hat{\bar{\boldsymbol{h}}}^{\mathrm{H}}\boldsymbol{w}_2+\bar{\boldsymbol{e}}_h^{\mathrm{H}}\boldsymbol{w}_2
\end{aligned}
\tag{2.139}
$$

因此，式 (2.136) 等价于

$$
\begin{aligned}
&\max\left|\hat{\bar{\boldsymbol{h}}}^{\mathrm{H}}\boldsymbol{w}_1+\bar{\boldsymbol{e}}_h^{\mathrm{H}}\boldsymbol{w}_1\right|-\left(\hat{\bar{\boldsymbol{h}}}^{\mathrm{H}}\boldsymbol{w}_2+\bar{\boldsymbol{e}}_h^{\mathrm{H}}\boldsymbol{w}_2\right)\tan\psi+\sqrt{\tilde{\Gamma}}\tan\psi\leqslant 0 \\
&\forall\|\bar{\boldsymbol{e}}_h\|^2\leqslant\delta_h^2，\forall\|\boldsymbol{e}_f\|^2\leqslant\delta_f^2
\end{aligned}
\tag{2.140}
$$

利用绝对值的性质，式 (2.140) 可以被分解成如下两个约束：

$$
\begin{aligned}
&\max\hat{\bar{\boldsymbol{h}}}^{\mathrm{H}}\boldsymbol{w}_1+\bar{\boldsymbol{e}}_h^{\mathrm{H}}\boldsymbol{w}_1-\left(\hat{\bar{\boldsymbol{h}}}^{\mathrm{H}}\boldsymbol{w}_2+\bar{\boldsymbol{e}}_h^{\mathrm{H}}\boldsymbol{w}_2\right)\tan\psi+\sqrt{\tilde{\Gamma}}\tan\psi\leqslant 0 \\
&\forall\|\bar{\boldsymbol{e}}_h\|^2\leqslant\delta_h^2，\forall\|\boldsymbol{e}_f\|^2\leqslant\delta_f^2
\end{aligned}
\tag{2.141}
$$

$$
\begin{aligned}
&\max-\hat{\bar{\boldsymbol{h}}}^{\mathrm{H}}\boldsymbol{w}_1-\bar{\boldsymbol{e}}_h^{\mathrm{H}}\boldsymbol{w}_1-\left(\hat{\bar{\boldsymbol{h}}}^{\mathrm{H}}\boldsymbol{w}_2+\bar{\boldsymbol{e}}_h^{\mathrm{H}}\boldsymbol{w}_2\right)\tan\psi+\sqrt{\tilde{\Gamma}}\tan\psi\leqslant 0 \\
&\forall\|\bar{\boldsymbol{e}}_h\|^2\leqslant\delta_h^2，\forall\|\boldsymbol{e}_f\|^2\leqslant\delta_f^2
\end{aligned}
\tag{2.142}
$$

注意到 $\|\bar{\boldsymbol{e}}_h\|^2\leqslant\delta_h^2$ 和 $\|\boldsymbol{e}_f\|^2\leqslant\delta_f^2$，式 (2.141) 和式 (2.142) 对应的最坏情形约束为

$$
\begin{aligned}
&\hat{\bar{\boldsymbol{h}}}^{\mathrm{H}}\boldsymbol{w}_1-\hat{\bar{\boldsymbol{h}}}^{\mathrm{H}}\boldsymbol{w}_2\tan\psi+\delta_h\left(\boldsymbol{w}_1-\boldsymbol{w}_2\tan\psi\right) \\
&+\sqrt{\Gamma\left(\sigma_{\mathrm{C}}^2+P_{\mathrm{R}}\left(\left|\hat{\boldsymbol{f}}^{\mathrm{H}}\boldsymbol{s}\right|+\delta_f\|\boldsymbol{s}\|\right)^2\right)}\tan\psi\leqslant 0
\end{aligned}
\tag{2.143}
$$

$$
\begin{aligned}
&-\hat{\bar{\boldsymbol{h}}}^{\mathrm{H}}\boldsymbol{w}_1-\hat{\bar{\boldsymbol{h}}}^{\mathrm{H}}\boldsymbol{w}_2\tan\psi+\delta_h\left(\boldsymbol{w}_1+\boldsymbol{w}_2\tan\psi\right) \\
&+\sqrt{\Gamma\left(\sigma_{\mathrm{C}}^2+P_{\mathrm{R}}\left(\left|\hat{\boldsymbol{f}}^{\mathrm{H}}\boldsymbol{s}\right|+\delta_f\|\boldsymbol{s}\|\right)^2\right)}\tan\psi\leqslant 0
\end{aligned}
\tag{2.144}
$$

我们给出 CI 视角下的鲁棒预编码优化问题：

$$
\begin{aligned}
\mathcal{P}_8:&\min_{\boldsymbol{w}_2}\ \|\boldsymbol{w}_2\|^2 \\
\text{s.t.}\quad&\text{约束 [式 (2.135)、式 (2.143) 和式 (2.144)]},\forall i,\forall m \\
&\boldsymbol{w}_1=\Pi\boldsymbol{w}_2
\end{aligned}
\tag{2.145}
$$

问题 $\mathcal{P}_8$ 是凸问题，可以利用 CVX 工具包快速求解。

2.3.4　对雷达性能影响的分析

为实现雷达和通信系统的同频共存，我们在通信端进行了预编码设计。尽管如此，来自基站的干扰仍然会对雷达的性能造成一定影响。本小节分析基站干扰下的雷达性能指标。

1. 检测性能分析

下面对基站使用 IR 预编码时的雷达检测性能进行分析。正如1.4.1节所介绍的，在单个距离–多普勒单元中，雷达对目标的检测可以表述为如下二元假设检验问题 [136]：

$$\boldsymbol{y}^{\mathrm{R}}[l]=\begin{cases}\mathcal{H}_0: \boldsymbol{G}^{\mathrm{H}}\sum\limits_{k=1}^{K}\boldsymbol{w}_k s_{\mathrm{C},k}[l]+\boldsymbol{z}[l], \quad l=1,2,\cdots,L\\ \mathcal{H}_1: \alpha\sqrt{P_{\mathrm{R}}}\boldsymbol{A}(\theta)\boldsymbol{s}_{\mathrm{R}}[l]+\boldsymbol{G}^{\mathrm{H}}\sum\limits_{k=1}^{K}\boldsymbol{w}_k s_{\mathrm{C},k}[l]+\boldsymbol{z}[l], \quad l=1,2,\cdots,L\end{cases} \tag{2.146}$$

其中，假设 $\mathcal{H}_0$ 和 $\mathcal{H}_1$ 分别表示有目标和无目标两种状态。此时，$\boldsymbol{G}^{\mathrm{H}}\sum\limits_{k=1}^{K}\boldsymbol{w}_k s_{\mathrm{C},k}[l]+\boldsymbol{z}[l]$ 这一项代表干扰加噪声。简便起见，我们假设雷达可以准确地估计出干扰加噪声的协方差矩阵。由于雷达未知参数 α 和 θ，我们使用 GLRT 方法来进行假设判决。在常规的 MIMO 雷达信号处理中，首先通过匹配滤波（Matched Filtering）给出接收信号的充分统计量（Sufficient Statistic）为 [136]

$$\begin{aligned}\tilde{\boldsymbol{Y}}&=\frac{1}{\sqrt{L}}\sum_{l=1}^{L}\boldsymbol{y}^{\mathrm{R}}[l]\boldsymbol{s}_{\mathrm{R}}^{\mathrm{H}}[l]\\&=\alpha\sqrt{LP_{\mathrm{R}}}\boldsymbol{A}(\theta)+\frac{1}{\sqrt{L}}\sum_{l=1}^{L}\left(\boldsymbol{G}^{\mathrm{H}}\sum_{k=1}^{K}\boldsymbol{w}_k s_{\mathrm{C},k}[l]+\boldsymbol{z}[l]\right)\boldsymbol{s}_{\mathrm{R}}^{\mathrm{H}}[l]\end{aligned} \tag{2.147}$$

然后对 $\tilde{\boldsymbol{Y}}$ 进行向量化处理，可得

$$\begin{aligned}\tilde{\boldsymbol{y}}&=\operatorname{vec}\left(\tilde{\boldsymbol{Y}}\right)\\&=\alpha\sqrt{LP_{\mathrm{R}}}\operatorname{vec}(\boldsymbol{A}(\theta))+\operatorname{vec}\left(\frac{1}{\sqrt{L}}\sum_{l=1}^{L}\left(\boldsymbol{G}^{\mathrm{H}}\sum_{k=1}^{K}\boldsymbol{w}_k s_{\mathrm{C},k}[l]+\boldsymbol{z}[l]\right)\boldsymbol{s}_{\mathrm{R}}^{\mathrm{H}}[l]\right)\\&\triangleq\alpha\sqrt{LP_{\mathrm{R}}}\operatorname{vec}(\boldsymbol{A}(\theta))+\boldsymbol{\varepsilon}\end{aligned} \tag{2.148}$$

由于通信符号 $s_{\mathrm{C},k}[l]$ 近似服从高斯分布，式 (2.148) 中的 $\boldsymbol{\varepsilon}$ 服从零均值复高斯分

布，其协方差矩阵可以写作如下分块形式：

$$\boldsymbol{C}=\begin{bmatrix}\boldsymbol{J}+\sigma_{\mathrm{R}}^{2}\boldsymbol{I}_{M} & & \mathbf{0}\\ & \cdots & \\ \mathbf{0} & & \boldsymbol{J}+\sigma_{\mathrm{R}}^{2}\boldsymbol{I}_{M}\end{bmatrix}\in\mathbb{C}^{M^{2}\times M^{2}} \tag{2.149}$$

式 (2.149) 中，我们定义

$$\boldsymbol{J}=\boldsymbol{G}^{\mathrm{H}}\sum_{k=1}^{K}\boldsymbol{w}_{k}\boldsymbol{w}_{k}^{\mathrm{H}}\boldsymbol{G} \tag{2.150}$$

由此可见，式 (2.148) 中的 $\boldsymbol{\varepsilon}$ 实际上可以看作协方差矩阵为 $\boldsymbol{C}$ 的高斯色噪声。为消除其影响，我们对接收信号进行白化滤波（Whitening Filtering）。容易验证，$\boldsymbol{C}$ 和 $\boldsymbol{C}^{-1}$ 均为复对称正定矩阵，因此可以进行 Cholesky 分解。记 $\boldsymbol{C}^{-1}$ 的 Cholesky 分解为 $\boldsymbol{C}^{-1}=\boldsymbol{U}\boldsymbol{U}^{\mathrm{H}}$，其中 $\boldsymbol{U}$ 是下三角矩阵。利用 $\boldsymbol{U}^{\mathrm{H}}$ 进行白化滤波后，假设检验问题可被转化为

$$\tilde{\boldsymbol{y}}_{w}=\begin{cases}\mathcal{H}_{1}:\alpha\sqrt{LP_{\mathrm{R}}}\boldsymbol{U}^{\mathrm{H}}\boldsymbol{d}\left(\theta\right)+\boldsymbol{U}^{\mathrm{H}}\boldsymbol{\varepsilon}\\ \mathcal{H}_{0}:\boldsymbol{U}^{\mathrm{H}}\boldsymbol{\varepsilon}\end{cases} \tag{2.151}$$

其中，$\boldsymbol{d}\left(\theta\right)=\mathrm{vec}\left(\boldsymbol{A}\left(\theta\right)\right)$，$\boldsymbol{U}^{\mathrm{H}}\boldsymbol{\varepsilon}\sim\mathcal{CN}\left(0,\boldsymbol{I}_{M^{2}}\right)$。根据 GLRT 判决规则，如果

$$L_{\tilde{\boldsymbol{y}}}\left(\hat{\alpha},\hat{\theta}\right)=\frac{p\left(\tilde{\boldsymbol{y}}_{w};\hat{\alpha},\hat{\theta},\mathcal{H}_{1}\right)}{p\left(\tilde{\boldsymbol{y}}_{w};\mathcal{H}_{0}\right)}>\eta \tag{2.152}$$

则判 $\mathcal{H}_1$ 为真 [117]。其中，$p\left(\tilde{\boldsymbol{y}}_{w};\hat{\alpha},\hat{\theta},\mathcal{H}_{1}\right)$ 和 $p\left(\tilde{\boldsymbol{y}}_{w};\mathcal{H}_{0}\right)$ 分别为 $\mathcal{H}_1$ 和 $\mathcal{H}_0$ 下的似然函数，而 $\hat{\alpha}$ 和 $\hat{\theta}$ 则是 $\mathcal{H}_1$ 下的参数 MLE，满足 $\left[\hat{\alpha},\hat{\theta}\right]=\max\limits_{\alpha,\theta}p\left(\tilde{\boldsymbol{y}}_{w};\hat{\alpha},\hat{\theta},\mathcal{H}_{1}\right)$，$\eta$ 是判决门限。根据文献 [136]，对于给定的 θ，α 的 MLE 由式 (2.153) 给出：

$$\hat{\alpha}=\frac{\boldsymbol{d}^{\mathrm{H}}\left(\theta\right)\boldsymbol{C}^{-1}\tilde{\boldsymbol{y}}}{\boldsymbol{d}^{\mathrm{H}}\left(\theta\right)\boldsymbol{C}^{-1}\boldsymbol{d}\left(\theta\right)} \tag{2.153}$$

将式 (2.153) 代入 $\mathcal{H}_1$ 下的 PDF 函数，两边取对数，可以得到 θ 的 MLE 为

$$\hat{\theta}=\arg\max_{\theta}\frac{\left|\boldsymbol{d}^{\mathrm{H}}\left(\theta\right)\boldsymbol{C}^{-1}\tilde{\boldsymbol{y}}\right|^{2}}{\boldsymbol{d}^{\mathrm{H}}\left(\theta\right)\boldsymbol{C}^{-1}\boldsymbol{d}\left(\theta\right)} \tag{2.154}$$

因此，GLRT 检验统计量为

$$\begin{aligned}\ln L_{\tilde{\boldsymbol{y}}}\left(\hat{\theta}\right) &= \frac{\left|\boldsymbol{d}^{\mathrm{H}}\left(\hat{\theta}\right)\boldsymbol{U}\boldsymbol{U}^{\mathrm{H}}\tilde{\boldsymbol{y}}\right|^2}{\left\|\boldsymbol{U}^{\mathrm{H}}\boldsymbol{d}\left(\hat{\theta}\right)\right\|^2} = \frac{\left|\boldsymbol{d}^{\mathrm{H}}\left(\hat{\theta}\right)\boldsymbol{C}^{-1}\tilde{\boldsymbol{y}}\right|^2}{\boldsymbol{d}^{\mathrm{H}}\left(\hat{\theta}\right)\boldsymbol{C}^{-1}\boldsymbol{d}\left(\hat{\theta}\right)} \\ &= \frac{\left|\mathrm{tr}\left(\tilde{\boldsymbol{Y}}\boldsymbol{A}^{\mathrm{H}}\left(\hat{\theta}\right)\tilde{\boldsymbol{J}}^{-1}\right)\right|^2}{\mathrm{tr}\left(\boldsymbol{A}\left(\hat{\theta}\right)\boldsymbol{A}^{\mathrm{H}}\left(\hat{\theta}\right)\tilde{\boldsymbol{J}}^{-1}\right)} \underset{\mathcal{H}_0}{\overset{\mathcal{H}_1}{\gtrless}} \eta\end{aligned} \tag{2.155}$$

其中，$\tilde{\boldsymbol{J}} = \boldsymbol{J} + \sigma_{\mathrm{R}}^2\boldsymbol{I}_M$。根据文献 [117]，式 (2.155) 在两个假设下分别满足如下**渐进分布**（Asymptotic Distribution）：

$$\ln L_{\tilde{\boldsymbol{y}}}\left(\hat{\theta}\right) \overset{a}{\sim} \begin{cases} \mathcal{H}_0 : \mathcal{X}_2^2\left(\rho\right) \\ \mathcal{H}_1 : \mathcal{X}_2^2 \end{cases} \tag{2.156}$$

其中，$\overset{a}{\sim}$ 表示“渐进服从于”；$\mathcal{X}_2^2$ 和 $\mathcal{X}_2^2\left(\rho\right)$ 分别表示中心卡方分布与非中心卡方分布，且自由度为 2。

$\mathcal{X}_2^2\left(\rho\right)$ 对应的非中心参量为

$$\begin{aligned}\rho &= |\alpha|^2 L P_{\mathrm{R}} \mathrm{vec}^{\mathrm{H}}\left(\boldsymbol{A}\left(\theta\right)\right)\boldsymbol{C}^{-1}\mathrm{vec}\left(\boldsymbol{A}\left(\theta\right)\right) \\ &= \mathrm{SNR}_{\mathrm{R}}\sigma_{\mathrm{R}}^2\mathrm{tr}\left(\boldsymbol{A}\left(\theta\right)\boldsymbol{A}^{\mathrm{H}}\left(\theta\right)\left(\boldsymbol{J}+\sigma_{\mathrm{R}}^2\boldsymbol{I}_M\right)^{-1}\right)\end{aligned} \tag{2.157}$$

其中，我们定义雷达的 SNR 为 $\mathrm{SNR}_{\mathrm{R}} = \dfrac{|\alpha|^2 L P_{\mathrm{R}}}{\sigma_{\mathrm{R}}^2}$。正如1.4.1节所介绍的，雷达采用 Neyman-Pearson 准则进行目标检测，这意味着需要保持一个恒定的虚警概率（Constant False-alarm Rate，CFAR），同时使得检测概率 P_{D} 最大。给定虚警概率 P_{FA} 后，门限由式 (2.158) 给出：

$$\eta = \mathfrak{F}_{\mathcal{X}_2^2}^{-1}(1 - P_{\mathrm{FA}}) \tag{2.158}$$

其中，$\mathfrak{F}_{\mathcal{X}_2^2}^{-1}$ 表示中心卡方分布的 CDF 的逆函数。

在此门限下，检测概率 P_{D} 为

$$P_{\mathrm{D}} = 1 - \mathfrak{F}_{\mathcal{X}_2^2(\rho)}(\eta) = 1 - \mathfrak{F}_{\mathcal{X}_2^2(\rho)}\left(\mathfrak{F}_{\mathcal{X}_2^2}^{-1}\left(1 - P_{\mathrm{FA}}\right)\right) \tag{2.159}$$

其中，$\mathfrak{F}_{\mathcal{X}_2^2(\rho)}$ 表示非中心卡方分布的 CDF。

当基站使用 CI 预编码时，对于每一个通信符号，基站都必须有相应的预编码设计，这就意味着预编码向量是时间的函数。因此，利用简化模型 [式 (2.125)]，雷达的假设检验问题转化为

$$\boldsymbol{y}^{\mathrm{R}}[l]=\begin{cases}\mathcal{H}_1:\alpha\sqrt{P_{\mathrm{R}}}\boldsymbol{A}(\theta)\boldsymbol{s}_{\mathrm{R}}[l]+\boldsymbol{G}^{\mathrm{H}}\tilde{\boldsymbol{w}}[l]+\boldsymbol{z}[l],\ l=1,2,\cdots,L\\ \mathcal{H}_0:\boldsymbol{G}^{\mathrm{H}}\tilde{\boldsymbol{w}}[l]+\boldsymbol{z}[l],\quad l=1,2,\cdots,L\end{cases} \tag{2.160}$$

其中，$\tilde{\boldsymbol{w}}[l]=\boldsymbol{w}[l]\mathrm{e}^{\mathrm{j}\phi_1[l]}$。

由于 $\boldsymbol{w}[l]$ 没有闭式解，我们无从得知其精确的概率分布，因此，我们令

$$\boldsymbol{J}=\frac{1}{L}\sum_{l=1}^{L}\boldsymbol{G}^{\mathrm{H}}\tilde{\boldsymbol{w}}[l]\tilde{\boldsymbol{w}}^{\mathrm{H}}[l]\boldsymbol{G}=\frac{1}{L}\sum_{l=1}^{L}\boldsymbol{G}^{\mathrm{H}}\boldsymbol{w}[l]\boldsymbol{w}^{\mathrm{H}}[l]\boldsymbol{G} \tag{2.161}$$

再直接使用式 (2.155) 作为检测器进行判决。注意到给定信道实现 $\boldsymbol{G}$，由于 $\boldsymbol{G}^{\mathrm{H}}\boldsymbol{w}[l]$ 中的元素可以被视作多个随机变量的线性组合，根据中心极限定理，这一干扰近似服从高斯分布，所以使用式 (2.155) 进行假设检验至少是**次优的**。我们后续的数值仿真表明，虽然这一检测器对 CI 预编码不是最优的，但其最终性能仍然优于 IR 预编码。

2. 估计性能分析

我们使用 CRLB 来衡量雷达对参数 α 和 θ 的估计性能，首先需要对 Fisher 信息矩阵进行计算。不同于复 Fisher 信息矩阵 [见式 (2.18)]，这里我们对实参数进行分析。根据文献 [75]，实参数下的 Fisher 信息矩阵可以分块表示为

$$\boldsymbol{\xi}(\tilde{\boldsymbol{y}})=\begin{bmatrix}\xi_{\theta\theta} & \boldsymbol{\xi}_{\theta\alpha}^{\mathrm{T}}\\ \boldsymbol{\xi}_{\theta\alpha} & \boldsymbol{\xi}_{\alpha\alpha}\end{bmatrix} \tag{2.162}$$

其中，$\xi_{\theta\theta}\in\mathbb{R}$ 是标量，$\boldsymbol{\xi}_{\theta\alpha}\in\mathbb{R}^{2\times1}$ 是矢量，而 $\boldsymbol{\xi}_{\alpha\alpha}\in\mathbb{R}^{2\times2}$ 是矩阵。这是因为 θ 是实数，而 α 是复数。根据估计理论，θ 的 CRLB 为

$$\mathrm{CRLB}(\theta)=\left(\xi_{\theta\theta}-\boldsymbol{\xi}_{\theta\alpha}^{\mathrm{T}}\boldsymbol{\xi}_{\alpha\alpha}^{-1}\boldsymbol{\xi}_{\theta\alpha}\right)^{-1} \tag{2.163}$$

利用文献 [136] 中的式 (64)~ 式 (66)，我们直接给出 $\xi_{\theta\theta}$、$\boldsymbol{\xi}_{\alpha\alpha}$ 和 $\boldsymbol{\xi}_{\theta\alpha}$ 的表达式为

$$\begin{aligned}\xi_{\theta\theta}&=2|\alpha|^2LP_{\mathrm{R}}\mathrm{tr}\left(\dot{\boldsymbol{A}}(\theta)\dot{\boldsymbol{A}}^{\mathrm{H}}(\theta)\tilde{\boldsymbol{J}}^{-1}\right)\\ \boldsymbol{\xi}_{\alpha\alpha}&=2LP_{\mathrm{R}}\mathrm{tr}\left(\boldsymbol{A}(\theta)\boldsymbol{A}^{\mathrm{H}}(\theta)\tilde{\boldsymbol{J}}^{-1}\right)\boldsymbol{I}_2\\ \boldsymbol{\xi}_{\theta\alpha}&=2LP_{\mathrm{R}}\mathrm{Re}\left(\alpha^*\mathrm{tr}\left(\boldsymbol{A}(\theta)\dot{\boldsymbol{A}}^{\mathrm{H}}(\theta)\tilde{\boldsymbol{J}}^{-1}\right)(1;j)\right)\end{aligned} \tag{2.164}$$

其中，$\tilde{\boldsymbol{J}}=\boldsymbol{J}+\sigma_{\mathrm{R}}^2\boldsymbol{I}_M$，$\dot{\boldsymbol{A}}(\theta)=\dfrac{\partial\boldsymbol{A}(\theta)}{\partial\theta}$。将式 (2.164) 代入式 (2.163)，有

$$\mathrm{CRLB}(\theta)=\frac{\mathrm{tr}\left(\boldsymbol{A}\boldsymbol{A}^{\mathrm{H}}\tilde{\boldsymbol{J}}^{-1}\right)}{2\mathrm{SNR}_{\mathrm{R}}\sigma_{\mathrm{R}}^2\mathrm{tr}\left(\dot{\boldsymbol{A}}\dot{\boldsymbol{A}}^{\mathrm{H}}\tilde{\boldsymbol{J}}^{-1}\right)\mathrm{tr}\left(\boldsymbol{A}\boldsymbol{A}^{\mathrm{H}}\tilde{\boldsymbol{J}}^{-1}\right)-\left|\mathrm{tr}\left(\boldsymbol{A}\dot{\boldsymbol{A}}^{\mathrm{H}}\tilde{\boldsymbol{J}}^{-1}\right)\right|^2} \tag{2.165}$$

对于 IR 预编码和 CI 预编码，我们分别将式 (2.150) 与式 (2.161) 代入式 (2.165)，即相应地得到 CRLB。

2.3.5　数值仿真结果

本小节给出基于蒙特卡洛仿真的数值仿真结果，以验证本章提出的预编码设计的有效性。不失一般性，令 $P_{\mathrm{R}} = \dfrac{10}{M}$（单位为 kW），则雷达的总发射功率为 10kW，这与机场管控雷达的发射功率为同一量级。我们假设信道矢量服从零均值复高斯分布，即 $\boldsymbol{h}_i \sim \mathcal{CN}\left(0, \rho_1^2 \boldsymbol{I}\right)$，$\boldsymbol{f}_i \sim \mathcal{CN}\left(0, \rho_2^2 \boldsymbol{I}\right), \forall i$，$\boldsymbol{g}_m \sim \mathcal{CN}\left(0, \rho_3^2 \boldsymbol{I}\right), \forall m$。其中，$\rho_1$、$\rho_2$ 和 ρ_3 代表大尺度衰落因子。在典型的机场管控雷达与 LTE 系统共存的场景中，雷达到基站的距离往往是基站到用户的距离的上百倍[14]，因此我们假设 $\rho_1 = 1$，$\rho_2 = \rho_3 = 2 \times 10^{-3}$。由于雷达与通信系统工作在同一频段，噪声功率相等，我们假设 $\sigma_{\mathrm{R}}^2 = \sigma_{\mathrm{C}}^2 = 10^{-4}$。同时，为了简便起见，令雷达 INR 和通信用户 SINR 门限满足 $R_m = R$，$\Gamma_i = \Gamma, \forall i, \forall m$。对于鲁棒预编码设计，假设误差的范数界满足 $\delta_{hi}/\rho_1 = \delta_{fi}/\rho_2 = \delta_{gm}/\rho_3 = \delta, \forall i, \forall m$。此外，除非特别说明，否则本小节所有的仿真中，通信系统均采用 QPSK 调制，并有 $N = 10$ 和 $K = M = 5$。

1. 基站发射功率比较

图2.15展示了两种预编码方案在基站所需的平均发射功率的对比。其中，我们固定雷达的 INR 门限 $R = -4$dB，并分别求解问题 $\mathcal{P}_0$ 和 $\mathcal{P}_5$。对于 CI 预编码，我们

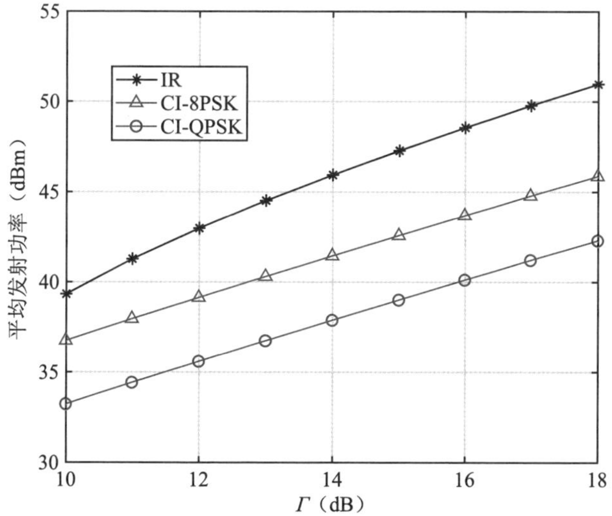

图 2.15　基站平均发射功率与 SINR 门限 Γ 的关系，$R = -4$dB

研究了 QPSK 和 8PSK 两种调制方式。随着 SINR 门限的增加，所需的发射功率也随之增加。然而，相对于 IR 预编码设计，由于 CI 预编码利用了 MUI，因此所需的发射功率远小于前者。此外我们还观察到，使用 QPSK 的 CI 预编码比使用 8PSK 要节省约 3dB 发射功率。这是因为 QPSK 星座点的建设性区域大小是 8PSK 的 2 倍，因此其约束更为松弛，可以得到性能更为优异的解。进一步地，图2.16展示了基站平均发射功率与雷达 INR 门限的权衡曲线，其中通信的 SINR 门限 Γ 分别固定为 10dB 和 17dB。我们观察到，在两种门限下，CI 预编码所需的基站平均发射功率均小于 46dBm（约 40W），而 IR 预编码则需要超过 50dBm（约 100W）的平均发射功率来达到同样的性能要求。

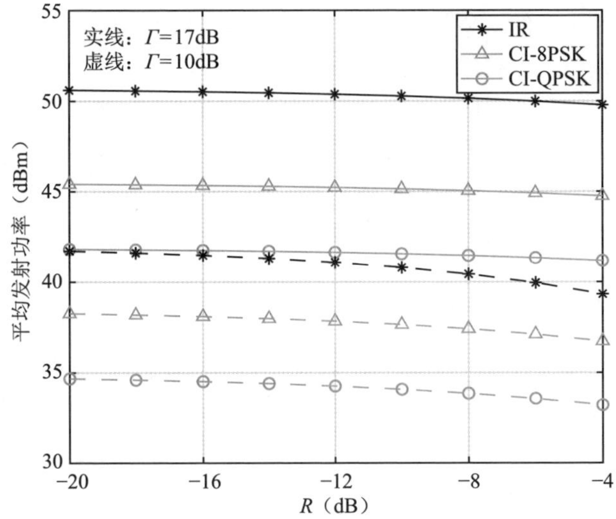

图 2.16　基站平均发射功率与雷达 INR 门限 R 的权衡曲线

2. 对雷达性能的影响

图2.17～图2.19展示了一系列有关雷达性能指标的结果。为体现这一点，我们分别求解了 2.3.2 节和 2.3.3 节讨论的两个干扰最小化问题，即 IR 预编码问题 $\mathcal{P}_1$ 和 CI 预编码问题 $\mathcal{P}_6$，并研究了基站干扰对雷达检测性能和估计性能的影响。其中，MIMO 雷达所使用的波形为 20 位的 m 序列，其待探测目标方位角为 $\theta = \pi/5$。图2.17展示了雷达的平均检测概率 $P_{\rm D}$ 与其接收 SNR 的关系，实线和虚线分别表示仿真值和理论渐进值。基站的发射功率预算 $P = 30$dBm，下行用户的 SINR 门限 $\Gamma = 24$dB，雷达的虚警概率 $P_{\rm FA} = 10^{-5}$。可以观察到，IR 预编码和 CI 预编码的理论渐进检测性能都与仿真结果相吻合。此外，CI 预编码具有比 IR 预编码具有更佳的性能。例如在 $P_{\rm D} = 0.95$ 时，CI 预编码与 IR 预编码相比具有 4dB 增益。

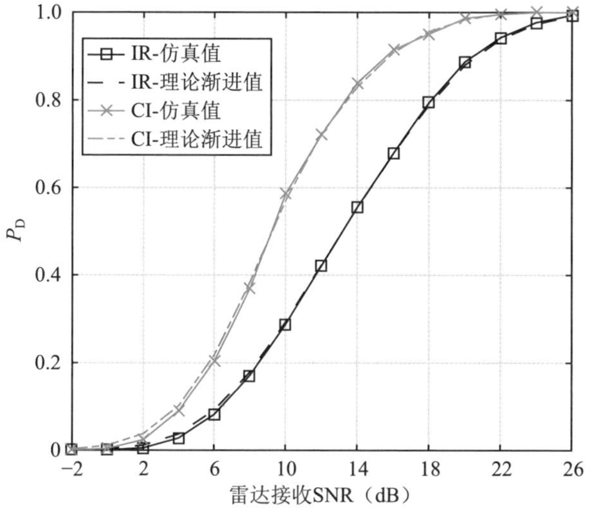

图 2.17　雷达的平均检测功率 P_D 与其接收 SNR 的关系， $P = 30\text{dBm}, \Gamma = 24\text{dB}, P_{FA} = 10^{-5}$

图2.18展示了雷达与通信之间的一个重要权衡，即雷达平均检测概率 P_D 与通信用户的 SINR 门限 Γ 的关系。其中，$P = 25\text{dBm}$，$P_{FA} = 10^{-5}$。可以看到，SINR 门限升高导致了雷达平均检测概率的下降，且在 $P_D = 0.9$ 时，CI 预编码与 IR 预编码相比仍然有大约 1dB 的增益。结合图2.17与图2.18的仿真结果，我们看到，当基站采取 CI 预编码方案时，尽管其对雷达的干扰不一定是高斯分布，GLRT 检测器 [式 (2.155)] 的使用仍是合理的。

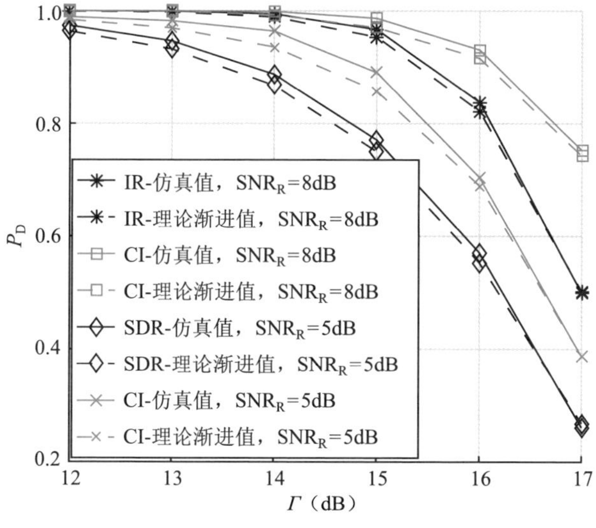

图 2.18　雷达平均检测概率 P_D 与通信用户的 SINR 门限 Γ 的关系， $P = 25\text{dBm}$，$P_{FA} = 10^{-5}$

进一步地，图2.19展示了雷达对目标到达角的均方根误差（Root Mean Squared Error，RMSE）与通信用户 SINR 门限 Γ 的关系，其中雷达的 $\mathrm{SNR_R}$ 设为 8dB，基站发射功率 P 的预算为 25dBm。这里，我们使用 MLE[式 (2.154)] 对 θ 进行估计，图中记为“MLE”，并考察其对应的估计性能下界，图中记为“CRLB”。可以看到，两种预编码方案下，雷达的估计性能均以其所对应的 CRLB 为下限，这与参数估计理论是一致的。正如预料，CI 预编码的性能仍然优于 IR 预编码。

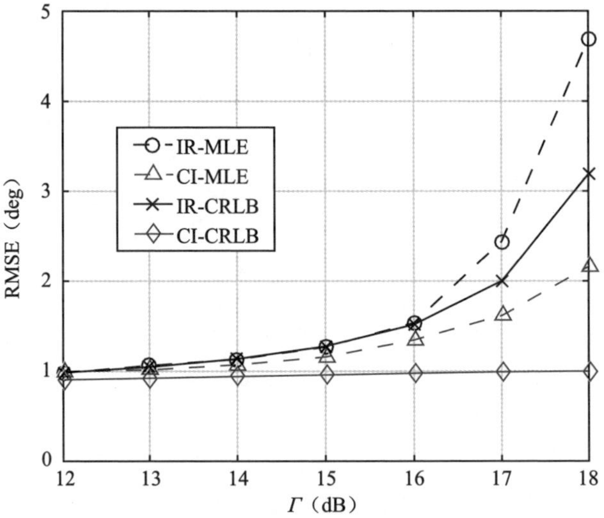

图 2.19　雷达对目标到达角的 RMSE 与通信用户 SINR 门限 Γ 的关系，$P = 25\mathrm{dBm}$，$\mathrm{SNR_R} = 8\mathrm{dB}$

3. 鲁棒预编码设计

通过求解问题 $\mathcal{P}_3$ 和 $\mathcal{P}_8$，图2.20与图2.21给出了不完美 CSI 下的鲁棒预编码设计结果。图2.20展示了不完美 CSI 下，基站平均发射功率与 CSI 误差范数界的关系。对于每一条曲线，图例标明了存在误差的信道，而剩余的信道 CSI 是完美已知的。其中，固定通信 SINR 门限 $\Gamma = 15\mathrm{dB}$，雷达 INR 门限 $R = 10\mathrm{dB}$。我们看到随着误差范数界的增加，两种预编码方案下的基站平均发射功率都增加了，这是符合直觉的，因为当 CSI 变得更不确定时，基站需要消耗更大的功率去克服误差。此外还可以看到，CI 预编码对于 CSI 误差具有更强的耐受能力。图2.21则展示了不完美 CSI 下，基站平均发射功率与通信用户 SINR 门限 Γ 的关系，其中我们固定信道 CSI 误差 $\delta^2 = 2 \times 10^{-4}$，雷达 INR 门限 $R = 10\mathrm{dB}$。图2.21中的趋势与图2.20一致。在同频共存场景中，基站和用户分别通过监听雷达信号，并利用本章介绍的算法来估计信道 $\boldsymbol{G}$ 和 $\boldsymbol{F}$，用户再将信道 $\boldsymbol{F}$ 反馈至基站，因此，后者的 CSI 将有可能存在更大的误差。值得注意的是，在图 2.20 和图 2.21 中，我们看到信道 $\boldsymbol{F}$ 的误差对系统性能的影响较小。因此，对该信道 CSI 的准确性要求与其他两组信道相比可以更低一些。

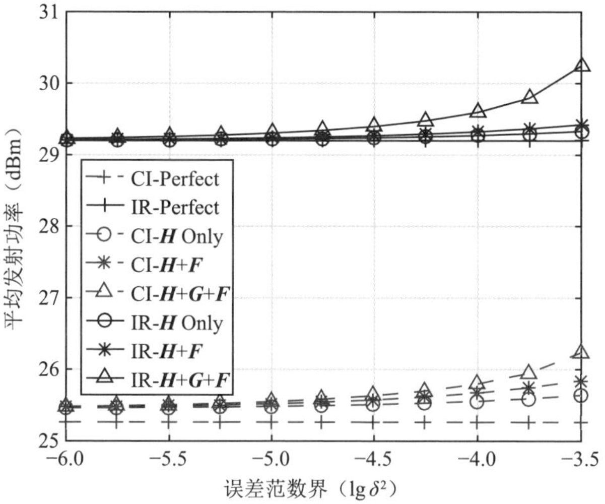

图 2.20　不完美 CSI 下，基站平均发射功率与 CSI 误差范数界的关系，$\Gamma = 15\text{dB}$，$R = 10\text{dB}$

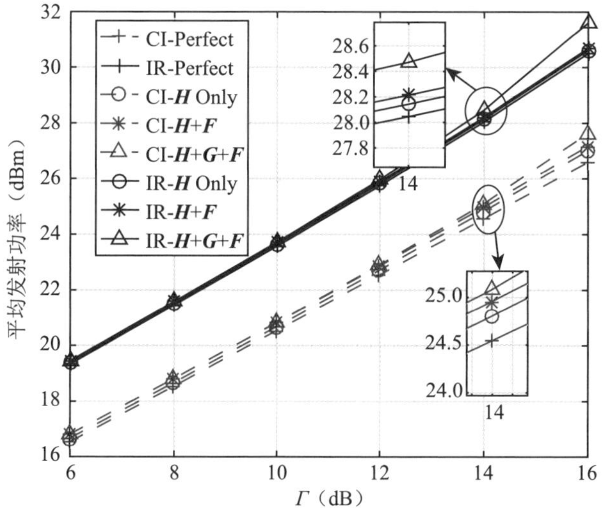

图 2.21　不完美 CSI 下，基站平均发射功率与通信用户 SINR 门限 Γ 的关系，$\delta^2 = 2 \times 10^{-4}$，$R = 10\text{dB}$

2.4　本章小结

本章讨论了 MIMO 雷达与通信基站同频共存时的两个核心问题，即互干扰信道估计问题和预编码设计问题。

本章首先讨论了互干扰信道估计问题，我们假设雷达工作在“搜索与跟踪”模式。在该模式下，根据待探测目标状态的不同，雷达的探测波形将在每个脉冲重复周期内随机传输。而基站需要根据接收到的雷达信号，对互干扰信道进行估计。根据基站对雷达波形参数信息的了解程度，我们分别设计了不同的假设检验方法来判断雷达处于何种工作状态，并据此进行信道参数的估计。同时，我们还对检测与估计性能进行了理论分析，并给出了对应的数值仿真结果。结果显示，理论值与仿真值吻合。此外，仿真结果还显示，在基站对雷达波形所知有限甚至无知的情况下，我们仍然可以对信道的参数进行估计。这进一步证明了在雷达与基站非协作时，基站仍然可以获得互干扰信道的状态信息。

在获得互干扰信道状态信息后，本章进一步讨论了同频共存的预编码设计问题。具体而言，我们设计了两种基于凸优化的预编码方案来实现 MIMO 雷达与 MU-MISO 下行通信链路的同频共存，即 IR 预编码方案与 CI 预编码方案。在 IR 预编码中，通信系统的 MUI 被视为有害的，因此需要被抑制；在 CI 预编码中，我们则利用 MUI 来增强系统性能。我们同时还考虑了两种优化准则：一是在保证基站对雷达的干扰小于后者的容忍门限，以及通信用户的 SINR 满足其要求的同时，最小化基站的发射功率；二是在保证基站的发射功率不超过其预算，且下行通信用户的 SINR 达到要求的同时，最小化基站对雷达的干扰功率。在完美 CSI 假设与不完美 CSI 假设下，我们均给出了相应的优化问题设计。最后，我们分析了基站干扰对雷达性能指标的影响，推导了雷达检测概率与其 CRLB 的闭合表达式。仿真结果显示，CI 预编码与 IR 预编码相比，具有可观的性能增益。此外，雷达性能的仿真曲线与理论值能够较好地吻合。

第3章 雷达通信一体化波束赋形技术

从本章开始，我们研究MIMO雷达通信一体化系统，该系统可使雷达与通信不仅能够共享工作频段，还能够共享硬件平台。正如本书第1章中所介绍的，雷达通信一体化系统的应用场景与实用价值已经远远超出了频谱共享的范畴，被拓展至车联网与智能交通、Wi-Fi室内定位与感知、无人机网络等多种新兴场景。本章围绕雷达通信一体化波束赋形问题，首先探讨基于波束图样逼近的一体化波束赋形，然后在此基础上，进一步研究雷达估计性能最优的一体化波束赋形。最后，本章讨论了雷达通信一体化安全波束赋形设计。

3.1 雷达通信一体化主要研究的问题

与雷达通信同频共存相比，雷达通信一体化需要实现雷达感知与无线通信功能的深度融合，因此涉及的问题更加基础，也更贴近本质。总体而言，我们可以将这一领域的研究分为以下几类。

（1）雷达通信一体化信息论

为了揭示雷达通信一体化的信息论本质，需要对雷达通信一体化信息论进行研究。与传统香农信息论不同的是，雷达探测具有不同的性能指标和极限。例如，目标检测性能由检测概率、虚警概率给出，目标参数估计方差的最优下界则由CRLB给出。需要在此基础上建立新的雷达通信一体化信息论，探明二者的最佳性能边界及性能折中。

（2）雷达通信一体化信号处理

雷达通信一体化的信号处理具体包括一体化波形设计、联合发射波束赋形、联合信号接收等，总体可以归纳为时频域信号处理和空域信号处理两个方面。此外，从功能优先级的角度看，还可以将一体化信号处理思想分为以雷达为主的（Radar Centric）一体化设计、以通信为主的（Communication Centric）一体化设计和联合加权设计（Joint Design）3种类型。目前，国内外对于雷达通信一体化的研究主要集中在信号处理这一方面。

（3）雷达通信一体化协议及系统架构设计

从工作体制来看，通信一般采用时分双工或频分双工，而雷达则可大致分为脉冲式雷达与连续波雷达。为实现雷达与通信体制的进一步融合，需要设计新的传输协议与系统架构，以实现雷达与通信功能的互不干扰甚至协同传输。此外，已有雷达通信一体化系统往往工作在 Sub-10GHz 频段。未来的一体化应用场景（例如车联网、无人机集群等网络）将会在毫米波频段对感知与通信功能进行融合，以同时提供高精度定位与高速率通信服务。因此，需要设计低成本、低复杂度和高效率的毫米波雷达通信一体化的新系统架构。

3.2 基于波束图样逼近的一体化波束赋形

2014年以前，与雷达通信一体化波形设计有关的研究多集中在单天线系统[81, 84, 86-87]。近年来，随着多天线技术在通信领域的发展与成熟，学术界开始探索结合 MIMO 通信与 MIMO 雷达的可能性，即利用多天线带来的空域自由度与波形分集来实现雷达通信一体化。其中，一个重要问题就是一体化波束赋形设计。具体而言，我们需要设计一种波束赋形器（Beamformer），使得一体化系统**既能探测雷达目标，又能与下行链路中的多个用户进行通信**。截至本书成稿之日，已有的文献多假设通信用户工作在视距信道，因此可以简单地利用 MIMO 雷达波束图样来传递信息，例如副瓣的高低[93]、加权矢量的相位[94]等。然而，在实际情况中，通信用户往往工作在衰落信道内，这导致以上基于视距信道假设的方案难以实现。值得注意的是，现有文献均利用一个或多个雷达脉冲表示一个通信符号，这使得通信速率与雷达的 PRF 相当，即 kbit/s 量级或 Mbit/s 量级，这种量级往往难以满足高速率通信业务的需求。此外，现有方案中，通信用户的接收 SINR 往往没有进行人为控制，这会导致其性能无法得到保障。综上所述，我们需要回答如下问题。

（1）当通信用户工作在衰落信道内时，如何通过波束赋形设计来实现一体化系统的雷达功能与通信功能？

（2）如何通过波束赋形设计，在保证一体化系统雷达功能的同时，使得通信系统的速率不受影响？

本节针对以上问题提出了两种波束赋形方案：一种是分离式波束赋形，即将天线阵列分为雷达子阵列和通信子阵列，在分别完成各自功能的同时，不干扰对方的工作；另一种是共享式波束赋形，即将一体化系统的整个天线阵列同时用于雷达探测与下行通信链路。这两种方案的总体思想都是**在保障下行链路服务质量的同时，逼近某一预先设计好的雷达波束图样**。值得一提的是，在两种天线阵列部署下，通信系统均能够按照正常的速率工作。

3.2.1 雷达通信一体化下行链路模型

考虑一种 MIMO 雷达通信一体化基站，该基站的系统可以在服务多个下行链路中的通信用户的同时，对雷达目标进行探测。具体而言，假设该基站装备有 N 个天线的 ULA，并与 K 个单天线通信用户进行通信。针对这一场景，本小节推导两种天线阵列部署方式的参数模型。

1. 分离式部署

如图3.1（a）所示，分离式部署是将整个天线阵列分成两组子阵列：一组为 N_{C} 个通信天线，另一组为 N_{R} 个雷达天线。在这一部署下，第 i 个用户的接收信号可以表示为

$$y_i^{\mathrm{C}}[l]=\boldsymbol{g}_i^{\mathrm{H}}\sum_{k=1}^{K}\boldsymbol{t}_k s_{\mathrm{C},k}[l]+\boldsymbol{f}_i^{\mathrm{H}}\boldsymbol{s}_{\mathrm{R}}[l]+z_i[l],\forall i \tag{3.1}$$

其中，$\boldsymbol{g}_i\in\mathbb{C}^{N_{\mathrm{C}}\times 1}$ 和 $\boldsymbol{f}_i\in\mathbb{C}^{N_{\mathrm{R}}\times 1}$ 分别是通信子阵列与雷达子阵列对第 i 个用户的信道矢量；$s_{\mathrm{C},i}[l]$ 和 $z_i[l]\sim\mathcal{CN}(0,N_0)$ 分别代表在第 l 个时刻，第 i 个用户的通信符号与高斯噪声；$\boldsymbol{t}_i\in\mathbb{C}^{N_{\mathrm{C}}\times 1}$ 则代表第 i 个用户的波束赋形矢量；$\boldsymbol{s}_{\mathrm{R}}[l]\in\mathbb{C}^{N_{\mathrm{R}}\times 1}$ 是第 l 个时刻的雷达信号矢量。雷达信号的样本协方差矩阵为 $\dfrac{1}{L}\sum\limits_{l=1}^{L}\boldsymbol{s}_{\mathrm{R}}[l]\boldsymbol{s}_{\mathrm{R}}^{\mathrm{H}}[l]=\boldsymbol{R}_1\in\mathbb{C}^{N_{\mathrm{R}}\times N_{\mathrm{R}}}$，其中 L 是雷达脉冲的长度。

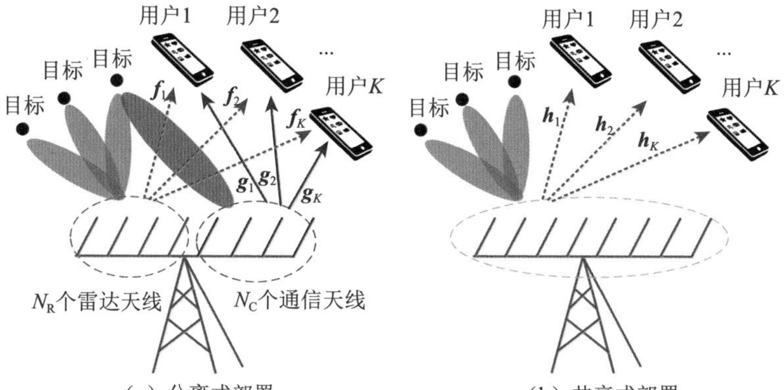

（a）分离式部署　　　　（b）共享式部署

图 3.1　MIMO 雷达通信一体化基站的天线阵列部署

对于分离式部署，我们有如下假设。

假设 3.1：分离式部署下的一体化系统，其通信信号与雷达信号统计独立。

假设 3.2：一体化系统与用户之间的信道为瑞利平坦衰落信道，记作 $\boldsymbol{H}=[\boldsymbol{h}_1,\boldsymbol{h}_2,\cdots,\boldsymbol{h}_K]\in\mathbb{C}^{N\times K}$，其中 $\boldsymbol{h}_i=[\boldsymbol{f}_i;\boldsymbol{g}_i]\in\mathbb{C}^{N\times 1}$。我们假设这一信道的 CSI 可被导频信号准确估计。

根据假设 3.1，分离式部署允许雷达天线发射任意雷达信号。

令 $\boldsymbol{T}_k=\boldsymbol{t}_k\boldsymbol{t}_k^{\mathrm{H}}$，则通信发射功率为

$$P_1 = \sum_{k=1}^{K} \|\boldsymbol{t}_k\|^2 = \sum_{k=1}^{K} \operatorname{tr}(\boldsymbol{T}_k) \tag{3.2}$$

由式 (3.2)，第 i 个用户的 SINR 定义为

$$\beta_i = \frac{\left|\boldsymbol{g}_i^{\mathrm{H}} \boldsymbol{t}_i\right|^2}{\sum\limits_{\substack{k=1 \\ k \neq i}}^{K} \left|\boldsymbol{g}_i^{\mathrm{H}} \boldsymbol{t}_k\right|^2 + \boldsymbol{f}_i^{\mathrm{H}} \boldsymbol{R}_1 \boldsymbol{f}_i + N_0} = \frac{\operatorname{tr}\left(\boldsymbol{g}_i \boldsymbol{g}_i^{\mathrm{H}} \boldsymbol{T}_i\right)}{\operatorname{tr}\left(\boldsymbol{g}_i \boldsymbol{g}_i^{\mathrm{H}} \sum\limits_{\substack{k=1 \\ k \neq i}}^{K} \boldsymbol{T}_k\right) + \operatorname{tr}\left(\boldsymbol{f}_i \boldsymbol{f}_i^{\mathrm{H}} \boldsymbol{R}_1\right) + N_0} \tag{3.3}$$

在式 (3.3) 的分母中，第一项为 MUI，第二项为雷达信号对通信用户的干扰。同时，由于 MU-MIMO 下行系统中通常假设通信符号是标准复高斯分布，因此其通信天线发射信号的协方差矩阵可被记为

$$\boldsymbol{C}_1 = \sum_{k=1}^{K} \boldsymbol{T}_k \tag{3.4}$$

2. 共享式部署

在共享式部署中，一体化系统中的所有 N 个天线被同时用来进行雷达探测和下行通信，如图3.1（b）所示。此时，第 i 个用户收到的信号为

$$y_i^{\mathrm{C}}[l] = \boldsymbol{h}_i^{\mathrm{H}} \sum_{k=1}^{K} \boldsymbol{w}_k s_{\mathrm{C},k}[l] + z_i[l], \forall i \tag{3.5}$$

其中，$\boldsymbol{w}_i \in \mathbb{C}^{N\times 1}$ 表示第 i 个用户的波束赋形矢量。我们有如下假设。

假设 3.3：共享式部署下的一体化系统中，其通信信号同时也被用作雷达探测信号。

假设 3.4：与假设 3.2 一致，信道 $\boldsymbol{H}$ 为瑞利平坦衰落，且其 CSI 可被导频信号准确估计。

与分离式部署不同，共享式部署并不允许我们自由设计雷达信号。这是因为根据假设 3.3，通信信号将被同时用于雷达探测。在后续内容中，我们将说明，采用共享式部署获得的收益将远远大于其所付出的代价。进一步注意到，在两种天线阵列部署下，我们并没有像文献 [93-94] 一样依托于雷达的波束赋形来传递通信信息，而是允许通信系统**按照正常的速率进行信号的发射**。因此，这两种部署下的通信速率将高于已有的经典方案。

类似地，一体化系统的总发射功率为

$$P_2 = \sum_{k=1}^{K} \|\boldsymbol{w}_k\|^2 = \sum_{k=1}^{K} \operatorname{tr}(\boldsymbol{W}_k) \tag{3.6}$$

其中，$\boldsymbol{W}_k = \boldsymbol{w}_k\boldsymbol{w}_k^{\mathrm{H}}$。第 i 个用户的接收 SINR 为

$$\gamma_i = \frac{\left|\boldsymbol{h}_i^{\mathrm{H}}\boldsymbol{W}_i\right|^2}{\sum\limits_{\substack{k=1\\k\neq i}}^{K}\left|\boldsymbol{h}_i^{\mathrm{H}}\boldsymbol{w}_k\right|^2 + N_0} = \frac{\mathrm{tr}\left(\boldsymbol{h}_i\boldsymbol{h}_i^{\mathrm{H}}\boldsymbol{W}_i\right)}{\mathrm{tr}\left(\boldsymbol{h}_i\boldsymbol{h}_i^{\mathrm{H}}\sum\limits_{\substack{k=1\\k\neq i}}^{K}\boldsymbol{W}_k\right) + N_0} \tag{3.7}$$

与式 (3.3) 不同，在式 (3.7) 的分母中仅存在 MUI，而不存在雷达对用户的干扰。同理，发射信号的协方差矩阵为

$$\boldsymbol{C}_2 = \sum_{k=1}^{K}\boldsymbol{W}_k \tag{3.8}$$

3.2.2　雷达通信一体化波束图样设计

我们需要为雷达通信一体化系统设计满足如下要求的波束赋形器：

（1）波束赋形器所产生的发射波束图样逼近雷达波束图样；

（2）通信用户的接收 SINR 大于给定门限；

（3）发射功率小于等于总功率预算。

在本小节中，我们首先回顾集中式 MIMO 雷达的经典波束图样设计方案，然后将这些方案与通信性能约束相结合，以确保所得到的波束赋形器满足上述 3 个要求。我们注意到，在雷达系统中，通常要求发射波形是恒包络的。然而，波束赋形设计仅仅对波束赋形矩阵进行优化，并不涉及具体的发射波形。因此，在本章中我们不考虑波形约束，并在后续章节中详细讨论恒包络波形的设计问题。

1. MIMO 雷达的经典波束图样设计

根据已有文献 [57, 142]，在给定天线阵列几何的条件下，MIMO 雷达波束图样由其波形协方差矩阵唯一确定。这说明，MIMO 雷达波束图样设计等同于波形协方差矩阵的设计。一般地，这类问题可利用凸优化方法进行求解。例如，文献 [143] 利用以下有约束最小二乘（Constrained Least-squares）优化来逼近给定的理想波束图样：

$$\min_{\alpha,\boldsymbol{R}}\sum_{m=1}^{M}\left|\alpha\tilde{P}_{\mathrm{d}}\left(\theta_m\right) - \boldsymbol{a}^{\mathrm{H}}\left(\theta_m\right)\boldsymbol{R}\boldsymbol{a}\left(\theta_m\right)\right|^2 \tag{3.9a}$$

$$\text{s.t.}\ \ \mathrm{diag}\left(\boldsymbol{R}\right) = \frac{P_0\boldsymbol{1}}{N_{\mathrm{t}}} \tag{3.9b}$$

$$\boldsymbol{R}\succeq 0,\ \boldsymbol{R} = \boldsymbol{R}^{\mathrm{H}} \tag{3.9c}$$

$$\alpha\geqslant 0 \tag{3.9d}$$

其中，$\{\theta_m\}_{m=1}^{M}$ 为一个覆盖探测角度范围为 $[-\pi/2,\pi/2]$ 的细密网格（Fine Grid）；$\boldsymbol{a}(\theta_m)=[1,\mathrm{e}^{\mathrm{j}2\pi\Delta\sin(\theta_m)},\cdots,\mathrm{e}^{\mathrm{j}2\pi(N_\mathrm{t}-1)\Delta\sin(\theta_m)}]^\mathrm{T}\in\mathbb{C}^{N\times 1}$ 是发射天线阵列的方向矢量，其中 Δ 是信号波长归一化后的相邻天线间隔，N_t 是天线数量；$\tilde{P}_\mathrm{d}(\theta_m)$ 是 θ_m 处的理想波束图样增益；$\boldsymbol{R}$ 表示波形协方差矩阵；P_0 表示发射功率预算；α 是缩放因子；$\boldsymbol{1}=[1,1,\cdots,1]^\mathrm{T}\in\mathbb{R}^{N\times 1}$ 被定义为全 1 矢量。式 (3.9) 中，约束 [式 (3.9b)] 确保了每一个天线的平均发射功率都相等。

为了生成给定 3dB 主瓣宽度的波束图样，文献 [57] 提出了如下优化问题：

$$\begin{aligned}
\min_{t,\boldsymbol{R}}\quad & -t\\
\text{s.t.}\quad & \boldsymbol{a}^\mathrm{H}(\theta_0)\boldsymbol{R}\boldsymbol{a}(\theta_0)-\boldsymbol{a}^\mathrm{H}(\theta_m)\boldsymbol{R}\boldsymbol{a}(\theta_m)\geqslant t,\forall\theta_m\in\Omega\\
& \boldsymbol{a}^\mathrm{H}(\theta_1)\boldsymbol{R}\boldsymbol{a}(\theta_1)=\boldsymbol{a}^\mathrm{H}(\theta_0)\boldsymbol{R}\boldsymbol{a}(\theta_0)/2\\
& \boldsymbol{a}^\mathrm{H}(\theta_2)\boldsymbol{R}\boldsymbol{a}(\theta_2)=\boldsymbol{a}^\mathrm{H}(\theta_0)\boldsymbol{R}\boldsymbol{a}(\theta_0)/2\\
& \boldsymbol{R}\succeq 0，\boldsymbol{R}=\boldsymbol{R}^\mathrm{H}\\
& \mathrm{diag}(\boldsymbol{R})=\frac{P_0\boldsymbol{1}}{N_\mathrm{t}}
\end{aligned}\tag{3.10}$$

其中，θ_0 代表主瓣位置，$\theta_2-\theta_1$ 决定了主瓣的 3dB 宽度，Ω 代表副瓣区域。注意到以上两个问题均为凸问题，因此可以利用 CVX 工具包求解。

2. 分离式波束赋形设计

我们首先考虑一体化系统分离式部署的波束赋形设计。我们注意到在该部署中，雷达天线子阵列对通信用户造成了干扰，因此考虑利用零空间投影方法消除干扰 [59,64]，即要求雷达信号落入雷达子阵列到用户信道的零空间中。这一约束可以被等价地写作

$$\mathbb{E}\left\{\left\|\boldsymbol{f}_i^\mathrm{H}\boldsymbol{s}_\mathrm{R}[l]\right\|^2\right\}=\boldsymbol{f}_i^\mathrm{H}\mathbb{E}\left\{\boldsymbol{s}_\mathrm{R}[l]\boldsymbol{s}_\mathrm{R}^\mathrm{H}[l]\right\}\boldsymbol{f}_i=\mathrm{tr}\left(\boldsymbol{f}_i\boldsymbol{f}_i^\mathrm{H}\boldsymbol{R}_1\right)=0,\forall i\tag{3.11}$$

将式 (3.11) 引入式 (3.9) 和式 (3.10) 中，我们称之为分离式部署的迫零波束赋形（Zero-forcing Beamforming）。由于雷达天线数量为 N_R，通过求解对应优化问题，我们得到维度为 $N_\mathrm{R}\times N_\mathrm{R}$ 的雷达协方差矩阵 $\boldsymbol{R}_1$。式 (3.9) 和式 (3.10) 的迫零版本分别为

$$\begin{aligned}
\min_{\alpha,\boldsymbol{R}_1}\quad & \sum_{m=1}^{M}\left|\alpha\tilde{P}_\mathrm{d}(\theta_m)-\boldsymbol{a}^\mathrm{H}(\theta_m)\boldsymbol{R}_1\boldsymbol{a}(\theta_m)\right|^2\\
\text{s.t.}\quad & \mathrm{diag}(\boldsymbol{R}_1)=\frac{P_\mathrm{R}\boldsymbol{1}}{N}\\
& \boldsymbol{R}_1\succeq 0，\boldsymbol{R}_1=\boldsymbol{R}_1^\mathrm{H}\\
& \alpha\geqslant 0\\
& \mathrm{tr}\left(\boldsymbol{f}_i\boldsymbol{f}_i^\mathrm{H}\boldsymbol{R}_1\right)=0,\forall i
\end{aligned}\tag{3.12}$$

$$
\begin{aligned}
&\min_{t,\boldsymbol{R}_1} \ -t \\
&\text{s.t.} \quad \boldsymbol{a}_1^{\mathrm{H}}(\theta_0)\boldsymbol{R}_1\boldsymbol{a}_1(\theta_0)-\boldsymbol{a}_1^{\mathrm{H}}(\theta_m)\boldsymbol{R}_1\boldsymbol{a}_1(\theta_m)\geqslant t,\forall\theta_m\in\varOmega \\
&\qquad \boldsymbol{a}_1^{\mathrm{H}}(\theta_1)\boldsymbol{R}_1\boldsymbol{a}_1(\theta_1)=\boldsymbol{a}_1^{\mathrm{H}}(\theta_0)\boldsymbol{R}_1\boldsymbol{a}_1(\theta_0)/2 \\
&\qquad \boldsymbol{a}_1^{\mathrm{H}}(\theta_2)\boldsymbol{R}_1\boldsymbol{a}_1(\theta_2)=\boldsymbol{a}_1^{\mathrm{H}}(\theta_0)\boldsymbol{R}_1\boldsymbol{a}_1(\theta_0)/2 \\
&\qquad \boldsymbol{R}_1\succeq 0，\ \boldsymbol{R}_1=\boldsymbol{R}_1^{\mathrm{H}} \\
&\qquad \operatorname{diag}(\boldsymbol{R}_1)=\frac{P_{\mathrm{R}}\mathbf{1}}{N} \\
&\qquad \operatorname{tr}\left(\boldsymbol{f}_i\boldsymbol{f}_i^{\mathrm{H}}\boldsymbol{R}_1\right)=0,\forall i
\end{aligned} \tag{3.13}
$$

其中，$\boldsymbol{a}(\theta_m)=[\boldsymbol{a}_1(\theta_m);\boldsymbol{a}_2(\theta_m)],\forall m$，且 $\boldsymbol{a}_1(\theta_m)\in\mathbb{C}^{N_{\mathrm{R}}\times 1}$，$\boldsymbol{a}_2(\theta_m)\in\mathbb{C}^{N_{\mathrm{C}}\times 1},\forall m$ 分别为雷达子阵列和通信子阵列的方向矢量；P_{R} 则是雷达子阵列的发射功率预算。

根据假设 3.1，雷达信号与通信信号统计独立，因此两者之间的互协方差矩阵为 0 矩阵，可以容易地证明一体化系统发射信号的总协方差矩阵为

$$
\tilde{\boldsymbol{C}}=\begin{bmatrix}\boldsymbol{R}_1 & \mathbf{0}\\ \mathbf{0} & \boldsymbol{C}_1\end{bmatrix}=\begin{bmatrix}\boldsymbol{R}_1 & \mathbf{0}\\ \mathbf{0} & \sum\limits_{k=1}^{K}\boldsymbol{T}_k\end{bmatrix} \tag{3.14}
$$

因此，在 θ_m 处的波束图样为

$$
P_{\mathrm{d}}(\theta_m)=\boldsymbol{a}^{\mathrm{H}}(\theta_m)\tilde{\boldsymbol{C}}\boldsymbol{a}(\theta_m)=\boldsymbol{a}_1^{\mathrm{H}}(\theta_m)\boldsymbol{R}_1\boldsymbol{a}_1(\theta_m)+\boldsymbol{a}_2^{\mathrm{H}}(\theta_m)\sum_{k=1}^{K}\boldsymbol{T}_k\boldsymbol{a}_2(\theta_m) \tag{3.15}
$$

若式 (3.15) 中的总波束图样与由式 (3.9) 和式 (3.10) 得到的波束图样完美吻合，则应有如下等式成立：

$$
\boldsymbol{a}_2^{\mathrm{H}}(\theta_m)\sum_{k=1}^{K}\boldsymbol{T}_k\boldsymbol{a}_2(\theta_m)=\sigma\boldsymbol{a}_1^{\mathrm{H}}(\theta_m)\boldsymbol{R}_1\boldsymbol{a}_1(\theta_m),\forall m \tag{3.16}
$$

其中，$\sigma\geqslant 0$ 是缩放因子。引入如下标记：

$$
\begin{aligned}
&\boldsymbol{A}=[\boldsymbol{a}(\theta_1),\cdots,\boldsymbol{a}(\theta_M)]\in\mathbb{C}^{N\times M} \\
&\boldsymbol{A}_1=[\boldsymbol{a}_1(\theta_1),\cdots,\boldsymbol{a}_1(\theta_M)]\in\mathbb{C}^{N_{\mathrm{R}}\times M} \\
&\boldsymbol{A}_2=[\boldsymbol{a}_2(\theta_1),\cdots,\boldsymbol{a}_2(\theta_M)]\in\mathbb{C}^{N_{\mathrm{C}}\times M}
\end{aligned} \tag{3.17}
$$

则式 (3.16) 可被写作

$$\operatorname{diag}\left(\boldsymbol{A}_2^{\mathrm{H}}\sum_{i=1}^{K}\boldsymbol{T}_i\boldsymbol{A}_2\right)=\sigma\operatorname{diag}\left(\boldsymbol{A}_1^{\mathrm{H}}\boldsymbol{R}_1\boldsymbol{A}_1\right) \tag{3.18}$$

因此，一体化系统的下行波束赋形优化问题为

$$\begin{aligned}
\min_{\sigma,\boldsymbol{T}_i}\ & \left\|\operatorname{diag}\left(\boldsymbol{A}_2^{\mathrm{H}}\sum_{i=1}^{K}\boldsymbol{T}_i\boldsymbol{A}_2-\sigma\boldsymbol{A}_1^{\mathrm{H}}\boldsymbol{R}_1\boldsymbol{A}_1\right)\right\|^2\\
\text{s.t.}\ & \beta_i\geqslant\Gamma_i,\forall i\\
& P_1\leqslant P_{\mathrm{C}}\\
& \sigma\geqslant 0\\
& \boldsymbol{T}_i\succeq 0，\boldsymbol{T}_i=\boldsymbol{T}_i^{\mathrm{H}}\\
& \operatorname{rank}(\boldsymbol{T}_i)=1,\forall i
\end{aligned} \tag{3.19}$$

其中，Γ_i 是第 i 个用户的 SINR 门限，P_1 和 β_i 分别由式 (3.2) 和式 (3.3) 定义，P_{C} 是通信发射功率预算。由于秩约束的存在，不难看出式 (3.19) 是非凸的。我们利用 SDR 方法对其进行求解 [137]。注意到忽略秩约束后，式 (3.19) 是 SDP 问题。对 SDP 进行求解后，利用 PCA 或者高斯随机化 [137]（Gaussian Randomization）方法即可得到原问题的近似 rank-1 解。读者可以参考本书第 2 章中对 SDR 方法的推导，这里不再赘述。

我们将分离式部署的迫零波束赋形设计总结在算法 3.1 中。

算法 3.1 分离式部署的迫零波束赋形

输入： $\boldsymbol{H}$，$\Gamma_1,\Gamma_2,\cdots,\Gamma_K$，$P_0$，以及雷达波束图样要求。

输出： $\boldsymbol{W}_i,\forall i$。

1. 求解式 (3.12) 和式 (3.13)，得到雷达子阵列的波形协方差矩阵 $\boldsymbol{R}_1\in\mathbb{C}^{N_{\mathrm{R}}\times N_{\mathrm{R}}}$；
2. 将 $\boldsymbol{R}_1$ 代入式 (3.19)，忽略秩约束并求解对应的 SDP 问题；
3. 利用 PCA 或高斯随机化方法求得近似解，以此作为通信子阵列的波束赋形矩阵。

3. 共享式波束赋形设计

在分离式部署中，由于雷达信号与通信信号的统计独立性，我们可以灵活地采用任意雷达波形。然而，由于雷达波形对通信用户造成了干扰，我们不得不引入迫零约束来进行消除。事实上，由于迫零约束 [式 (3.11)] 是一个较强的约束，它将极有可能导致系统整体性能的恶化。一种折中的方法是将迫零约束替换成不等式，即令雷达子阵列对通信用户的干扰小于给定门限。然而，这种替代**仍然为问题引入了多余的约束条件**。

在共享式部署下，雷达的待探测目标可以被看作视距信道中的**虚拟下行用户**。在这一视角下，共享式部署的波束赋形设计等同于视距信道中的虚拟用户与衰落信道中的真实用户之间的功率分配问题。不同的是，对于前者，我们通过形成给定的雷达

波束图样来满足要求；对于后者，我们则通过达到给定的 SINR 门限来满足要求。基于以上讨论，共享式波束赋形设计首先需要将整个一体化基站视作具有 N 个天线的经典 MIMO 雷达，并求解式 (3.9) 和式 (3.10) 来得到一个参考雷达波形协方差矩阵 $\boldsymbol{R}_2 \in \mathbb{C}^{N\times N}$，再将 $\boldsymbol{R}_2$ 代入如下通信波束赋形问题①：

$$\min_{\boldsymbol{W}_i} \left\| \sum_{i=1}^{K} \boldsymbol{W}_i - \boldsymbol{R}_2 \right\|_{\mathrm{F}}^2 \tag{3.20a}$$

$$\text{s.t.}\ \ \gamma_i \geqslant \Gamma_i, \forall i \tag{3.20b}$$

$$\operatorname{diag}\left(\sum_{i=1}^{K} \boldsymbol{W}_i\right) = \frac{P_0 \mathbf{1}}{N} \tag{3.20c}$$

$$\boldsymbol{W}_i \succeq 0，\boldsymbol{W}_i = \boldsymbol{W}_i^{\mathrm{H}}，\operatorname{rank}(\boldsymbol{W}_i) = 1, \forall i \tag{3.20d}$$

其中，P_0 和 γ_i 分别是总功率预算和第 i 个下行用户的 SINR，后者的定义由式 (3.7) 给出。γ_i 与分离式部署中的 β_i 是不同的，这是因为雷达信号不会对通信用户造成干扰。此外，与式 (3.19) 不同，在式 (3.20) 中，等式约束 [式 (3.20c)] 要求系统利用所有的功率预算进行发射，这是因为在实际情形中，雷达通常需要工作在最大可用功率，以保证其探测距离 [142]。直观地看，与分离式波束赋形相比，共享式波束赋形具有更佳的性能。

3.2.3　数值仿真结果

本小节给出基于蒙特卡洛仿真的数值仿真结果，用以验证本章提出的波束赋形方案的有效性。在所有的仿真中，我们设 $P_0 = 20\text{dBm}$、$N = 20$、$N_0 = 0\text{dBm}$，并假设一体化系统的天线间距为半波长。我们同时也假设信道矩阵 $\boldsymbol{H}$ 的各个元素服从独立同分布的标准复高斯分布。对有约束波束赋形问题 [式 (3.19) 和式 (3.20)]，我们使用经典的 SDR 方法，并利用 MATLAB 中的 CVX 工具包进行求解 [134]。我们将参考雷达波束图样和雷达通信一体化波束图样简记为“Radar-only”和“RadCom”。为了比较本章提出的两种天线阵列部署的性能，我们在图3.2（a）和图3.2（b）中分别展示了分离式部署与共享式部署下的多波束图样，其中的参考雷达波束图样分别通过求解最小二乘问题 [式 (3.12) 和式 (3.9)] 获得。随后，又分别将得到的参考协方差矩阵代入式 (3.19) 和式 (3.20) 并求解，得到雷达通信一体化波束图样。

图 3.2 中，5 个波束的位置分别为 $[-60°, -36°, 0°, 36°, 60°]$，通信用户数量 $K = 4$ 个，SINR 门限设为 $\Gamma = 10\text{dB}$。对于分离式部署，我们假设 $N_{\mathrm{R}} = 14$，$N_{\mathrm{C}} = 6$，$P_{\mathrm{R}} = P_{\mathrm{C}} = P_0/2$，即雷达阵列与天线阵列的天线数量分别为 14 和 6，且发射功率均为总功率

① 注意此处 $\boldsymbol{R}_2$ 的求解不再需要迫零约束 [式 (3.11)]。

的一半。从图中可以看出，由于缺少足够的自由度，分离式部署的波束图样性能较差；同时，共享式部署的波束图样性能远好于前者，其峰值甚至高过了参考雷达波束。

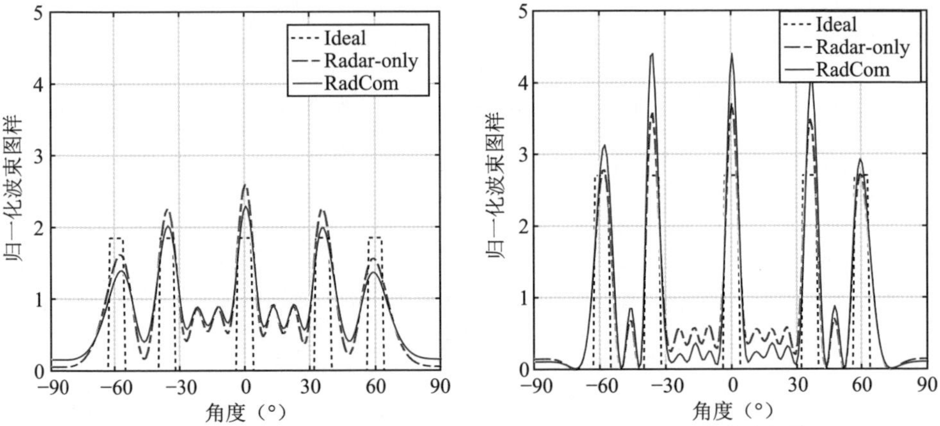

（a）分离式部署　　（b）共享式部署

图 3.2　多波束赋形性能对比，$\Gamma = 10\text{dB}$，$K = 4$

在图3.3中，我们进一步展示了 3dB 波束赋形性能。其中，两张分图中的参考雷达波束图样分别通过求解 3dB 波束赋形问题 [式 (3.10) 和式 (3.13)] 获得。随后，同样将得到的参考协方差矩阵代入式 (3.19) 和式 (3.20)，得到雷达通信一体化波束图样。图 3.3 中，波束图样的主瓣位于 0°，且其 3dB 宽度为 10°，其他所有参数与图3.2一致。可以看到，在分离式部署下，一体化波束图样的峰值旁瓣比（Peak Sidelobe Ratio，PSLR）

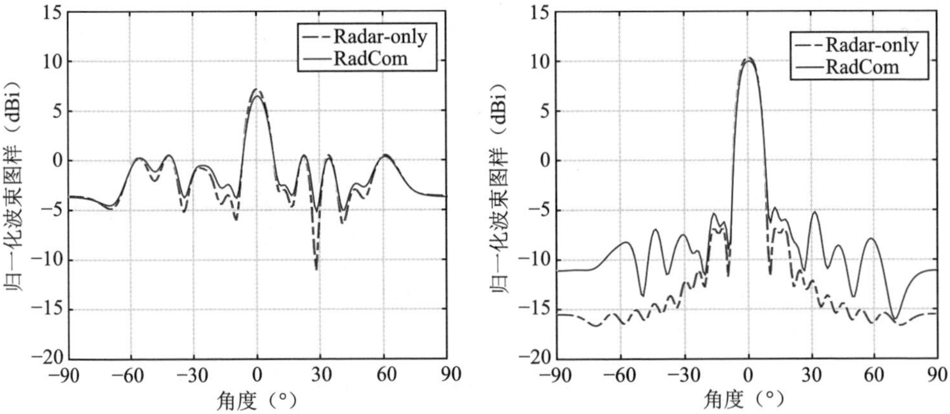

（a）分离式部署　　（b）共享式部署

图 3.3　3dB 波束赋形性能对比，$\Gamma = 10\text{dB}$，$K = 4$

为 7dB；而在共享式部署下，PSLR 达到了 15dB。在实际情形中，如果参考雷达波束图样具有更好的 PSLR 性能，我们的方法也能对之进行逼近。然而，为了将注意力集中在一体化波束赋形上，我们简单地采用了经典的波束图样设计方案 [式 (3.10)]。

图3.4展示了在一体化系统 3dB 波束赋形中得到的 PSLR 与下行通信用户 SINR 的权衡曲线，其他参数与图3.2和图3.3完全一致。我们再一次观察到，对于固定的 SINR 值，共享式部署下的 PSLR 比分离式部署高出近 8dB。

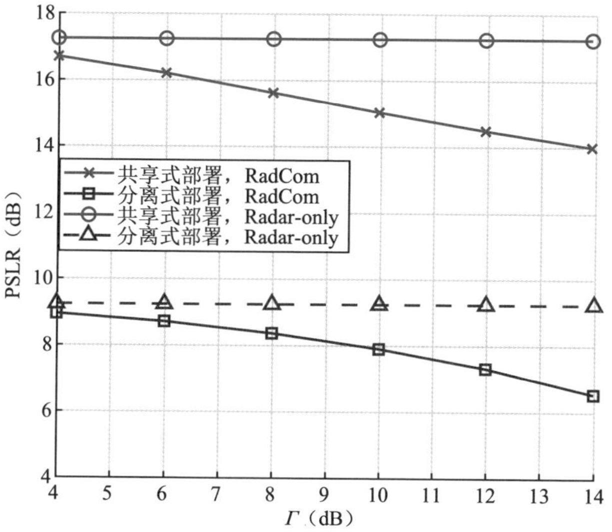

图 3.4 在一体化系统3dB 波束赋形中得到的 PSLR 与下行通信用户 SINR（Γ）的权衡曲线， $P_0 = 20\text{dBm}$，$K = 4$

3.3 估计性能最优的一体化波束赋形

在 3.2 节中，我们给出了一种基于波束图样逼近的一体化波束赋形方法（以下简称逼近法），即：在最小二乘原则下，逼近给定 MIMO 雷达波束图样的同时，满足多个通信用户的 QoS 需求。该方法虽然能够在一定程度上实现雷达通信一体化传输，但仍然存在两个缺陷：第一，逼近法仅在发射端进行优化，忽略了雷达接收端的信号处理；第二，逼近法通过近似最佳 MIMO 雷达波束图样，仅能获得次优的雷达性能，难以对雷达的检测/估计性能进行直接优化。为进一步提升波束赋形性能，本节介绍一种雷达估计性能最优的一体化波束赋形。我们考虑两种雷达目标模型——点目标和扩展目标，在两种场景下分别对一体化波束赋形进行分析与设计。特别地，为刻画雷达估计性能，我们推导了两种目标模型下的 CRLB，并以此作为目标函数，在通信用户的

SINR 约束下，对波束赋形矩阵进行优化设计。尽管两类优化问题均是非凸问题，我们仍能在单用户场景下给出两种波束赋形矩阵的解析解。在多用户场景下，我们证明两类优化问题均具有隐藏的凸性（Hidden Convexity），因而其全局最优解可以通过数值方法在多项式时间内获得。

3.3.1 系统模型

鉴于共享式部署与分离式部署相比具有更佳的性能，本小节中我们考虑共享式部署。具体而言，MIMO 雷达通信一体化基站装备有 $N_{\rm t}$ 个发射天线和 $N_{\rm r}$ 个接收天线，且均为均匀线性阵列（Uniform Linear Array，ULA），其天线间隔为半波长。假设一体化基站在服务 K 个单天线下行用户的同时，对单个目标进行探测。不失一般性，我们假设 $K < N_{\rm t} < N_{\rm r}$。

令 $\boldsymbol{X} \in \mathbb{C}^{N_{\rm t}\times L}$ 表示窄带雷达通信一体化信号矩阵，其中 $L > N_{\rm t}$ 表示雷达脉冲/通信帧的长度。从通信的观点来看，矩阵 $\boldsymbol{X}$ 的第 (i,j) 个元素 $x_{i,j}$ 代表在第 i 个天线和第 j 个时隙上发射的离散信号采样；从雷达的观点看，$x_{i,j}$ 代表第 i 个天线上的第 j 个雷达快时间轴上的快拍。在实际情形下，为产生连续信号，需要将 $x_{i,j}$ 通过赋形滤波器，或与雷达子脉冲进行关联。

发射一体化信号对目标进行探测后，在目标所在的时延-多普勒单元内，一体化基站接收机收到如下回波信号：

$$\boldsymbol{Y}_{\rm R} = \boldsymbol{G}\boldsymbol{X} + \boldsymbol{Z}_{\rm R} \tag{3.21}$$

其中，$\boldsymbol{Z}_{\rm R}$ 表示加性高斯白噪声矩阵，方差为 $\sigma_{\rm R}^2$；$\boldsymbol{G} \in \mathbb{C}^{N_{\rm r}\times N_{\rm t}}$ 代表目标响应矩阵（Target Response Matrix，TRM）。

根据目标模型的不同，式 (3.21) 中的 $\boldsymbol{G}$ 具有不同的形式。具体而言，我们考虑如下两种目标模型。

（1）**点目标**：在该场景下，目标相对于一体化基站位于远场。例如，距离基站较远的无人机就可以看作一个点目标。此时，TRM 可以写作

$$\boldsymbol{G} = \alpha \boldsymbol{b}(\theta)\,\boldsymbol{a}^{\rm H}(\theta) \triangleq \alpha \boldsymbol{A}(\theta) \tag{3.22}$$

其中，$\alpha \in \mathbb{C}$ 表示反射系数，包含双程路损和目标的 RCS；θ 代表目标相对于基站的方位角；$\boldsymbol{a}(\theta)$ 和 $\boldsymbol{b}(\theta)$ 分别表示发射方向矢量和接收方向矢量。

（2）**扩展目标**：在该场景下，目标相对于一体化基站位于其近场，从而可以建模为一个由大量散射点构成的反射表面。例如，车辆或者行人均可以看作扩展目标。因此，TRM 可以表示为

$$\boldsymbol{G}=\sum_{i=1}^{N_{\mathrm{s}}}\alpha_i\boldsymbol{b}\left(\theta_i\right)\boldsymbol{a}^{\mathrm{H}}\left(\theta_i\right) \tag{3.23}$$

其中，N_{s} 代表散射体的数量，α_i 和 θ_i 代表第 i 个散射点的反射系数和角度。

由于窄带信号假设，我们仅考虑目标的角度扩展，并进一步假设所有的散射点都位于同一个距离单元内。对于扩展目标，我们一般希望直接对 TRM[式 (3.21) 中的 $\boldsymbol{G}$] 的元素进行直接估计。给定 $\boldsymbol{G}$ 以后，我们可以进一步利用 MUSIC 算法或者 APES 算法提取多个散射体的角度及幅度信息。

下面我们介绍在点目标与扩展目标两种场景下如何刻画雷达和通信的性能指标。我们利用 CRLB 来刻画目标估计性能，并用每个用户的接收 SINR 来刻画通信系统的服务质量。

1. 点目标场景下的性能刻画

对于点目标场景，我们直接根据文献 [75,136] 给出 MIMO 雷达对目标角度 θ 和目标幅度 α 进行估计的 CRLB：

$$\mathrm{CRLB}\left(\theta\right)=\frac{\sigma_{\mathrm{R}}^2\mathrm{tr}\left(\boldsymbol{A}^{\mathrm{H}}\left(\theta\right)\boldsymbol{A}\left(\theta\right)\boldsymbol{R}_X\right)}{2\left|\alpha\right|^2L\left(\mathrm{tr}\left(\dot{\boldsymbol{A}}^{\mathrm{H}}\left(\theta\right)\dot{\boldsymbol{A}}\left(\theta\right)\boldsymbol{R}_X\right)\mathrm{tr}\left(\boldsymbol{A}^{\mathrm{H}}\left(\theta\right)\boldsymbol{A}\left(\theta\right)\boldsymbol{R}_X\right)-\left|\mathrm{tr}\left(\dot{\boldsymbol{A}}^{\mathrm{H}}\left(\theta\right)\boldsymbol{A}\left(\theta\right)\boldsymbol{R}_X\right)\right|^2\right)} \tag{3.24}$$

$$\mathrm{CRLB}\left(\alpha\right)=\frac{\sigma_{\mathrm{R}}^2\mathrm{tr}\left(\dot{\boldsymbol{A}}^{\mathrm{H}}\left(\theta\right)\dot{\boldsymbol{A}}\left(\theta\right)\boldsymbol{R}_X\right)}{L\left(\mathrm{tr}\left(\boldsymbol{A}^{\mathrm{H}}\left(\theta\right)\boldsymbol{A}\left(\theta\right)\boldsymbol{R}_X\right)\mathrm{tr}\left(\dot{\boldsymbol{A}}^{\mathrm{H}}\left(\theta\right)\dot{\boldsymbol{A}}\left(\theta\right)\boldsymbol{R}_X\right)-\left|\mathrm{tr}\left(\dot{\boldsymbol{A}}^{\mathrm{H}}\left(\theta\right)\boldsymbol{A}\left(\theta\right)\boldsymbol{R}_X\right)\right|^2\right)}$$

其中，

$$\boldsymbol{R}_X=\frac{1}{L}\boldsymbol{X}\boldsymbol{X}^{\mathrm{H}}=\frac{1}{L}\boldsymbol{W}_{\mathrm{D}}\boldsymbol{S}_{\mathrm{C}}\boldsymbol{S}_{\mathrm{C}}^{\mathrm{H}}\boldsymbol{W}_{\mathrm{D}}^{\mathrm{H}}=\boldsymbol{W}_{\mathrm{D}}\boldsymbol{W}_{\mathrm{D}}^{\mathrm{H}} \tag{3.25}$$

是 $\boldsymbol{X}$ 的样本协方差矩阵，且有 $\dot{\boldsymbol{A}}\left(\theta\right)=\dfrac{\partial\boldsymbol{A}\left(\theta\right)}{\partial\theta}$。

将一体化信号矩阵 $\boldsymbol{X}$ 发送给 K 个用户以后，用户端的接收信号矩阵可以表示为

$$\boldsymbol{Y}_{\mathrm{C}}=\boldsymbol{H}\boldsymbol{X}+\boldsymbol{Z}_{\mathrm{C}} \tag{3.26}$$

其中，$\boldsymbol{Z}_{\mathrm{C}}\in\mathbb{C}^{K\times L}$ 是高斯白噪声矩阵，方差为 σ_{C}^2；$\boldsymbol{H}=\left[\boldsymbol{h}_1,\boldsymbol{h}_2,\cdots,\boldsymbol{h}_K\right]^{\mathrm{H}}\in\mathbb{C}^{K\times N_{\mathrm{t}}}$ 是通信信道矩阵，其中的每个元素满足独立同分布，且为一体化基站完美已知。发射信号矩阵 $\boldsymbol{X}$ 可以进一步写作

$$\boldsymbol{X}=\boldsymbol{W}_{\mathrm{D}}\boldsymbol{S}_{\mathrm{C}} \tag{3.27}$$

其中，$\boldsymbol{W}_{\mathrm{D}}$ 是我们要设计的雷达通信一体化波束赋形矩阵，$\boldsymbol{S}_{\mathrm{C}} \in \mathbb{C}^{K \times L}$ 则包含了发射给 K 个用户的 K 个单位功率的数据流。我们假设 K 个数据流彼此正交，于是有

$$\frac{1}{L}\boldsymbol{S}_{\mathrm{C}}\boldsymbol{S}_{\mathrm{C}}^{\mathrm{H}} = \boldsymbol{I}_K \tag{3.28}$$

进一步地，将 $\boldsymbol{W}_{\mathrm{D}}$ 表示为 $\boldsymbol{W}_{\mathrm{D}} = [\boldsymbol{w}_1, \boldsymbol{w}_2, \cdots, \boldsymbol{w}_K]$，则第 k 个用户的 SINR 可以表示为

$$\gamma_k = \frac{\left|\boldsymbol{h}_k^{\mathrm{H}}\boldsymbol{w}_k\right|^2}{\sum\limits_{i=1, i\neq k}^{K}\left|\boldsymbol{h}_k^{\mathrm{H}}\boldsymbol{w}_i\right|^2 + \sigma_{\mathrm{C}}^2} \tag{3.29}$$

2. 扩展目标场景下的性能刻画

在扩展目标场景下，式 (3.21) 是关于待估计变量 $\boldsymbol{G}$ 的线性高斯模型，其 Fisher 信息矩阵可以表示为 [144, 75]

$$\boldsymbol{J} = \frac{1}{\sigma_{\mathrm{R}}^2 N_{\mathrm{r}}}\boldsymbol{X}\boldsymbol{X}^{\mathrm{H}} = \frac{L}{\sigma_{\mathrm{R}}^2 N_{\mathrm{r}}}\boldsymbol{R}_X \tag{3.30}$$

注意到

$$\operatorname{rank}(\boldsymbol{X}) \leqslant \min\left\{\operatorname{rank}(\boldsymbol{W}_{\mathrm{D}}), \operatorname{rank}(\boldsymbol{S}_{\mathrm{C}})\right\} = K < N_{\mathrm{t}} \leqslant L \tag{3.31}$$

则 $\boldsymbol{X} \in \mathbb{C}^{N_{\mathrm{t}} \times L}$ 为秩亏矩阵。如此一来，如果我们仅发送 K 个数据流，则回波信号中可用的自由度将不足以重建 rank-N_{t} 的矩阵 $\boldsymbol{G}$。此外，Fisher 信息矩阵 $\boldsymbol{J}$ 将退化为不可逆的奇异矩阵（Singular Matrix）。根据文献 [144-145]，这将导致无偏估计不存在。值得注意的是，在点目标场景中 K 个自由度已经完全足以获取 θ 和 α 的估计，因而并不存在这一问题。对于扩展目标场景，我们可以利用文献 [144] 中的方法，将 $\boldsymbol{G}$ 约束在某一子集中，并考虑一种改进的 CRLB。然而，由于缺乏足够的自由度，且无法对目标进行无偏估计，雷达感知性能将不可避免地有所下降。为保证雷达性能，我们针对扩展目标场景，为 $\boldsymbol{X}$ 引入一种额外结构，从而将雷达目标估计的可用自由度增加至最大（即 N_{t}）。具体而言，我们将在已有的 K 个数据流以外，再传输额外的感知信号流。注意这些额外的信号流并不携带通信数据，而是仅仅用于目标探测。考虑增广数据矩阵：

$$\tilde{\boldsymbol{S}} = \begin{bmatrix} \boldsymbol{S}_{\mathrm{C}} \\ \boldsymbol{S}_{\mathrm{A}} \end{bmatrix} \in \mathbb{C}^{(K+N_{\mathrm{t}}) \times L} \tag{3.32}$$

其中，$\boldsymbol{S}_{\mathrm{A}} \in \mathbb{C}^{N_{\mathrm{t}} \times L}$ 表示仅用来感知的信号流，且与数据流 $\boldsymbol{S}_{\mathrm{C}}$ 正交。因此我们仍有

$$\frac{1}{L}\tilde{\boldsymbol{S}}\tilde{\boldsymbol{S}}^{\mathrm{H}} = \boldsymbol{I}_{K+N_{\mathrm{t}}} \tag{3.33}$$

我们进一步将波束赋形矩阵增广为

$$\widetilde{\boldsymbol{W}}_{\mathrm{D}}=\left[\boldsymbol{w}_1,\boldsymbol{w}_2,\cdots,\boldsymbol{w}_{K+N_{\mathrm{t}}}\right]=\left[\boldsymbol{W}_{\mathrm{C}},\boldsymbol{W}_{\mathrm{A}}\right]\in\mathbb{C}^{(K+N_{\mathrm{t}})\times N_{\mathrm{t}}} \tag{3.34}$$

其中，$\boldsymbol{W}_{\mathrm{C}}=[\boldsymbol{w}_1,\cdots,\boldsymbol{w}_K]\in\mathbb{C}^{N_{\mathrm{t}}\times K}$ 是通信波束赋形矩阵，$\boldsymbol{W}_{\mathrm{A}}=[\boldsymbol{w}_{K+1},\cdots,\boldsymbol{w}_{K+N_{\mathrm{t}}}]\in\mathbb{C}^{N_{\mathrm{t}}\times N_{\mathrm{t}}}$ 是针对感知信号流 $\boldsymbol{S}_{\mathrm{A}}$ 设计的辅助波束赋形矩阵。通过设计 $\widetilde{\boldsymbol{W}}_{\mathrm{D}}$，$\boldsymbol{X}=\widetilde{\boldsymbol{W}}_{\mathrm{D}}\tilde{\boldsymbol{S}}$ 将具有满秩 N_{t}。注意在这一雷达通信一体化信号模型中，$\widetilde{\boldsymbol{W}}_{\mathrm{D}}$ 整体用来感知扩展目标，且用以保证估计性能及无偏估计的可行性；而 $\widetilde{\boldsymbol{W}}_{\mathrm{D}}$ 的前 K 行，即通信波束赋形矩阵 $\boldsymbol{W}_{\mathrm{C}}$，则用来传输通信数据。

根据以上内容可知，$\boldsymbol{X}$ 的协方差矩阵

$$\boldsymbol{R}_X=\widetilde{\boldsymbol{W}}_{\mathrm{D}}\widetilde{\boldsymbol{W}}_{\mathrm{D}}^{\mathrm{H}}=\boldsymbol{W}_{\mathrm{C}}\boldsymbol{W}_{\mathrm{C}}^{\mathrm{H}}+\boldsymbol{W}_{\mathrm{A}}\boldsymbol{W}_{\mathrm{A}}^{\mathrm{H}} \tag{3.35}$$

是满秩矩阵且可逆。因此，矩阵 $\boldsymbol{G}$ 的 CRLB 可以表示为

$$\mathrm{CRLB}\left(\boldsymbol{G}\right)=\mathrm{tr}\left(\boldsymbol{J}^{-1}\right)=\frac{\sigma_{\mathrm{R}}^2N_{\mathrm{r}}}{L}\mathrm{tr}\left(\boldsymbol{R}_X^{-1}\right) \tag{3.36}$$

根据线性高斯模型的特性，利用 MLE 可以达到以上 CRLB。此时，其 MSE 等于 CRLB。

由于 $\boldsymbol{S}_{\mathrm{A}}$ 并不携带信息，感知信号流将对通信用户造成干扰。此时，第 k 个用户的接收 SINR 可以表示为

$$\tilde{\gamma}_k=\frac{\left|\boldsymbol{h}_k^{\mathrm{H}}\boldsymbol{w}_k\right|^2}{\sum\limits_{i=1,i\neq k}^{K}\left|\boldsymbol{h}_k^{\mathrm{H}}\boldsymbol{w}_i\right|^2+\left\|\boldsymbol{h}_k^{\mathrm{H}}\boldsymbol{W}_{\mathrm{A}}\right\|^2+\sigma_{\mathrm{C}}^2} \tag{3.37}$$

其中，雷达干扰体现在分母上。

3.3.2　点目标场景下的联合波束赋形

1. 优化问题建模

在点目标场景下，我们在最小化角度估计的 CRLB 的同时，保证通信用户的 SINR 需求，以及总的发射功率约束。此时，问题可以建模为

$$\begin{aligned}&\min_{\boldsymbol{W}_{\mathrm{D}}}\ \mathrm{CRLB}\left(\theta\right)\\&\text{s.t.}\ \ \gamma_k\geqslant\mathit{\Gamma}_k,\forall k\\&\qquad\left\|\boldsymbol{W}_{\mathrm{D}}\right\|_{\mathrm{F}}^2\leqslant P_{\mathrm{T}}\end{aligned} \tag{3.38}$$

其中，$\varGamma_k$ 是第 k 个用户的 SINR 门限，P_{T} 代表最大发射功率。为简便起见，且鉴于 $\mathrm{CRLB}\,(\alpha)$ 与 $\mathrm{CRLB}\,(\theta)$ 具有类似的形式，我们将不详细讨论关于 $\mathrm{CRLB}\,(\alpha)$ 的优化问题。从式 (3.24) 可以看到，虽然 $\mathrm{CRLB}\,(\theta)$ 依赖 θ 的真值，但我们仍然可以将式 (3.38) 解释为：在某一感兴趣的方向对 $\boldsymbol{W}_{\mathrm{D}}$ 进行优化，而该方向（θ）上可能有潜在目标。这是雷达目标跟踪场景下的典型场景，即雷达朝某个估计或预测的方向进行波束赋形，从而跟踪目标的运动。因此，我们不考虑 α 的估计，并将其包含在雷达接收 SNR 中。

下面，我们分别在单用户和多用户两种情形下，对式 (3.38) 进行分析。

2. 单用户场景

首先，我们将 ULA 的中心设置为参考相位点。此时，发射阵列矢量及其导数可以写作（假设偶数个天线）[136]

$$\boldsymbol{a}\,(\theta) = \left[\mathrm{e}^{-\mathrm{j}\frac{N_{\mathrm{t}}-1}{2}\pi\sin\theta}, \mathrm{e}^{-\mathrm{j}\frac{N_{\mathrm{t}}-3}{2}\pi\sin\theta}, \cdots, \mathrm{e}^{\mathrm{j}\frac{N_{\mathrm{t}}-1}{2}\pi\sin\theta}\right]^{\mathrm{T}} \tag{3.39}$$

$$\dot{\boldsymbol{a}}\,(\theta) = \left[-\mathrm{j}a_1\frac{N_{\mathrm{t}}-1}{2}\pi\cos\theta, \cdots, \mathrm{j}a_{N_{\mathrm{t}}}\frac{N_{\mathrm{t}}-1}{2}\pi\cos\theta\right]^{\mathrm{T}} \tag{3.40}$$

其中，a_i 代表 $\boldsymbol{a}\,(\theta)$ 中的第 i 个元素。

接收阵列矢量及其导数也具有类似的形式，在此不再赘述。由于式 (3.39) 和式 (3.40) 的对称性，容易验证：

$$\boldsymbol{a}^{\mathrm{H}}\dot{\boldsymbol{a}} = 0，\ \boldsymbol{b}^{\mathrm{H}}\dot{\boldsymbol{b}} = 0, \forall\theta \tag{3.41}$$

其中，$\boldsymbol{a}$、$\boldsymbol{b}$、$\dot{\boldsymbol{a}}$ 和 $\dot{\boldsymbol{b}}$ 分别代表 $\boldsymbol{a}\,(\theta)$、$\boldsymbol{b}\,(\theta)$、$\dot{\boldsymbol{a}}\,(\theta)$ 和 $\dot{\boldsymbol{b}}\,(\theta)$。令 $\boldsymbol{w}_1$、$\boldsymbol{h}_1$ 和 $\varGamma_1$ 分别表示用户的波束赋形矢量、信道矢量和 SINR 门限，我们有 $\boldsymbol{R}_X = \boldsymbol{w}_1\boldsymbol{w}_1^{\mathrm{H}}$。进一步利用式 (3.41) 中的正交性，有

$$\begin{aligned}
\mathrm{tr}\left(\boldsymbol{A}^{\mathrm{H}}\boldsymbol{A}\boldsymbol{R}_X\right) &= \mathrm{tr}\left(\boldsymbol{b}\boldsymbol{a}^{\mathrm{H}}\boldsymbol{w}_1\boldsymbol{w}_1^{\mathrm{H}}\boldsymbol{a}\boldsymbol{b}^{\mathrm{H}}\right) = \|\boldsymbol{b}\|^2\left|\boldsymbol{a}^{\mathrm{H}}\boldsymbol{w}_1\right|^2\\
\mathrm{tr}\left(\dot{\boldsymbol{A}}^{\mathrm{H}}\boldsymbol{A}\boldsymbol{R}_X\right) &= \mathrm{tr}\left(\boldsymbol{b}\boldsymbol{a}^{\mathrm{H}}\boldsymbol{w}_1\boldsymbol{w}_1^{\mathrm{H}}\left(\boldsymbol{a}\dot{\boldsymbol{b}}^{\mathrm{H}} + \dot{\boldsymbol{a}}\boldsymbol{b}^{H}\right)\right)\\
&= \|\boldsymbol{b}\|^2\boldsymbol{a}^{\mathrm{H}}\boldsymbol{w}_1\boldsymbol{w}_1^{\mathrm{H}}\dot{\boldsymbol{a}}\\
\mathrm{tr}\left(\dot{\boldsymbol{A}}^{\mathrm{H}}\dot{\boldsymbol{A}}\boldsymbol{R}_X\right) &= \mathrm{tr}\left(\left(\dot{\boldsymbol{b}}\boldsymbol{a}^{\mathrm{H}} + \boldsymbol{b}\dot{\boldsymbol{a}}^{\mathrm{H}}\right)\boldsymbol{w}_1\boldsymbol{w}_1^{\mathrm{H}}\left(\boldsymbol{a}\dot{\boldsymbol{b}}^{\mathrm{H}} + \dot{\boldsymbol{a}}\boldsymbol{b}^{\mathrm{H}}\right)\right)\\
&= \left\|\dot{\boldsymbol{b}}\right\|^2\left|\boldsymbol{a}^{\mathrm{H}}\boldsymbol{w}_1\right|^2 + \|\boldsymbol{b}\|^2\left|\dot{\boldsymbol{a}}^{\mathrm{H}}\boldsymbol{w}_1\right|^2
\end{aligned} \tag{3.42}$$

其中，$\boldsymbol{A} \triangleq \boldsymbol{A}\,(\theta)$，$\dot{\boldsymbol{A}} \triangleq \dot{\boldsymbol{A}}\,(\theta)$。利用式 (3.42)，$\mathrm{CRLB}\,(\theta)$ 可简化为

$$\mathrm{CRLB}(\theta)=\frac{\sigma_{\mathrm{R}}^{2}}{2|\alpha|^{2}L\left\|\dot{\boldsymbol{b}}\right\|^{2}\left|\boldsymbol{a}^{\mathrm{H}}\boldsymbol{w}_{1}\right|^{2}} \tag{3.43}$$

优化问题 [式 (3.38)] 可以相应地改写为

$$\begin{aligned}&\max_{\boldsymbol{w}_1}\ \left|\boldsymbol{a}^{\mathrm{H}}\boldsymbol{w}_1\right|^2\\&\text{s.t.}\ \left|\boldsymbol{h}_1^{\mathrm{H}}\boldsymbol{w}_1\right|^2\geqslant \varGamma_1\sigma_{\mathrm{C}}^2,\quad \|\boldsymbol{w}_1\|^2\leqslant P_{\mathrm{T}}\end{aligned} \tag{3.44}$$

因此，在单用户情况下，CRLB 最小化问题退化为角度 θ 处的辐射功率最大化问题。下一步，我们证明引理 3.1。

引理 3.1

式 (3.44) 所示问题的最优解 $\boldsymbol{w}_1$ 满足如下条件：

$$\boldsymbol{w}_1\in\operatorname{span}\{\boldsymbol{a},\boldsymbol{h}_1\} \tag{3.45}$$

♡

证明　假设 $\boldsymbol{w}_1$ 是问题的最优解，则可将其表示为

$$\boldsymbol{w}_1=a\boldsymbol{u}_\alpha+b\boldsymbol{u}_\beta \tag{3.46}$$

其中，$\|\boldsymbol{u}_\alpha\|=\|\boldsymbol{u}_\beta\|=1$，$\boldsymbol{u}_\alpha\in\operatorname{span}\{\boldsymbol{a},\boldsymbol{h}_1\}$，$\boldsymbol{u}_\beta\perp\operatorname{span}\{\boldsymbol{a},\boldsymbol{h}_1\}$，分别是 $\boldsymbol{w}_1$ 在 $\operatorname{span}\{\boldsymbol{a},\boldsymbol{h}_1\}$ 及其零空间上的归一化投影。由于 $\boldsymbol{w}_1$ 是最优解，也是可行解，未违反 SINR 与功率约束。我们有

$$a^2\left|\boldsymbol{h}_1^{\mathrm{H}}\boldsymbol{u}_\alpha\right|^2\geqslant\varGamma_1\sigma_{\mathrm{C}}^2,\qquad \|\boldsymbol{w}_1\|^2=a^2+b^2\leqslant P_{\mathrm{T}} \tag{3.47}$$

这是因为只有 $\boldsymbol{u}_\alpha$ 对用户 SINR 做了贡献。因此，我们可以不失一般性地令 $a=\sqrt{P_{\mathrm{T}}}$、$b=0$，从而能够在不违反约束条件的前提下严格提高目标函数值。这说明 $\boldsymbol{w}_1\in\operatorname{span}\{\boldsymbol{a},\boldsymbol{h}_1\}$。

根据引理 3.1，问题的最优解可以由定理 3.1 给出。

定理 3.1　点目标场景下单用户问题的闭式解

式 (3.44) 所示问题的最优解 $\boldsymbol{w}_1$ 为

$$\boldsymbol{w}_1=\begin{cases}\sqrt{P_{\mathrm{T}}}\dfrac{\boldsymbol{a}}{\|\boldsymbol{a}\|}, & P_{\mathrm{T}}\left|\boldsymbol{h}_1^{\mathrm{H}}\boldsymbol{a}\right|^2>N_{\mathrm{t}}\varGamma_1\sigma_{\mathrm{C}}^2\\ x_1\boldsymbol{u}_1+x_2\boldsymbol{a}_u, & \text{其他}\end{cases} \tag{3.48}$$

其中

$$\boldsymbol{u}_1=\frac{\boldsymbol{h}_1}{\|\boldsymbol{h}_1\|},\quad \boldsymbol{a}_u=\frac{\boldsymbol{a}-\left(\boldsymbol{u}_1^{\mathrm{H}}\boldsymbol{a}\right)\boldsymbol{u}_1}{\left\|\boldsymbol{a}-\left(\boldsymbol{u}_1^{\mathrm{H}}\boldsymbol{a}\right)\boldsymbol{u}_1\right\|} \tag{3.49}$$

$$x_1=\sqrt{\frac{\Gamma_1\sigma_{\mathrm{C}}^2}{\|\boldsymbol{h}_1\|^2}}\frac{\boldsymbol{u}_1^{\mathrm{H}}\boldsymbol{a}}{\left|\boldsymbol{u}_1^{\mathrm{H}}\boldsymbol{a}\right|},\quad x_2=\sqrt{P_{\mathrm{T}}-\frac{\Gamma_1\sigma_{\mathrm{C}}^2}{\|\boldsymbol{h}_1\|^2}}\frac{\boldsymbol{a}_u^{\mathrm{H}}\boldsymbol{a}}{\left|\boldsymbol{a}_u^{\mathrm{H}}\boldsymbol{a}\right|} \tag{3.50}$$

♡

证明 我们首先证明，为最大化目标函数 $\left|\boldsymbol{a}^{\mathrm{H}}\boldsymbol{w}_1\right|^2$，信号必须满功率发射。假设存在一个最优的 $\tilde{\boldsymbol{w}}_1$ 使得 $\|\tilde{\boldsymbol{w}}_1\|^2=\tilde{P}<P_{\mathrm{T}}$，则有

$$\left|\boldsymbol{h}_1^{\mathrm{H}}\tilde{\boldsymbol{w}}_1\right|^2\geqslant\Gamma_1\sigma_{\mathrm{C}}^2 \tag{3.51}$$

考虑一个新的解 $\bar{\boldsymbol{w}}_1=\sqrt{\frac{P_{\mathrm{T}}}{\tilde{P}}}\tilde{\boldsymbol{w}}_1$，其具有最大功率 P_{T}，则容易验证：

$$\begin{aligned}\left|\boldsymbol{h}_1^{\mathrm{H}}\bar{\boldsymbol{w}}_1\right|^2&=\frac{P_{\mathrm{T}}}{\tilde{P}}\left|\boldsymbol{h}_1^{\mathrm{H}}\tilde{\boldsymbol{w}}_1\right|^2>\Gamma_1\sigma_{\mathrm{C}}^2\\ \left|\boldsymbol{a}^{\mathrm{H}}\bar{\boldsymbol{w}}_1\right|^2&=\frac{P_{\mathrm{T}}}{\tilde{P}}\left|\boldsymbol{a}^{\mathrm{H}}\tilde{\boldsymbol{w}}_1\right|^2>\left|\boldsymbol{a}^{\mathrm{H}}\tilde{\boldsymbol{w}}_1\right|^2\end{aligned} \tag{3.52}$$

这说明 $\bar{\boldsymbol{w}}_1$ 是一个可行解，且能够产生更大的目标函数值。因此，在达到最优时，功率约束一定取等号。

基于以上，我们首先考虑SINR约束未被激活的情形。此时，最优波束赋形矢量的方向应与 $\boldsymbol{a}$ 对齐，并且具有功率 P_{T}，即 $\boldsymbol{w}_1=\sqrt{P_{\mathrm{T}}}\frac{\boldsymbol{a}}{\|\boldsymbol{a}\|}$。进一步地，我们讨论SINR约束被激活，也就是取等号的情形。基于引理3.1，最优的 $\boldsymbol{w}_1$ 可以被表示为

$$\boldsymbol{w}_1=x_1\boldsymbol{u}_1+x_2\boldsymbol{a}_u,\quad x_1,x_2\in\mathbb{C} \tag{3.53}$$

这是因为 $\operatorname{span}\{\boldsymbol{a}_u,\boldsymbol{u}_1\}=\operatorname{span}\{\boldsymbol{a},\boldsymbol{h}_1\}$。相应地，问题可被等效为

$$\begin{aligned}&\max_{x_1,x_2}\ \left|x_1\boldsymbol{a}^{\mathrm{H}}\boldsymbol{u}_1+x_2\boldsymbol{a}^{\mathrm{H}}\boldsymbol{a}_u\right|^2\\ &\text{s.t.}\quad |x_1|^2\|\boldsymbol{h}_1\|^2=\Gamma_1\sigma_{\mathrm{C}}^2\\ &\qquad\ |x_1|^2+|x_2|^2=P_{\mathrm{T}}\end{aligned} \tag{3.54}$$

进一步地，有

$$|x_1|^2=\frac{\Gamma_1\sigma_{\mathrm{C}}^2}{\|\boldsymbol{h}_1\|^2},\ |x_2|^2=P_{\mathrm{T}}-\frac{\Gamma_1\sigma_{\mathrm{C}}^2}{\|\boldsymbol{h}_1\|^2} \tag{3.55}$$

为最大化目标函数，x_1 和 x_2 的相位需要与 $\boldsymbol{a}^{\mathrm{H}}\boldsymbol{u}_1$ 和 $\boldsymbol{a}^{\mathrm{H}}\boldsymbol{a}_u$ 的相位相反。也就是说，x_1 和 x_2 需要与 $\boldsymbol{a}^{\mathrm{H}}\boldsymbol{u}_1$ 和 $\boldsymbol{a}^{\mathrm{H}}\boldsymbol{a}_u$ 的方向分别保持一致，即式 (3.50)。

3. 多用户场景下的半正定松弛

进一步观察式 (3.24)，可以看到 CRLB (θ) 具有分式结构，因此是非凸函数。我们可以利用引理 3.2 将其转换成关于 $\boldsymbol{R}_X$ 的凸函数。

引理 3.2

最小化 CRLB (θ) 等价于求解如下半正定规划问题：

$$\begin{aligned}&\min_{\boldsymbol{R}_X\succeq\boldsymbol{0},t}\ -t\\&\text{s.t.}\ \begin{bmatrix}\operatorname{tr}\left(\dot{\boldsymbol{A}}^{\mathrm{H}}\dot{\boldsymbol{A}}\boldsymbol{R}_X\right)-t & \operatorname{tr}\left(\dot{\boldsymbol{A}}^{\mathrm{H}}\boldsymbol{A}\boldsymbol{R}_X\right)\\ \operatorname{tr}\left(\boldsymbol{A}^{\mathrm{H}}\dot{\boldsymbol{A}}\boldsymbol{R}_X\right) & \operatorname{tr}\left(\boldsymbol{A}^{\mathrm{H}}\boldsymbol{A}\boldsymbol{R}_X\right)\end{bmatrix}\succeq\boldsymbol{0}\end{aligned}\tag{3.56}$$

♡

证明　最小化 CRLB (θ) 等效于

$$\begin{aligned}&\max_{\boldsymbol{R}_X\succeq\boldsymbol{0},t}\ t\\&\text{s.t.}\ \operatorname{tr}\left(\dot{\boldsymbol{A}}^{\mathrm{H}}\dot{\boldsymbol{A}}\boldsymbol{R}_X\right)\\&\quad-\left|\operatorname{tr}\left(\dot{\boldsymbol{A}}^{\mathrm{H}}\boldsymbol{A}\boldsymbol{R}_X\right)\right|^2\operatorname{tr}^{-1}\left(\boldsymbol{A}^{\mathrm{H}}\boldsymbol{A}\boldsymbol{R}_X\right)\geqslant t\end{aligned}\tag{3.57}$$

考虑如下舒尔补条件 [146]：

$$\begin{aligned}&\operatorname{tr}\left(\dot{\boldsymbol{A}}^{\mathrm{H}}\dot{\boldsymbol{A}}\boldsymbol{R}_X\right)-t-\left|\operatorname{tr}\left(\dot{\boldsymbol{A}}^{\mathrm{H}}\boldsymbol{A}\boldsymbol{R}_X\right)\right|^2\operatorname{tr}^{-1}\left(\boldsymbol{A}^{\mathrm{H}}\boldsymbol{A}\boldsymbol{R}_X\right)\geqslant 0\\&\Leftrightarrow\begin{bmatrix}\operatorname{tr}\left(\dot{\boldsymbol{A}}^{\mathrm{H}}\dot{\boldsymbol{A}}\boldsymbol{R}_X\right)-t & \operatorname{tr}\left(\dot{\boldsymbol{A}}^{\mathrm{H}}\boldsymbol{A}\boldsymbol{R}_X\right)\\ \operatorname{tr}\left(\boldsymbol{A}^{\mathrm{H}}\dot{\boldsymbol{A}}\boldsymbol{R}_X\right) & \operatorname{tr}\left(\boldsymbol{A}^{\mathrm{H}}\boldsymbol{A}\boldsymbol{R}_X\right)\end{bmatrix}\succeq\boldsymbol{0}\end{aligned}\tag{3.58}$$

则式 (3.57) 可以写作式 (3.56)。引理 3.2 得证。

基于引理 3.2，且注意到 $\boldsymbol{R}_X=\boldsymbol{W}_{\mathrm{D}}\boldsymbol{W}_{\mathrm{D}}^{\mathrm{H}}=\sum_{k=1}^{K}\boldsymbol{w}_k\boldsymbol{w}_k^{\mathrm{H}}$，则多用户波束赋形问题 [式 (3.38)] 可以转换为

$$\begin{aligned}&\min_{\{\boldsymbol{w}_k\}_{k=1}^{K},\boldsymbol{R}_X,t}\ -t\\&\text{s.t.}\ \begin{bmatrix}\operatorname{tr}\left(\dot{\boldsymbol{A}}^{\mathrm{H}}\dot{\boldsymbol{A}}\boldsymbol{R}_X\right)-t & \operatorname{tr}\left(\dot{\boldsymbol{A}}^{\mathrm{H}}\boldsymbol{A}\boldsymbol{R}_X\right)\\ \operatorname{tr}\left(\boldsymbol{A}^{\mathrm{H}}\dot{\boldsymbol{A}}\boldsymbol{R}_X\right) & \operatorname{tr}\left(\boldsymbol{A}^{\mathrm{H}}\boldsymbol{A}\boldsymbol{R}_X\right)\end{bmatrix}\succeq\boldsymbol{0}\end{aligned}$$

$$
\begin{aligned}
&\frac{\left|\boldsymbol{h}_k^{\mathrm{H}}\boldsymbol{w}_k\right|^2}{\sum\limits_{i=1,i\neq k}^{K}\left|\boldsymbol{h}_k^{\mathrm{H}}\boldsymbol{w}_i\right|^2+\sigma_{\mathrm{C}}^2}\geqslant \Gamma_k,\forall k \\
&\sum_{k=1}^{K}\mathrm{tr}\left(\boldsymbol{w}_k\boldsymbol{w}_k^{\mathrm{H}}\right)\leqslant P_{\mathrm{T}},\quad \boldsymbol{R}_X=\sum_{k=1}^{K}\boldsymbol{w}_k\boldsymbol{w}_k^{\mathrm{H}}
\end{aligned}
\tag{3.59}
$$

式 (3.59) 仍然是非凸的，但可以利用 SDR 技术将其松弛为凸问题。令 $\boldsymbol{Q}_k=\boldsymbol{h}_k\boldsymbol{h}_k^{\mathrm{H}}$，$\boldsymbol{W}_k=\boldsymbol{w}_k\boldsymbol{w}_k^{\mathrm{H}}$，则第 k 个 SINR 约束条件可以写为

$$
\mathrm{tr}\left(\boldsymbol{Q}_k\boldsymbol{W}_k\right)-\Gamma_k\sum_{i=1,i\neq k}^{K}\mathrm{tr}\left(\boldsymbol{Q}_k\boldsymbol{W}_i\right)\geqslant \Gamma_k\sigma_{\mathrm{C}}^2 \tag{3.60}
$$

注意在最优解处有 $\mathrm{rank}\left(\boldsymbol{W}_k\right)=1$ 及 $\boldsymbol{W}_k\succeq\boldsymbol{0}$。去掉秩约束后，式 (3.59) 可以被松弛为

$$
\begin{aligned}
&\min_{\{\boldsymbol{W}_k\}_{k=1}^K,t}\quad -t \\
&\text{s.t.}\begin{bmatrix}\mathrm{tr}\left(\dot{\boldsymbol{A}}^{\mathrm{H}}\dot{\boldsymbol{A}}\sum\limits_{k=1}^{K}\boldsymbol{W}_k\right)-t & \mathrm{tr}\left(\dot{\boldsymbol{A}}^{\mathrm{H}}\boldsymbol{A}\sum\limits_{k=1}^{K}\boldsymbol{W}_k\right)\\ \mathrm{tr}\left(\boldsymbol{A}^{\mathrm{H}}\dot{\boldsymbol{A}}\sum\limits_{k=1}^{K}\boldsymbol{W}_k\right) & \mathrm{tr}\left(\boldsymbol{A}^{\mathrm{H}}\boldsymbol{A}\sum\limits_{k=1}^{K}\boldsymbol{W}_k\right)\end{bmatrix}\succeq\boldsymbol{0} \\
&\mathrm{tr}\left(\boldsymbol{Q}_k\boldsymbol{W}_k\right)-\Gamma_k\sum_{i=1,i\neq k}^{K}\mathrm{tr}\left(\boldsymbol{Q}_k\boldsymbol{W}_i\right)\geqslant \Gamma_k\sigma_{\mathrm{C}}^2,\forall k \\
&\sum_{k=1}^{K}\mathrm{tr}\left(\boldsymbol{W}_k\right)\leqslant P_{\mathrm{T}},\ \boldsymbol{W}_k\succeq\boldsymbol{0},\forall k
\end{aligned}
\tag{3.61}
$$

式 (3.61) 为标准 SDP 问题，因此可以用常用的凸优化数值工具求解。为进一步说明 rank-1 全局最优解的可达性，我们证明定理 3.2。

定理 3.2

假设式 (3.61) 可行。令 $\bar{\boldsymbol{A}}=[\boldsymbol{a},\dot{\boldsymbol{a}}]$。如果 $\boldsymbol{H}\bar{\boldsymbol{A}}$ 为列满秩矩阵，则式 (3.61) 的最优解 $\{\boldsymbol{W}_k\}_{k=1}^K$ 一定满足 $\mathrm{rank}\left(\boldsymbol{W}_k\right)=1,\forall k$。 ♡

证明 我们首先定义问题 (3.61) 的对偶变量，即：定义 $\{\mu_1,\mu_2,\cdots,\mu_K,\mu_T\}$ 为 $K+1$ 个线性约束的对偶变量，$\{\boldsymbol{Z}_1,\boldsymbol{Z}_2,\cdots,\boldsymbol{Z}_K,\boldsymbol{Z}_P\}\succeq\boldsymbol{0}$ 为 $K+1$ 个半正定约束的对偶变量。假设达到最优解，则最优性条件可以表示为

$$
\begin{aligned}
&-\mu_k\left(\operatorname{tr}\left(\boldsymbol{Q}_k\boldsymbol{W}_k\right)-\Gamma_k\sum_{i=1,i\neq k}^{K}\operatorname{tr}\left(\boldsymbol{Q}_k\boldsymbol{W}_i\right)-\Gamma_k\sigma_{\mathrm{C}}^2\right)=0,\ \mu_k\geqslant 0,\forall k\\
&\mu_{\mathrm{T}}\left(\sum_{k=1}^{K}\operatorname{tr}\left(\boldsymbol{W}_k\right)-P_{\mathrm{T}}\right)=0,\ \mu_{\mathrm{T}}\geqslant 0\\
&\operatorname{tr}\left(\boldsymbol{Z}_k\boldsymbol{W}_k\right)=0,\ \boldsymbol{Z}_k\succeq\mathbf{0},\forall k\\
&\operatorname{tr}\left(\boldsymbol{Z}_P\boldsymbol{P}\right)=0,\ \boldsymbol{Z}_P\succeq\mathbf{0}
\end{aligned}
\tag{3.62}
$$

其中

$$
\begin{aligned}
\boldsymbol{P}&\triangleq\begin{bmatrix}\operatorname{tr}\left(\dot{\boldsymbol{A}}^{\mathrm{H}}\dot{\boldsymbol{A}}\boldsymbol{R}_X\right)-t & \operatorname{tr}\left(\dot{\boldsymbol{A}}^{\mathrm{H}}\boldsymbol{A}\boldsymbol{R}_X\right)\\ \operatorname{tr}\left(\boldsymbol{A}^{\mathrm{H}}\dot{\boldsymbol{A}}\boldsymbol{R}_X\right) & \operatorname{tr}\left(\boldsymbol{A}^{\mathrm{H}}\boldsymbol{A}\boldsymbol{R}_X\right)\end{bmatrix}\\
&=\begin{bmatrix}\left\|\dot{\boldsymbol{b}}\right\|^2\boldsymbol{a}^{\mathrm{H}}\boldsymbol{R}_X\boldsymbol{a}+\|\boldsymbol{b}\|^2\dot{\boldsymbol{a}}^{\mathrm{H}}\boldsymbol{R}_X\dot{\boldsymbol{a}}-t & \|\boldsymbol{b}\|^2\boldsymbol{a}^{\mathrm{H}}\boldsymbol{R}_X\dot{\boldsymbol{a}}\\ \|\boldsymbol{b}\|^2\dot{\boldsymbol{a}}^{\mathrm{H}}\boldsymbol{R}_X\boldsymbol{a} & \|\boldsymbol{b}\|^2\boldsymbol{a}^{\mathrm{H}}\boldsymbol{R}_X\boldsymbol{a}\end{bmatrix}
\end{aligned}
\tag{3.63}
$$

其中，第 2 个等式可以根据式 (3.41) 得到。进一步地，拉格朗日乘子可以写作

$$
\begin{aligned}
\mathcal{L}=&-t-\operatorname{tr}\left(\boldsymbol{Z}_P\boldsymbol{P}\right)-\sum_{k=1}^{K}\operatorname{tr}\left(\boldsymbol{Z}_k\boldsymbol{W}_k\right)\\
&-\sum_{k=1}^{K}\mu_k\left(\operatorname{tr}\left(\boldsymbol{Q}_k\boldsymbol{W}_k\right)-\Gamma_k\sum_{i=1,i\neq k}^{K}\operatorname{tr}\left(\boldsymbol{Q}_k\boldsymbol{W}_i\right)-\Gamma_k\sigma_{\mathrm{C}}^2\right)\\
&+\mu_{\mathrm{T}}\left(\sum_{k=1}^{K}\operatorname{tr}\left(\boldsymbol{W}_k\right)-P_{\mathrm{T}}\right)
\end{aligned}
\tag{3.64}
$$

令

$$
\boldsymbol{Z}_P=\begin{bmatrix}\phi & \beta\\ \beta^* & \gamma\end{bmatrix}\succeq\mathbf{0}
\tag{3.65}
$$

在最优解处，拉格朗日乘子的导数为 0，可表示为

$$
\begin{aligned}
&\frac{\partial\mathcal{L}}{\partial t}=-1+\phi=0\Leftrightarrow\phi=1\\
&\frac{\partial\mathcal{L}}{\partial\boldsymbol{W}_k}=-\boldsymbol{F}-\boldsymbol{Z}_k-\mu_k\left(1+\Gamma_k\right)\boldsymbol{Q}_k+\sum_{i=1}^{K}\mu_i\Gamma_i\boldsymbol{Q}_i+\mu_{\mathrm{T}}\boldsymbol{I}_{N_{\mathrm{t}}}=\mathbf{0},\forall k
\end{aligned}
\tag{3.66}
$$

其中

$$\begin{aligned}\boldsymbol{F} &\triangleq \frac{\partial \operatorname{tr}\left(\boldsymbol{Z}_P \boldsymbol{P}\right)}{\partial \boldsymbol{W}_k} \\ &= \left(\phi\left\|\dot{\boldsymbol{b}}\right\|^2 + \gamma\|\boldsymbol{b}\|^2\right)\boldsymbol{a}\boldsymbol{a}^{\mathrm{H}} + \phi\|\boldsymbol{b}\|^2\dot{\boldsymbol{a}}\dot{\boldsymbol{a}}^{\mathrm{H}} + 2\|\boldsymbol{b}\|^2\operatorname{Re}\left(\beta\boldsymbol{a}\dot{\boldsymbol{a}}^{\mathrm{H}}\right) \\ &= \begin{bmatrix} \boldsymbol{a} & \dot{\boldsymbol{a}} \end{bmatrix} \begin{bmatrix} \phi\left\|\dot{\boldsymbol{b}}\right\|^2 + \gamma\|\boldsymbol{b}\|^2 & \beta\|\boldsymbol{b}\|^2 \\ \beta^*\|\boldsymbol{b}\|^2 & \phi\|\boldsymbol{b}\|^2 \end{bmatrix} \begin{bmatrix} \boldsymbol{a}^{\mathrm{H}} \\ \dot{\boldsymbol{a}}^{\mathrm{H}} \end{bmatrix}\end{aligned} \tag{3.67}$$

由于 $\phi=1$，我们有 $\boldsymbol{Z}_P \neq \boldsymbol{0}$。注意到 $\boldsymbol{P} \neq \boldsymbol{0}$，为满足 $\operatorname{tr}\left(\boldsymbol{Z}_P\boldsymbol{P}\right)=0$，$\boldsymbol{Z}_P$ 和 $\boldsymbol{P}$ 均必须为奇异矩阵。因此，对 $\boldsymbol{Z}_P \succeq \boldsymbol{0}$，我们有

$$\phi - |\beta|^2\gamma^{-1} = 1 - |\beta|^2\gamma^{-1} = 0 \Leftrightarrow \gamma = |\beta|^2 \tag{3.68}$$

利用式 (3.68) 中的关系，容易验证

$$\begin{aligned}&\begin{bmatrix} \phi\left\|\dot{\boldsymbol{b}}\right\|^2 + \gamma\|\boldsymbol{b}\|^2 & \beta\|\boldsymbol{b}\|^2 \\ \beta^*\|\boldsymbol{b}\|^2 & \phi\|\boldsymbol{b}\|^2 \end{bmatrix} \\ &= \begin{bmatrix} \left\|\dot{\boldsymbol{b}}\right\|^2 + |\beta|^2\|\boldsymbol{b}\|^2 & \beta\|\boldsymbol{b}\|^2 \\ \beta^*\|\boldsymbol{b}\|^2 & \|\boldsymbol{b}\|^2 \end{bmatrix} \succ \boldsymbol{0}\end{aligned} \tag{3.69}$$

由于 $\boldsymbol{a}\perp\dot{\boldsymbol{a}}$，容易证明 $\boldsymbol{F} \succeq \boldsymbol{0}$，$\operatorname{rank}(\boldsymbol{F}) = 2$。矩阵 $\boldsymbol{F}$ 具有 2 个非零特征值，记为 λ_1 和 λ_2，如下：

$$\begin{aligned}\lambda_1 &= \frac{N_{\mathrm{t}}\left(\left\|\dot{\boldsymbol{b}}\right\|^2 + |\beta|^2 N_{\mathrm{r}}\right) + N_{\mathrm{r}}\|\dot{\boldsymbol{a}}\|^2 + \sqrt{\left(N_{\mathrm{t}}\left(\left\|\dot{\boldsymbol{b}}\right\|^2 + |\beta|^2 N_{\mathrm{r}}\right) - N_{\mathrm{r}}\|\dot{\boldsymbol{a}}\|^2\right)^2 + 4|\beta|^2 N_{\mathrm{t}} N_{\mathrm{r}}^2\|\dot{\boldsymbol{a}}\|^2}}{2} \\ \lambda_2 &= \frac{N_{\mathrm{t}}\left(\left\|\dot{\boldsymbol{b}}\right\|^2 + |\beta|^2 N_{\mathrm{r}}\right) + N_{\mathrm{r}}\|\dot{\boldsymbol{a}}\|^2 - \sqrt{\left(N_{\mathrm{t}}\left(\left\|\dot{\boldsymbol{b}}\right\|^2 + |\beta|^2 N_{\mathrm{r}}\right) - N_{\mathrm{r}}\|\dot{\boldsymbol{a}}\|^2\right)^2 + 4|\beta|^2 N_{\mathrm{t}} N_{\mathrm{r}}^2\|\dot{\boldsymbol{a}}\|^2}}{2}\end{aligned} \tag{3.70}$$

容易观察到，在 $N_{\mathrm{t}} \neq N_{\mathrm{r}}$ 时，不管 β 值为何，总有 $\lambda_1 = \lambda_{\max}(\boldsymbol{F}) > \lambda_2$。在 MIMO 雷达中，一般有 $N_{\mathrm{r}} > N_{\mathrm{t}}$。

我们进一步观察 $\boldsymbol{Z}_k$。由式 (3.66) 可得

$$\begin{aligned}\boldsymbol{Z}_k &= \mu_{\mathrm{T}}\boldsymbol{I}_{N_{\mathrm{t}}} - \left(\boldsymbol{F} - \sum_{i=1}^{K}\mu_i\Gamma_i\boldsymbol{Q}_i\right) - \mu_k\left(1+\Gamma_k\right)\boldsymbol{Q}_k \\ &\triangleq \mu_{\mathrm{T}}\boldsymbol{I}_{N_{\mathrm{t}}} - \bar{\boldsymbol{F}} - \mu_k\left(1+\Gamma_k\right)\boldsymbol{Q}_k \succeq \boldsymbol{0}, \forall k\end{aligned} \tag{3.71}$$

其中，$\bar{\boldsymbol{F}} \triangleq \boldsymbol{F} - \sum_{i=1}^{K} \mu_i \Gamma_i \boldsymbol{Q}_i$。

注意到 $\boldsymbol{Z}_k \succeq \boldsymbol{0}$，则有

$$\mu_{\mathrm{T}} \geqslant \lambda_{\max}\left(\bar{\boldsymbol{F}} + \mu_k\left(1+\Gamma_k\right)\boldsymbol{Q}_k\right), \forall k \tag{3.72}$$

其中，$\lambda_{\max}(\cdot)$ 表示矩阵的最大特征值。

由最优性条件，有 $\mathrm{tr}\left(\boldsymbol{Z}_k\boldsymbol{W}_k\right)=0$，且 $\boldsymbol{W}_k \succeq \boldsymbol{0}$，$\boldsymbol{W}_k \neq \boldsymbol{0}$，则 $\boldsymbol{Z}_k$ 必须是奇异矩阵。因此，我们有

$$\mu_{\mathrm{T}} = \lambda_{\max}\left(\bar{\boldsymbol{F}} + \mu_k\left(1+\Gamma_k\right)\boldsymbol{Q}_k\right), \forall k \tag{3.73}$$

显然，$\boldsymbol{Z}_k$ 的秩强烈依赖 $\mu_k > 0$ 的值。我们将用户指标集 $\mathcal{K}=\{1,2,\cdots,K\}$ 分为如下两个子集：

$$\mathcal{K}_1 = \left\{k \mid \mu_k > 0, \forall k\right\}，\mathcal{K}_2 = \left\{k \mid \mu_k = 0, \forall k\right\} \tag{3.74}$$

我们有 $\mathcal{K}=\mathcal{K}_1 \cup \mathcal{K}_2$。下面，我们讨论不同情形下 $\boldsymbol{Z}_k$ 和 $\boldsymbol{W}_k$ 的秩。

情形 1： $|\mathcal{K}_1| = 0$

在此情形下，我们有 $\mu_k = 0, \forall k$，且所有的 SINR 约束均未被激活。进一步有

$$\boldsymbol{Z}_k = \mu_{\mathrm{T}}\boldsymbol{I}_{N_{\mathrm{t}}} - \boldsymbol{F} \succeq \boldsymbol{0}, \forall k \tag{3.75}$$

同样地，为保证 $\boldsymbol{W}_k$ 非 0，$\boldsymbol{Z}_k$ 需要是奇异矩阵，即

$$\mu_{\mathrm{T}} = \lambda_{\max}\left(\boldsymbol{F}\right) = \lambda_1 \tag{3.76}$$

注意 $\lambda_1 > \lambda_2$，可以立即得到 $\mathrm{rank}\left(\boldsymbol{Z}_k\right) = N_{\mathrm{t}} - 1$，$\mathrm{rank}\left(\boldsymbol{W}_k\right) = 1, \forall k$。

情形 2： $|\mathcal{K}_1| = 1$

在此情形下，只有一个 μ_k 是严格大于 0 的，其余的 μ_k 都等于 0。不失一般性，令 $\mu_1 > 0$，$\mu_k = 0, \forall k \geqslant 2$。我们可以将 $\boldsymbol{Z}_k$ 表示为

$$\begin{aligned} &\boldsymbol{Z}_1 = \mu_{\mathrm{T}}\boldsymbol{I}_{N_{\mathrm{t}}} - \boldsymbol{F} - \mu_1\boldsymbol{Q}_1 \succeq \boldsymbol{0} \\ &\boldsymbol{Z}_k = \mu_{\mathrm{T}}\boldsymbol{I}_{N_{\mathrm{t}}} - \boldsymbol{F} + \mu_1\Gamma_1\boldsymbol{Q}_1 \succeq \boldsymbol{0}, \forall k > 1 \end{aligned} \tag{3.77}$$

于是有

$$\mu_{\mathrm{T}} = \lambda_{\max}\left(\boldsymbol{F} + \mu_1\boldsymbol{Q}_1\right) = \lambda_{\max}\left(\boldsymbol{F} - \mu_1\Gamma_1\boldsymbol{Q}_1\right) \tag{3.78}$$

由于 $\boldsymbol{Q}_1 = \boldsymbol{h}_1\boldsymbol{h}_1^{\mathrm{H}}$ 半正定，仅当 $\boldsymbol{f}_{\max}^{\mathrm{H}}\boldsymbol{h}_1 = 0$ 时，式 (3.78) 成立，其中 $\boldsymbol{f}_{\max}$ 是 $\boldsymbol{F}$ 的最大特征值 λ_1 对应的特征矢量。这表明

$$\mu_{\mathrm{T}} = \lambda_1 \Leftrightarrow \mathrm{rank}\left(\mu_{\mathrm{T}}\boldsymbol{I}_{N_{\mathrm{t}}} - \boldsymbol{F}\right) = N_{\mathrm{t}} - 1 \tag{3.79}$$

因此，有

$$\begin{aligned} &N_{\mathrm{t}}-2 \leqslant \operatorname{rank}\left(\boldsymbol{Z}_{1}\right) \leqslant N_{\mathrm{t}}-1 \\ &\operatorname{rank}\left(\boldsymbol{Z}_{k}\right)=N_{\mathrm{t}}-1, \forall k \geqslant 2 \end{aligned} \tag{3.80}$$

由于 $\operatorname{tr}\left(\boldsymbol{Z}_{k} \boldsymbol{W}_{k}\right)=0$, 所以 $\boldsymbol{W}_{k}$ 属于 $\boldsymbol{Z}_{k}$ 的零空间，即

$$\begin{aligned} &\mathcal{N}\left(\boldsymbol{Z}_{1}\right)=\operatorname{span}\left\{\boldsymbol{h}_{1}, \boldsymbol{f}_{\max }\right\} \\ &\mathcal{N}\left(\boldsymbol{Z}_{k}\right)=\operatorname{span}\left\{\boldsymbol{f}_{\max }\right\}, \forall k \geqslant 2 \end{aligned} \tag{3.81}$$

相应地，$\boldsymbol{W}_{k}$ 可被表示为

$$\begin{aligned} &\boldsymbol{W}_{1}=a_{1} \boldsymbol{h}_{1} \boldsymbol{h}_{1}^{\mathrm{H}}+b_{1} \boldsymbol{f}_{\max } \boldsymbol{f}_{\max }^{\mathrm{H}} \\ &\boldsymbol{W}_{k}=b_{k} \boldsymbol{f}_{\max } \boldsymbol{f}_{\max }^{\mathrm{H}}, \forall k \geqslant 2 \end{aligned} \tag{3.82}$$

其中，$a_{k} \geqslant 0$，$b_{k} \geqslant 0, \forall k$。

若 $a_{1}=0$，则成立 $\operatorname{rank}\left(\boldsymbol{W}_{k}\right)=1, \forall k$。否则，若 $a_{1}>0$，令

$$\begin{aligned} &\boldsymbol{W}_{1}^{\prime}=a_{1} \boldsymbol{h}_{1} \boldsymbol{h}_{1}^{\mathrm{H}}，\ \boldsymbol{W}_{2}^{\prime}=\left(b_{1}+b_{2}\right) \boldsymbol{f}_{\max } \boldsymbol{f}_{\max }^{\mathrm{H}} \\ &\boldsymbol{W}_{k}^{\prime}=\boldsymbol{W}_{k}, \forall k \geqslant 3 \end{aligned} \tag{3.83}$$

容易验证，若 $\left\{\boldsymbol{W}_{k}\right\}_{k=1}^{K}$ 是最优解，则 $\left\{\boldsymbol{W}_{k}^{\prime}\right\}_{k=1}^{K}$ 是 rank-1 最优解。这是由于我们有如下条件成立：

$$\sum_{k=1}^{K} \boldsymbol{W}_{k}^{\prime}=\sum_{k=1}^{K} \boldsymbol{W}_{k}=\boldsymbol{R}_{X} \tag{3.84a}$$

$$\begin{aligned} &\left(1+\Gamma_{2}\right) \operatorname{tr}\left(\boldsymbol{Q}_{2} \boldsymbol{W}_{2}^{\prime}\right)-\Gamma_{2} \operatorname{tr}\left(\boldsymbol{Q}_{2} \boldsymbol{R}_{X}\right) \\ \geqslant &\left(1+\Gamma_{2}\right) \operatorname{tr}\left(\boldsymbol{Q}_{2} \boldsymbol{W}_{k}\right)-\Gamma_{2} \operatorname{tr}\left(\boldsymbol{Q}_{2} \boldsymbol{R}_{X}\right) \geqslant \Gamma_{2} \sigma_{\mathrm{C}}^{2} \end{aligned} \tag{3.84b}$$

$$\begin{aligned} &\left(1+\Gamma_{k}\right) \operatorname{tr}\left(\boldsymbol{Q}_{k} \boldsymbol{W}_{k}^{\prime}\right)-\Gamma_{k} \operatorname{tr}\left(\boldsymbol{Q}_{k} \boldsymbol{R}_{X}\right) \\ = &\left(1+\Gamma_{k}\right) \operatorname{tr}\left(\boldsymbol{Q}_{k} \boldsymbol{W}_{k}\right)-\Gamma_{1} \operatorname{tr}\left(\boldsymbol{Q}_{k} \boldsymbol{R}_{X}\right) \geqslant \Gamma_{k} \sigma_{\mathrm{C}}^{2} \end{aligned} \tag{3.84c}$$

$$\forall k \neq 2$$

注意到，由于式 (3.84a) 成立，目标函数值未改变。此外，式 (3.84b) 和式 (3.84c) 保证了 $\left\{\boldsymbol{W}_{k}^{\prime}\right\}_{k=1}^{K}$ 的可行性。因此，在情形 2 时，我们总能获得 rank-1 最优解。

情形 3： $\left|\mathcal{K}_{1}\right| \geqslant 2$

在此情形下，我们观察到至少有 2 个 μ_{k} 严格大于 0，其余 μ_{k} 则可以大于或等于

0。令 $M \triangleq |\mathcal{K}_1| \geqslant 2$，且不失一般性，假设

$$\mathcal{K}_1 = \{1, 2, \cdots, M\}，\ \mathcal{K}_2 = \{M+1, M+2, \cdots, K\} \tag{3.85}$$

令 $\tilde{\boldsymbol{H}} = [\boldsymbol{h}_1, \boldsymbol{h}_2, \cdots, \boldsymbol{h}_M]^{\mathrm{H}}$, $\bar{\boldsymbol{A}} = [\boldsymbol{a}, \dot{\boldsymbol{a}}]$，并定义 $\boldsymbol{D} \triangleq \tilde{\boldsymbol{H}}\bar{\boldsymbol{A}}$，则引理 3.3 成立。

引理 3.3

若 $\boldsymbol{D}$ 为列满秩矩阵，则 $\mu_{\mathrm{T}}\boldsymbol{I}_{N_{\mathrm{t}}} - \bar{\boldsymbol{F}} \succ \boldsymbol{0}$ 成立。♡

证明　我们利用反证法来证明这一引理。首先注意到由式 (3.72) 及 $\mu_k(1+\varGamma_k)\boldsymbol{Q}_k$ 的非负性，$\mu_{\mathrm{T}}\boldsymbol{I}_{N_{\mathrm{t}}} - \bar{\boldsymbol{F}} \succeq \boldsymbol{0}$ 成立，于是有

$$\mu_{\mathrm{T}} \geqslant \lambda_{\max}\left(\bar{\boldsymbol{F}}\right) \tag{3.86}$$

下面，假设 $\mu_{\mathrm{T}}\boldsymbol{I}_{N_{\mathrm{t}}} - \bar{\boldsymbol{F}} \succ \boldsymbol{0}$ 不成立，因而有 $\mu_{\mathrm{T}} = \lambda_{\max}\left(\bar{\boldsymbol{F}}\right)$。令 $\bar{\boldsymbol{f}}_{\max}$ 表示 $\bar{\boldsymbol{F}}$ 的最大特征值 $\lambda_{\max}\left(\bar{\boldsymbol{F}}\right)$ 对应的特征矢量，则有

$$\bar{\boldsymbol{f}}_{\max}^{\mathrm{H}}\bar{\boldsymbol{F}}\bar{\boldsymbol{f}}_{\max} = \lambda_{\max}\left(\bar{\boldsymbol{F}}\right) = \mu_{\mathrm{T}}，\ \left\|\bar{\boldsymbol{f}}_{\max}\right\|^2 = 1 \tag{3.87}$$

于是得到

$$\begin{aligned}\mu_{\mathrm{T}} + \mu_k(1+\varGamma_k)\bar{\boldsymbol{f}}_{\max}^{\mathrm{H}}\boldsymbol{Q}_k\bar{\boldsymbol{f}}_{\max} &= \bar{\boldsymbol{f}}_{\max}^{\mathrm{H}}\left(\bar{\boldsymbol{F}} + \mu_k(1+\varGamma_k)\boldsymbol{Q}_k\right)\bar{\boldsymbol{f}}_{\max} \\ &\leqslant \lambda_{\max}\left(\bar{\boldsymbol{F}} + \mu_k(1+\varGamma_k)\boldsymbol{Q}_k\right) = \mu_{\mathrm{T}}\end{aligned} \tag{3.88}$$

其中，等式根据假设成立，不等式则由最大特征值的定义成立。考虑 $\mu_k > 0, \forall k \leqslant M$，我们有

$$\bar{\boldsymbol{f}}_{\max}^{\mathrm{H}}\boldsymbol{Q}_k\bar{\boldsymbol{f}}_{\max} = 0 \Leftrightarrow \boldsymbol{h}_k^{\mathrm{H}}\bar{\boldsymbol{f}}_{\max} = 0, \forall k \leqslant M \tag{3.89}$$

根据 $\boldsymbol{F}$ 和 $\bar{\boldsymbol{F}}$ 的定义可知

$$\bar{\boldsymbol{f}}_{\max} \in \operatorname{span}\{\boldsymbol{a}, \dot{\boldsymbol{a}}, \boldsymbol{h}_1, \cdots, \boldsymbol{h}_M\} \tag{3.90}$$

根据式 (3.89) 和式 (3.90)，可以看到

$$\bar{\boldsymbol{f}}_{\max} \in \operatorname{span}\{\boldsymbol{a}, \dot{\boldsymbol{a}}\} \tag{3.91}$$

令 $\bar{\boldsymbol{f}}_{\max} = f_1\boldsymbol{a} + f_2\dot{\boldsymbol{a}}$，根据式 (3.89)，有

$$\boldsymbol{h}_k^{\mathrm{H}}[\boldsymbol{a}, \dot{\boldsymbol{a}}]\begin{bmatrix} f_1 \\ f_2 \end{bmatrix} = 0, \forall k \leqslant M \Leftrightarrow \boldsymbol{D}\begin{bmatrix} f_1 \\ f_2 \end{bmatrix} = \boldsymbol{0} \tag{3.92}$$

这说明，$\boldsymbol{D}$ 并不是列满秩矩阵，与假设矛盾，因此引理 3.3 得证。

推论 3.1

若 $|\mathcal{K}_1| \geqslant 2$, 且 $\boldsymbol{D}$ 为列满秩矩阵，则 $|\mathcal{K}_1| = K$，$\operatorname{rank}(\boldsymbol{W}_k) = 1, \forall k$。 ♡

证明 根据引理 3.3，对于 $k \in \mathcal{K}_2$，我们有

$$\boldsymbol{Z}_k = \mu_{\mathrm{T}} \boldsymbol{I}_{N_{\mathrm{t}}} - \bar{\boldsymbol{F}} \succ \boldsymbol{0}, \forall k \geqslant M+1 \tag{3.93}$$

这说明 $\boldsymbol{W}_k = \boldsymbol{0}, \forall k \geqslant M+1$ 为不可行解。因此，所有的 μ_k 都必须严格大于 0，从而保证 $\boldsymbol{Z}_k$ 为奇异矩阵。于是进一步有 $|\mathcal{K}_2| = 0$，以及 $|\mathcal{K}_1| = K$。这种情况下，所有的 $\boldsymbol{Z}_k$ 均可以表示为式 (3.71)，且 $\mu_k > 0, \forall k$。如此一来，由于所有 $\boldsymbol{Z}_k$ 都是由一个满秩正定矩阵与 rank-1 半正定矩阵相减得到，一定有 $\operatorname{rank}(\boldsymbol{Z}_k) = N_{\mathrm{t}} - 1, \forall k$。因此，推论 3.1 成立。

根据推论 3.1，在情形 3 时，当 $\boldsymbol{D}$ 为列满秩矩阵时，我们一定能够求得 rank-1 最优解。根据以上对所有 3 种情形的讨论，如果 $\boldsymbol{H}\bar{\boldsymbol{A}}$ 为列满秩成立，求解式 (3.61) 一定能得到 rank-1 最优解。因此，定理 3.2 得证。

注意到，对于通信信道 $\boldsymbol{H}$，我们假设其为某个随机分布的实现，其所有元素都独立分布。对于 $K > 2$，$\boldsymbol{H}\bar{\boldsymbol{A}}$ 为列满秩几乎一定成立。因此，求解式 (3.61) 总是能够得到 rank-1 解，即问题 (3.59) 的全局最优解。

3.3.3 扩展目标场景下的联合波束赋形

1. 优化问题建模

根据 3.3.1 节的讨论，以及式 (3.36) 和式 (3.37)，我们可以将扩展目标下的波束赋形优化问题建模为

$$\begin{aligned}
&\min_{\widetilde{\boldsymbol{W}}_{\mathrm{D}}} \ \operatorname{CRLB}(\boldsymbol{G}) = \operatorname{tr}\left(\left(\boldsymbol{W}_{\mathrm{C}} \boldsymbol{W}_{\mathrm{C}}^{\mathrm{H}} + \boldsymbol{W}_{\mathrm{A}} \boldsymbol{W}_{\mathrm{A}}^{\mathrm{H}}\right)^{-1}\right) \\
&\text{s.t.} \ \ \tilde{\gamma}_k \geqslant \varGamma_k, \forall k \\
&\qquad \left\|\widetilde{\boldsymbol{W}}_{\mathrm{D}}\right\|_{\mathrm{F}}^2 \leqslant P_{\mathrm{T}}
\end{aligned} \tag{3.94}$$

令

$$\boldsymbol{W}_k = \boldsymbol{w}_k \boldsymbol{w}_k^{\mathrm{H}}, \forall k \leqslant K, \qquad \boldsymbol{W}_{K+1} = \boldsymbol{W}_{\mathrm{A}} \boldsymbol{W}_{\mathrm{A}}^{\mathrm{H}} \tag{3.95}$$

参照点目标模型下的推导步骤，我们可以将式 (3.95) 松弛为如下凸形式：

$$
\begin{aligned}
\min_{\{\boldsymbol{W}_k\}_{k=1}^{K+1}} \quad & \operatorname{tr}\left(\left(\sum_{k=1}^{K+1}\boldsymbol{W}_k\right)^{-1}\right) \\
\text{s.t.} \quad & \operatorname{tr}\left(\boldsymbol{Q}_k\boldsymbol{W}_k\right) - \Gamma_k \sum_{i=1,i\neq k}^{K+1} \operatorname{tr}\left(\boldsymbol{Q}_k\boldsymbol{W}_i\right) \geqslant \Gamma_k\sigma_{\mathrm{C}}^2, \forall k \\
& \sum_{k=1}^{K+1}\operatorname{tr}\left(\boldsymbol{W}_k\right) \leqslant P_{\mathrm{T}}，\boldsymbol{W}_k \succeq \boldsymbol{0}, \forall k
\end{aligned}
\tag{3.96}
$$

下面，我们证明在单用户场景下，式 (3.96) 可被闭式求解。

2. 单用户场景

单用户场景下，我们将用户的 SINR 门限，以及用户的信道矢量、波束赋形矢量的协方差矩阵分别表示为 Γ_1、$\boldsymbol{Q}_1 = \boldsymbol{h}_1\boldsymbol{h}_1^{\mathrm{H}}$ 和 $\boldsymbol{W}_1 = \boldsymbol{w}_1\boldsymbol{w}_1^{\mathrm{H}}$，则优化问题 [式 (3.96)] 可以等效表示为

$$
\begin{aligned}
\min_{\boldsymbol{W}_1,\boldsymbol{R}_X} \quad & \operatorname{tr}\left(\boldsymbol{R}_X^{-1}\right) \\
\text{s.t.} \quad & \operatorname{tr}\left(\boldsymbol{Q}_1\boldsymbol{W}_1\right) - \Gamma_1\operatorname{tr}\left(\boldsymbol{Q}_1\left(\boldsymbol{R}_X - \boldsymbol{W}_1\right)\right) \geqslant \Gamma_1\sigma_{\mathrm{C}}^2 \\
& \operatorname{tr}\left(\boldsymbol{R}_X\right) \leqslant P_{\mathrm{T}}，\boldsymbol{R}_X \succeq \boldsymbol{W}_1 \succeq \boldsymbol{0}
\end{aligned}
\tag{3.97}
$$

此时，我们有 $\boldsymbol{R}_X = \boldsymbol{W}_1 + \boldsymbol{W}_2$，其中 $\boldsymbol{W}_2 = \boldsymbol{W}_{\mathrm{A}}\boldsymbol{W}_{\mathrm{A}}^{\mathrm{H}}$。对 $\boldsymbol{Q}_1$ 进行特征值分解，可得到 $\boldsymbol{Q}_1 = \boldsymbol{U}\boldsymbol{\Sigma}\boldsymbol{U}^{\mathrm{H}}$，其中 $\boldsymbol{U} = [\boldsymbol{u}_1, \boldsymbol{u}_2, \cdots, \boldsymbol{u}_{N_{\mathrm{t}}}]$ 包含了 $\boldsymbol{Q}_1$ 的特征矢量，且 $\boldsymbol{u}_1 = \dfrac{\boldsymbol{h}_1}{\|\boldsymbol{h}_1\|}$。此外，$\boldsymbol{\Sigma}$ 为仅包含一个非零特征值 $\|\boldsymbol{h}_1\|^2$ 的对角矩阵。

引理 3.4

式 (3.97) 的最优 $\boldsymbol{R}_X$ 可表示为如下结构：

$$
\boldsymbol{R}_X = \boldsymbol{U}\boldsymbol{\Lambda}\boldsymbol{U}^{\mathrm{H}} \tag{3.98}
$$

其中，$\boldsymbol{\Lambda}$ 是一个满秩实对角矩阵。换言之，$\boldsymbol{u}_1, \cdots, \boldsymbol{u}_{N_{\mathrm{t}}}$ 同时也是最优的 $\boldsymbol{R}_X$ 的特征矢量。

♡

证明　假设式 (3.97) 可行。给定最优的 $\boldsymbol{R}_X$，我们总是能够构造出如下的最优 $\boldsymbol{W}_1$：

$$
\boldsymbol{W}_1 = \left(\boldsymbol{u}_1^{\mathrm{H}}\boldsymbol{R}_X\boldsymbol{u}_1\right)\boldsymbol{u}_1\boldsymbol{u}_1^{\mathrm{H}} \tag{3.99}
$$

这是因为，我们利用式 (3.99) 将 $\boldsymbol{R}_X$ 投影到了 $\boldsymbol{h}_1$ 方向上。此时，有用信号功率

$\mathrm{tr}\left(\boldsymbol{Q}_1\boldsymbol{W}_1\right)$ 最大，且干扰项为 0。相应地，用户可以接收到最大的 SINR，且目标函数和发射功率均无变化。因此，式 (3.99) 是式 (3.97) 的最优解。

我们立即得到，最优的 $\boldsymbol{W}_2$ 应该与 $\boldsymbol{W}_1 = \boldsymbol{R}_X - \boldsymbol{W}_2$ 正交。进一步注意到 $\mathrm{rank}\left(\boldsymbol{W}_2\right) \geqslant N_{\mathrm{t}} - 1$，其可被表示为 $\boldsymbol{W}_2 = \sum_{i=2}^{N_{\mathrm{t}}} \lambda_{ii}\boldsymbol{u}_i\boldsymbol{u}_i^{\mathrm{H}}, \lambda_{ii} > 0$。因此，我们有

$$\boldsymbol{R}_X = \boldsymbol{W}_1 + \boldsymbol{W}_2 = \sum_{i=1}^{N_{\mathrm{t}}} \lambda_{ii}\boldsymbol{u}_i\boldsymbol{u}_i^{\mathrm{H}} = \boldsymbol{U}\boldsymbol{\Lambda}\boldsymbol{U}^{\mathrm{H}} \tag{3.100}$$

其中，$\lambda_{ii} = \boldsymbol{u}_i^{\mathrm{H}}\boldsymbol{R}_X\boldsymbol{u}_i$，$\boldsymbol{\Lambda} = \mathrm{diag}\left(\lambda_{11}, \lambda_{22}, \cdots, \lambda_{N_{\mathrm{t}}N_{\mathrm{t}}}\right)$。证毕。

利用引理 3.4，我们可以得到单用户场景下的最优闭式解，即定理 3.3。

定理 3.3

若 $\Gamma_1 < \dfrac{P_{\mathrm{T}}\|\boldsymbol{h}_1\|^2}{N_{\mathrm{t}}\sigma_{\mathrm{C}}^2}$，则式 (3.97) 的最优解为

$$\boldsymbol{W}_1 = \frac{P_{\mathrm{T}}}{N_{\mathrm{t}}}\frac{\boldsymbol{h}_1\boldsymbol{h}_1^{\mathrm{H}}}{\|\boldsymbol{h}_1\|^2}, \quad \boldsymbol{R}_X = \frac{P_{\mathrm{T}}}{N_{\mathrm{t}}}\boldsymbol{I}_{N_{\mathrm{t}}} \tag{3.101}$$

若 $\dfrac{P_{\mathrm{T}}\|\boldsymbol{h}_1\|^2}{N_{\mathrm{t}}\sigma_{\mathrm{C}}^2} \leqslant \Gamma_1 \leqslant \dfrac{P_{\mathrm{T}}\|\boldsymbol{h}_1\|^2}{\sigma_{\mathrm{C}}^2}$，则式 (3.97) 的最优解为

$$\boldsymbol{W}_1 = \frac{\Gamma_1\sigma_{\mathrm{C}}^2\boldsymbol{h}_1\boldsymbol{h}_1^{\mathrm{H}}}{\|\boldsymbol{h}_1\|^4}, \quad \boldsymbol{R}_X = \sum_{i=1}^{N_{\mathrm{t}}} \lambda_{ii}\boldsymbol{u}_i\boldsymbol{u}_i^{\mathrm{H}} \tag{3.102}$$

其中，$\lambda_{ii}, \forall i$ 可由式 (3.103) 计算：

$$\lambda_{11} = \frac{\Gamma_1\sigma_{\mathrm{C}}^2}{\|\boldsymbol{h}_1\|^2}, \quad \lambda_{ii} = \frac{P_{\mathrm{T}}\|\boldsymbol{h}_1\|^2 - \Gamma_1\sigma_{\mathrm{C}}^2}{\|\boldsymbol{h}_1\|^2\left(N_t - 1\right)}, \quad i = 2, 3, \cdots, N_{\mathrm{t}} \tag{3.103}$$

♡

证明 根据引理 3.4，优化问题 [式 (3.97)] 可以简化为

$$\begin{aligned} \min_{\{\lambda_{ii}\}_{i=1}^{N_{\mathrm{t}}}} \quad & \sum_{i=1}^{N_{\mathrm{t}}} \lambda_{ii}^{-1} \\ \text{s.t.} \quad & \lambda_{11}\|\boldsymbol{h}_1\|^2 \geqslant \Gamma_1\sigma_{\mathrm{C}}^2 \\ & \sum_{i=1}^{N_{\mathrm{t}}} \lambda_{ii} \leqslant P_T，\ \lambda_{ii} \geqslant 0, \forall i \end{aligned} \tag{3.104}$$

式 (3.104) 为凸问题。注意为保证问题可行，需要有 $\dfrac{\Gamma_1\sigma_{\mathrm{C}}^2}{\|\boldsymbol{h}_1\|^2} \leqslant \lambda_{11} \leqslant P_{\mathrm{T}} \Leftrightarrow \Gamma_1 \leqslant$

$\frac{P_{\mathrm{T}}\|\boldsymbol{h}_1\|^2}{\sigma_{\mathrm{C}}^2}$。为找到问题的闭式解，我们首先给出问题的拉格朗日乘子：

$$\mathcal{L}=\sum_{i=1}^{N_{\mathrm{t}}}\lambda_{ii}^{-1}+\omega\left(-\lambda_{11}+\frac{\Gamma_1\sigma_{\mathrm{C}}^2}{\|\boldsymbol{h}_1\|^2}\right)+\mu\left(\sum_{i=1}^{N_{\mathrm{t}}}\lambda_{ii}-P_{\mathrm{T}}\right)-\sum_{i=1}^{N_{\mathrm{t}}}\eta_i\lambda_{ii} \tag{3.105}$$

其中，ω、μ 和 $\eta_i,\forall i$ 表示对偶变量。相应地，问题的 Karush-Kuhn-Tucker（KKT）条件可以写作

$$\frac{\partial\mathcal{L}}{\partial\lambda_{11}}=-\lambda_{11}^{-2}-\omega+\mu-\eta_1=0 \tag{3.106a}$$

$$\frac{\partial\mathcal{L}}{\partial\lambda_{ii}}=-\lambda_{ii}^{-2}+\mu-\eta_i=0,\quad i=2,3,\cdots,N_{\mathrm{t}} \tag{3.106b}$$

$$\omega\left(-\lambda_{11}+\frac{\Gamma_1\sigma_{\mathrm{C}}^2}{\|\boldsymbol{h}_1\|^2}\right)=0,\ \omega\geqslant 0,\ \lambda_{11}\geqslant\frac{\Gamma_1\sigma_{\mathrm{C}}^2}{\|\boldsymbol{h}_1\|^2} \tag{3.106c}$$

$$\mu\left(\sum_{i=1}^{N_{\mathrm{t}}}\lambda_{ii}-P_{\mathrm{T}}\right)=0,\ \mu\geqslant 0,\ \sum_{i=1}^{N_{\mathrm{t}}}\lambda_{ii}\leqslant P_{\mathrm{T}} \tag{3.106d}$$

$$\eta_i\lambda_{ii}=0,\ \eta_i\geqslant 0,\ \lambda_{ii}\geqslant 0 \tag{3.106e}$$

由式 (3.106e)，我们可以观察到 $\eta_i=0,\forall i$。这是因为 $\lambda_{ii}>0,\forall i$。因此，式 (3.106a) 和式 (3.106b) 可以重新表示为

$$\lambda_{11}^{-2}=\mu-\omega \tag{3.107a}$$

$$\lambda_{ii}^{-2}=\mu,\quad i=2,3,\cdots,N_{\mathrm{t}} \tag{3.107b}$$

由式 (3.107b) 可以看到 $\mu>0$。这说明，功率约束应总是被激活的，即 $\sum_{i=1}^{N_{\mathrm{t}}}\lambda_{ii}=P_{\mathrm{T}}$。下面，我们考虑 ω 的取值。

如果 $\omega=0$，则有 $\lambda_{11}>\frac{\Gamma_1\sigma_{\mathrm{C}}^2}{\|\boldsymbol{h}_1\|^2}$，即 SINR 约束未被激活。此时，应有 $\lambda_{ii}^{-2}=\mu,\forall i$，即所有 λ_{ii} 都必须相等，且可表示为

$$\lambda_{ii}=\frac{P_{\mathrm{T}}}{N_{\mathrm{t}}},\forall i \tag{3.108}$$

利用式 (3.108) 和引理 3.4，可得到最优解为

$$\boldsymbol{W}_1=\frac{P_{\mathrm{T}}}{N_{\mathrm{t}}}\frac{\boldsymbol{h}_1\boldsymbol{h}_1^{\mathrm{H}}}{\|\boldsymbol{h}_1\|^2},\ \boldsymbol{R}_X=\frac{P_{\mathrm{T}}}{N_{\mathrm{t}}}\boldsymbol{I}_{N_{\mathrm{t}}} \tag{3.109}$$

这就要求如下条件成立：

$$\frac{P_{\mathrm{T}}}{N_{\mathrm{t}}} > \frac{\Gamma_1 \sigma_{\mathrm{C}}^2}{\left\|\boldsymbol{h}_1\right\|^2} \Leftrightarrow \Gamma_1 < \frac{P_{\mathrm{T}}\left\|\boldsymbol{h}_1\right\|^2}{N_{\mathrm{t}} \sigma_{\mathrm{C}}^2} \tag{3.110}$$

如果 $\omega > 0$，则 SINR 约束被激活，且有 $\lambda_{11} = \frac{\Gamma_1 \sigma_{\mathrm{C}}^2}{\left\|\boldsymbol{h}_1\right\|^2}$。为满足功率约束，成立 $\sum_{ii=2}^{N_{\mathrm{t}}} \lambda_{ii} = P_{\mathrm{T}} - \frac{\Gamma_1 \sigma_{\mathrm{C}}^2}{\left\|\boldsymbol{h}_1\right\|^2}$。利用式 (3.107b) 可得

$$\lambda_{ii} = \frac{P_{\mathrm{T}}\left\|\boldsymbol{h}_1\right\|^2 - \Gamma_1 \sigma_{\mathrm{C}}^2}{\left\|\boldsymbol{h}_1\right\|^2 (N_{\mathrm{t}} - 1)}, \quad i = 2, 3, \cdots, N_{\mathrm{t}} \tag{3.111}$$

因此，当 $\Gamma_1 > \frac{P_{\mathrm{T}}\left\|\boldsymbol{h}_1\right\|^2}{N_{\mathrm{t}} \sigma_{\mathrm{C}}^2}$ 时，最优解可以表示为

$$\begin{aligned} \boldsymbol{W}_1 &= \left(\boldsymbol{u}_1^{\mathrm{H}} \boldsymbol{R}_X \boldsymbol{u}_1\right) \boldsymbol{u}_1 \boldsymbol{u}_1^{\mathrm{H}} = \frac{\Gamma_1 \sigma_{\mathrm{C}}^2 \boldsymbol{h}_1 \boldsymbol{h}_1^{\mathrm{H}}}{\left\|\boldsymbol{h}_1\right\|^4} \\ \boldsymbol{R}_X &= \sum_{i=1}^{N_{\mathrm{t}}} \lambda_{ii} \boldsymbol{u}_i \boldsymbol{u}_i^{\mathrm{H}} \end{aligned} \tag{3.112}$$

定理 3.3 得证。

由定理 3.3 得到的最优解自然满足秩约束，即 $\operatorname{rank}(\boldsymbol{W}_1) = 1$。因此，该解同时也是单用户场景下原问题 [式 (3.94)] 的解。

3. 多用户场景

尽管我们可以利用常用凸优化算法最优地求解 SDR 问题 [式 (3.96)]，却无法保证得到的解是 rank-1 最优解，甚或是低秩解。在导出的解为高秩解的情形下，我们可以利用多种低秩近似方法得到近似解，如特征值分解方法或高斯随机化方法。然而，特征值分解方法无法保证得到可行解，高斯随机化方法则具有较高的计算复杂度。下面，我们给出一种建设性方法，可以直接从求解式 (3.96) 得到的高秩解中获取最优的 rank-1 解。

与式 (3.97) 类似，式 (3.96) 可以等效为

$$\begin{aligned} &\min_{\{\boldsymbol{W}_k\}_{k=1}^K, \boldsymbol{R}_X} \operatorname{tr}\left(\boldsymbol{R}_X^{-1}\right) \\ &\text{s.t. } \operatorname{tr}(\boldsymbol{Q}_k \boldsymbol{W}_k) - \Gamma_k \operatorname{tr}(\boldsymbol{Q}_k (\boldsymbol{R}_X - \boldsymbol{W}_k)) \geqslant \Gamma_k \sigma_{\mathrm{C}}^2, \forall k \\ &\operatorname{tr}(\boldsymbol{R}_X) \leqslant P_{\mathrm{T}}, \ \boldsymbol{R}_X \succeq \sum_{k=1}^K \boldsymbol{W}_k, \ \boldsymbol{W}_k \succeq \boldsymbol{0}, \forall k \end{aligned} \tag{3.113}$$

记式 (3.112) 的最优解为 $\bar{\boldsymbol{R}}_X, \left\{\bar{\boldsymbol{W}}_k\right\}_{k=1}^K$，我们有 $\operatorname{rank}\left(\bar{\boldsymbol{R}}_X\right) = N_{\mathrm{t}}$，$\operatorname{rank}\left(\bar{\boldsymbol{W}}_k\right) \geqslant 1, \forall k$。若 $\operatorname{rank}\left(\bar{\boldsymbol{W}}_k\right) = 1, \forall k$，则 $\bar{\boldsymbol{R}}_X, \left\{\bar{\boldsymbol{W}}_k\right\}_{k=1}^K$ 同样也是式 (3.94) 的最优解。若对于某个 k 存在 $\operatorname{rank}\left(\bar{\boldsymbol{W}}_k\right) > 1$，则可利用定理 3.4 得到问题的 rank-1 最优解。

定理 3.4

给定式 (3.112) 的最优解 $\bar{\boldsymbol{R}}_X, \{\bar{\boldsymbol{W}}_k\}_{k=1}^K$，则如下 $\tilde{\boldsymbol{R}}_X, \{\widetilde{\boldsymbol{W}}_k\}_{k=1}^K$ 同样也是最优解：

$$\tilde{\boldsymbol{R}}_X = \bar{\boldsymbol{R}}_X, \quad \widetilde{\boldsymbol{W}}_k = \frac{\bar{\boldsymbol{W}}_k \boldsymbol{Q}_k \bar{\boldsymbol{W}}_k^{\mathrm{H}}}{\operatorname{tr}\left(\boldsymbol{Q}_k \bar{\boldsymbol{W}}_k\right)}, \forall k \leqslant K \tag{3.114}$$

其中，$\operatorname{rank}\left(\widetilde{\boldsymbol{W}}_k\right) = 1, \forall k \leqslant K$。♡

证明 我们先证明式 (3.114) 是式 (3.112) 的可行解。首先可以验证，由于 $\tilde{\boldsymbol{R}}_X = \bar{\boldsymbol{R}}_X$，所以发射功率保持不变。进一步注意到

$$\begin{aligned}\operatorname{tr}\left(\boldsymbol{Q}_k \widetilde{\boldsymbol{W}}_k\right) &= \operatorname{tr}\left(\boldsymbol{Q}_k \frac{\bar{\boldsymbol{W}}_k \boldsymbol{Q}_k \bar{\boldsymbol{W}}_k^{\mathrm{H}}}{\operatorname{tr}\left(\boldsymbol{Q}_k \bar{\boldsymbol{W}}_k\right)}\right) \\ &= \left(\boldsymbol{h}_k^{\mathrm{H}} \bar{\boldsymbol{W}}_k \boldsymbol{h}_k\right)^{-1} \operatorname{tr}\left(\boldsymbol{h}_k^{\mathrm{H}} \bar{\boldsymbol{W}}_k \boldsymbol{h}_k \boldsymbol{h}_k^{\mathrm{H}} \bar{\boldsymbol{W}}_k \boldsymbol{h}_k\right) = \operatorname{tr}\left(\boldsymbol{Q}_k \bar{\boldsymbol{W}}_k\right)\end{aligned} \tag{3.115}$$

我们有

$$\begin{aligned}&\operatorname{tr}\left(\boldsymbol{Q}_k \widetilde{\boldsymbol{W}}_k\right) - \Gamma_k \operatorname{tr}\left(\boldsymbol{Q}_k\left(\tilde{\boldsymbol{R}}_X - \widetilde{\boldsymbol{W}}_k\right)\right) \\ &= \operatorname{tr}\left(\boldsymbol{Q}_k \bar{\boldsymbol{W}}_k\right) - \Gamma_k \operatorname{tr}\left(\boldsymbol{Q}_k\left(\bar{\boldsymbol{R}}_X - \bar{\boldsymbol{W}}_k\right)\right) \geqslant \Gamma_k \sigma_{\mathrm{C}}^2\end{aligned} \tag{3.116}$$

也就是说，对于每个用户，SINR 约束仍然成立。由于每一个 $\widetilde{\boldsymbol{W}}_k$ 显然是 rank-1 并且半正定的，余下的任务就是证明 $\tilde{\boldsymbol{R}}_X \succeq \sum_{k=1}^K \widetilde{\boldsymbol{W}}_k$。对于任意给定的 $\boldsymbol{x} \in \mathbb{C}^{N_{\mathrm{t}} \times 1}$，我们有

$$\boldsymbol{x}^{\mathrm{H}}\left(\tilde{\boldsymbol{R}}_X - \sum_{k=1}^K \widetilde{\boldsymbol{W}}_k\right)\boldsymbol{x} = \boldsymbol{x}^{\mathrm{H}}\left(\bar{\boldsymbol{R}}_X - \sum_{k=1}^K \bar{\boldsymbol{W}}_k\right)\boldsymbol{x} + \sum_{k=1}^K \boldsymbol{x}^{\mathrm{H}}\left(\bar{\boldsymbol{W}}_k - \widetilde{\boldsymbol{W}}_k\right)\boldsymbol{x} \tag{3.117}$$

因为 $\bar{\boldsymbol{R}}_X \succeq \sum_{k=1}^K \bar{\boldsymbol{W}}_k$，所以式 (3.117) 中等号右边大于 0。此外，易得

$$\begin{aligned}\boldsymbol{x}^{\mathrm{H}}\left(\bar{\boldsymbol{W}}_k - \widetilde{\boldsymbol{W}}_k\right)\boldsymbol{x} &= \boldsymbol{x}^{\mathrm{H}}\left(\bar{\boldsymbol{W}}_k - \frac{\bar{\boldsymbol{W}}_k \boldsymbol{Q}_k \bar{\boldsymbol{W}}_k^{\mathrm{H}}}{\operatorname{tr}\left(\boldsymbol{Q}_k \bar{\boldsymbol{W}}_k\right)}\right)\boldsymbol{x} \\ &= \boldsymbol{x}^{\mathrm{H}} \bar{\boldsymbol{W}}_k \boldsymbol{x} - \frac{\left|\boldsymbol{x}^{\mathrm{H}} \bar{\boldsymbol{W}}_k \boldsymbol{h}_k\right|^2}{\boldsymbol{h}_k^{\mathrm{H}} \bar{\boldsymbol{W}}_k \boldsymbol{h}_k} \geqslant 0 \\ &\Leftrightarrow \left(\boldsymbol{x}^{\mathrm{H}} \bar{\boldsymbol{W}}_k \boldsymbol{x}\right)\left(\boldsymbol{h}_k^{\mathrm{H}} \bar{\boldsymbol{W}}_k \boldsymbol{h}_k\right) \geqslant \left|\boldsymbol{x}^{\mathrm{H}} \bar{\boldsymbol{W}}_k \boldsymbol{h}_k\right|^2\end{aligned} \tag{3.118}$$

式 (3.118) 中的不等式可以由 Cauchy-Schwarz 不等式证明。因此，$\tilde{\boldsymbol{R}}_X - \sum_{k=1}^{K} \widetilde{\boldsymbol{W}}_k \succeq \mathbf{0}$ 成立。

基于以上，式 (3.114) 是式 (3.112) 的可行解。另外容易验证，由于 $\tilde{\boldsymbol{R}}_X = \bar{\boldsymbol{R}}_X$，目标函数值不变。因此，它也是式 (3.112) 的最优解。定理 3.4 得证。

定理 3.4 的主要思想在于，将 $\bar{\boldsymbol{W}}_k$ 替换为 rank-1 矩阵 $\widetilde{\boldsymbol{W}}_k$，从而保证第 k 个用户的有用信号功率不变。然后，将 $\widetilde{\boldsymbol{W}}_k$ 与 $\bar{\boldsymbol{W}}_k$ 之间的差放到辅助波束赋形矩阵 $\boldsymbol{W}_{\mathrm{A}}$ 的协方差矩阵中。如此一来，由于 $\bar{\boldsymbol{R}}_X$ 不变，目标函数和发射功率也不变。另外，对于每个用户而言，有用信号功率和干扰信号功率不变，所以 SINR 值不变。因此，式 (3.114) 是可行解，也是最优解。

基于定理 3.4，对式 (3.94)，最优 $\widetilde{\boldsymbol{W}}_{\mathrm{D}}$ 的前 K 列（即通信波束赋形矩阵 $\boldsymbol{W}_{\mathrm{C}}$）可以直接由式 (3.119) 获得：

$$\boldsymbol{w}_k = \frac{\bar{\boldsymbol{W}}_k \boldsymbol{h}_k}{\sqrt{\operatorname{tr}\left(\boldsymbol{Q}_k \bar{\boldsymbol{W}}_k\right)}} = \left(\boldsymbol{h}_k^{\mathrm{H}} \bar{\boldsymbol{W}}_k \boldsymbol{h}_k\right)^{-1/2} \bar{\boldsymbol{W}}_k \boldsymbol{h}_k, \forall k \leqslant K \tag{3.119}$$

辅助波束赋形矩阵 $\boldsymbol{W}_{\mathrm{A}}$ 则可以通过求解 $\tilde{\boldsymbol{R}}_X - \sum_{k=1}^{K} \widetilde{\boldsymbol{W}}_k$ 的平方根获得，即

$$\boldsymbol{W}_{\mathrm{A}} \boldsymbol{W}_{\mathrm{A}}^{\mathrm{H}} = \tilde{\boldsymbol{R}}_X - \sum_{k=1}^{K} \widetilde{\boldsymbol{W}}_k \tag{3.120}$$

其中，$\boldsymbol{W}_{\mathrm{A}}$ 作为平方根可以通过多种方法求得，例如 Cholesky 分解或特征值分解。

3.3.4 数值仿真结果

本小节中，我们通过数值仿真实验来验证点目标和扩展目标下，估计性能最优的联合波束赋形方法的有效性。不失一般性，考虑一个装备有 $N_{\mathrm{t}} = 16$ 个发射天线和 $N_{\mathrm{r}} = 20$ 个接收天线的雷达通信一体化基站，其最大发射功率设为 $P_{\mathrm{T}} = 30\mathrm{dBm}$，噪声功率设为 $\sigma_{\mathrm{C}}^2 = \sigma_{\mathrm{R}}^2 = 0\mathrm{dBm}$，一体化信号帧长/脉冲长度设为 $L = 30$。对于点目标模型，我们假设目标角度为 $\theta = 0^\circ$。对于扩展目标模型，我们假设目标响应矩阵 $\boldsymbol{G}$ 中的元素服从均值为 0、方差为 1 的独立同分布（Independent Identically Distributed，IID）高斯分布。由于扩展目标的 CRLB 与 MSE 相同，我们将在本小节中用 MSE 来表示对矩阵 $\boldsymbol{G}$ 的估计性能。

1. 单用户场景下闭式解的验证

我们首先验证单用户场景下，点目标和扩展目标场景的闭式解的正确性。这一结果在图3.5中示出，其中点目标和扩展目标下的雷达估计性能分别由目标角度 CRLB 的

平方根和目标相应矩阵的 MSE 给出。可以看到，闭式解与其数值实验结果极其吻合。此外，提升通信用户的 SINR 会导致 CRLB 以及 MSE 的增加。幸运的是，当用户的 SINR 低于 30dB 时，目标估计误差可以保持在最小范围内。

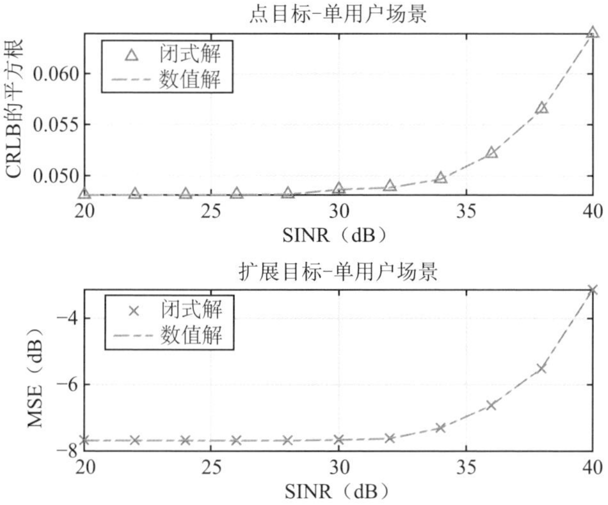

图 3.5　单用户场景下闭式解与数值解的对比

2. 点目标和多用户场景下的联合波束赋形

下面，我们考察点目标和多用户场景下的联合波束赋形性能。我们比较的基准技术包括文献 [147] 提出的一体化波束赋形方法，以及本节提出的方法 [98]。这两种方法均在保证通信用户 SINR 的前提下，逼近给定的雷达波束图样。因此，我们用“波束图样近似方法 1”和“波束图样近似方法 2”表示这两种设计方法，用“最小化 CRLB 设计”表示估计性能最优的波束赋形方法。对波束图样近似方法，我们定义 3dB 波束宽度为 10°。我们首先在图3.6中示出通过上述 3 种方法得到的雷达波束图样，其中用户数量和 SINR 门限设为 $K = 4$ 和 $\Gamma_k = 15\text{dB}, \forall k$。可以看到，这 3 种方法都能准确地将它们的主瓣对准目标方向。我们同时也观察到，由于通信 SINR 约束的存在，波束图样的旁瓣区域有一定的随机波动。另外，波束图样近似方法 2 在目标角度处的辐射功率是 3 种方法中最高的。

在图3.7中，我们给出了在接收回波的 SNR 增长时，目标角度估计的 RMSE 的变化。我们将回波 SNR 定义为 $\text{SNR}_{\text{radar}} = |\alpha|^2 LP_{\text{T}}/\sigma_{\text{R}}^2$。我们利用穷举搜索法对目标角度进行最大似然估计 [135]。可以看到，所有的 RMSE 都以 CRLB 为下界。在高 SNR 条件下，CRLB 更紧，且可以由最大似然估计达到。另外，波束图样近似方法 2 具有最佳的估计性能，尤其是在低 SNR 条件下。这证明本节提出的方法与 3.2 节介绍的“逼

近法”以及文献 [147] 中的方法相比，确实具有更佳的估计性能。

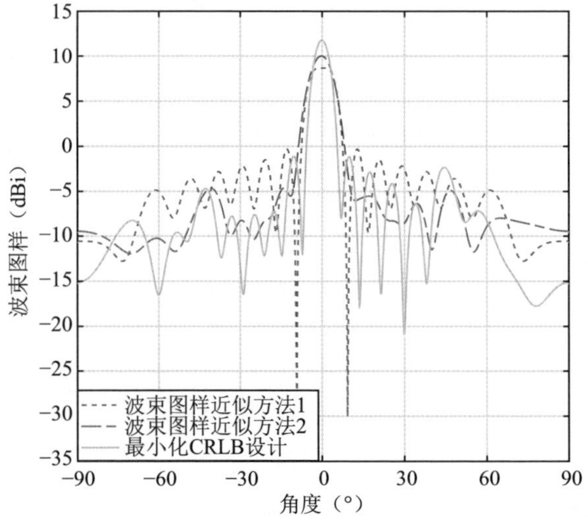

图 3.6　点目标和多用户场景下通过 3 种一体化波束赋形方法得到的雷达波束图样。用户数量 $K=4$，SINR 门限为15dB

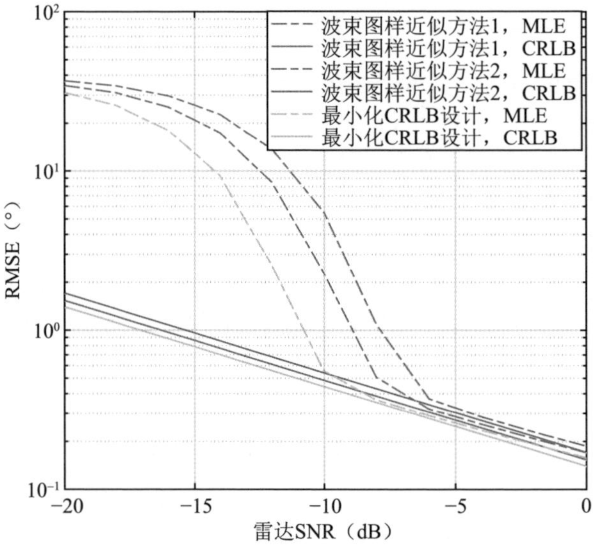

图 3.7　点目标和多用户场景下的目标估计性能对比。用户数量 $K=4$，SINR 门限为15dB

在图 3.8 中，我们考察了点目标和多用户场景下雷达和通信的性能权衡。由于用户 SINR 门限的提高，目标估计的 CRLB 也随之增长。对于用户数量较少的情况，CRLB 可以在 SINR 增长时保持在较低的水平。我们再一次看到，本节提出的方法具有最优的估计性能。

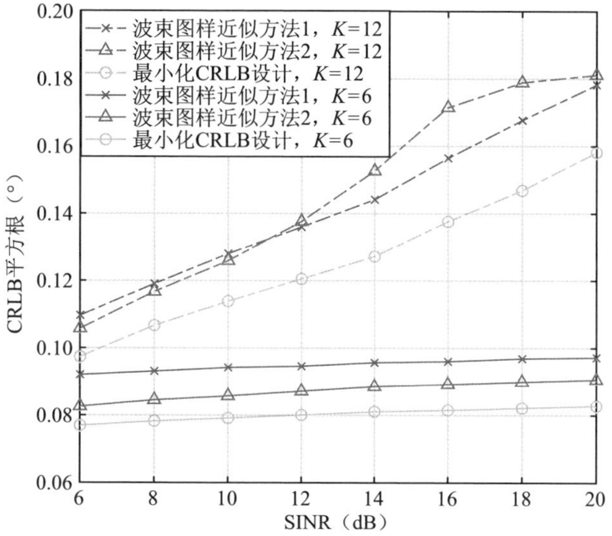

图 3.8　点目标和多用户场景下雷达与通信的性能权衡。用户数量分别为 $K=6$ 和 $K=12$

3. 扩展目标和多用户场景下的联合波束赋形

下面，我们研究扩展目标和多用户场景。在图3.9中，我们在用户数量分别为 12 和 6 的情况下考察了目标响应矩阵估计的 MSE 和通信用户 SINR 之间的性能权衡。其

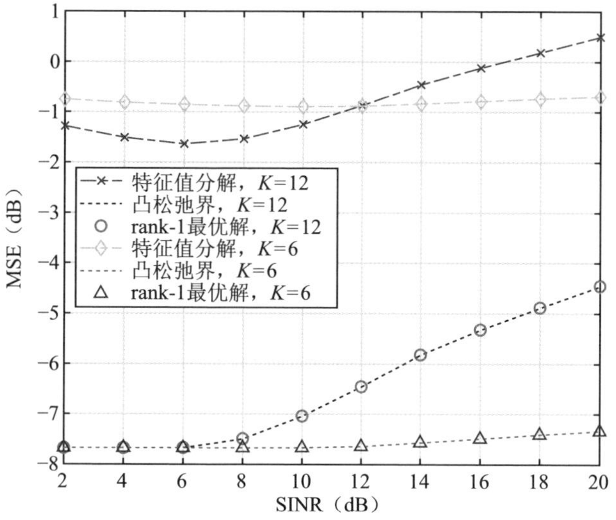

图 3.9　扩展目标和多用户场景下雷达与通信的性能权衡。用户数量分别为 $K=6$ 和 $K=12$

中，SDR 问题 [式 (3.96)] 的 rank-1 近似解作为性能基准，与本节提出的方法进行比较。rank-1 近似解由特征值分解得到。我们看到，利用定理 3.4，我们确实能够得到问题的全局最优解，且其性能比 rank-1 近似解要好得多；特征值分解方法则无法呈现出合理的性能权衡曲线。此外，利用定理 3.4 的求解方法，我们能够在用户数量适中时，将雷达目标估计误差保持在一个较低的水平。

在图3.10中，我们给出了通信用户数量对雷达目标估计性能的影响，并将 SINR 门限分别设为 20dB 和 10dB。可以观察到，在用户数量增长时，估计性能持续恶化。幸运的是，在通信 SINR 为 10dB 时，MSE 的变化能够维持在 1dB 以内，且本节提出的方法又一次得到了与 rank-1 近似解（即图中的特征值分解）相比更好的性能。

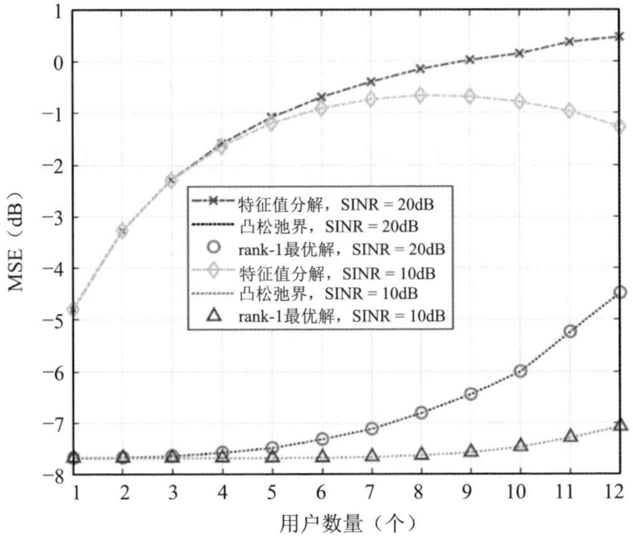

图 3.10 扩展目标和多用户场景下通信用户数量对雷达目标估计性能的影响。
SINR 门限分别为20dB 和10dB

3.4 本章小结

本章讨论了 MIMO 雷达通信一体化系统的联合波束赋形问题，并提出了两种设计理念，即波束图样逼近法和估计性能优化方法。

本章首先提出了基于波束图样逼近的一体化波束赋形方法。该方法在逼近给定雷达探测波束图样的同时，保证了下行用户的 SINR 以及系统的发射总功率预算。我们提出了天线阵列的分离式部署与共享式部署。仿真结果显示，与分离式部署相比，共享式部署能够提供更佳的系统性能。

为进一步改善雷达估计性能，本章随后在“逼近法”的基础上提出了估计性能最优的一体化波束赋形方法，在优化雷达估计性能指标 CRLB 的同时，保证了下行用户的 SINR 以及系统的发射总功率预算。我们分别研究了点目标和扩展目标两种场景下的波束赋形方法，并且在仅有一个通信用户时给出了优化问题的解析解。在多用户场景下，我们利用半正定松弛方法得到了优化问题的全局最优解。仿真结果显示，与逼近法相比，对雷达估计性能进行优化，可以有效降低目标的估计误差。

第 4 章　雷达通信一体化波形设计方法

在本章中，我们继续讨论第 3 章提出的 MIMO 雷达通信一体化系统模型，且仍然在共享式部署框架下进行研究。按照经典假设，在 MU-MIMO 下行系统中，通信符号通常满足标准复高斯分布 [121]，其协方差矩阵为单位矩阵。因此，在第 3 章介绍的共享式部署中，发射信号的协方差矩阵由波束赋形矩阵唯一决定，这正是我们能够进行一体化波形设计的合理性所在。然而，这些方案仍然存在以下缺陷。

（1）实际发射的通信符号通常随机产生于某个离散星座图，如多进制相移键控（Multiple Phase Shift Keying，MPSK）或 QAM，因而不满足高斯分布。因此，一体化波形的协方差矩阵将由波束赋形矩阵和通信符号共同决定，这使得仅基于波束赋形矩阵的设计方案无法严格满足雷达波束图样的性能需求。

（2）在实际的雷达系统中，为最大限度地放大信号，必须保证功率放大器能够工作在饱和区。为避免信号失真，往往要求发射信号为**恒包络**（Constant Envelope）。然而，本书第 3 章中的波束赋形设计无法保证发射信号的恒包络特性。

（3）求解第 3 章中的优化问题会消耗大量的计算资源，与实际应用仍存在一定距离。

目前，已经有一部分文献探索了大规模 MIMO（massive MIMO）通信系统和 MIMO 雷达中的恒包络波形设计问题 [148-155]。这些工作面对的一个共同难题是：恒包络约束条件是非凸的，而且这一条件的加入往往导致 NP 难问题，从而无法在多项式时间内求解 [156]。已有的工作中，文献 [152] 和文献 [153] 提出利用 SDR 方法对非凸问题进行松弛，进而设计 MIMO 雷达的恒包络波形；文献 [149] 和文献 [151] 则提出利用流形优化算法来求解大规模 MIMO 系统中的恒包络预编码问题。后者的具体思路是，将恒包络可行域看作高维环或高维 Oblique 流形（Oblique Manifold），从而利用黎曼共轭梯度（Riemannian Conjugate Gradient，RCG）方法来进行快速求解。然而，这两种方法均只能得到优化问题的局部解，且往往与全局最优解相去甚远。文献 [154] 提出了一种序贯 QCQP 精细化（Successive Quadratic Constrained Quadratic Programming Refinement，SQR）方法。该方法的主要思想是，通过求解一系列凸的 QCQP 问题来逼近非凸问题的解。遗憾的是，SQR 方法无法保证解的全局最优性。截至本书成稿之日，我们尚未见到利用高效全局算法求解恒包络问题的相关文献或报道。

针对上述缺陷，本章在第 3 章的基础上提出一系列 MIMO 雷达通信一体化波形设计方法。具体而言，我们将首先考虑两种能够**严格达到**给定雷达波束图样的波形设计算法，并给出问题的**闭式解**。随后，我们提出一种雷达–通信性能折中设计算法，该算法能够根据实际场景下对两种功能的不同偏好快速生成一体化波形。这 3 种波形设计算法均能够导出问题的**全局最优解**，且具有极低的复杂度，适合工程实现。最后，我们给出一种全局最优的恒包络雷达通信一体化波形设计方法，使得系统在完成雷达和通信功能的同时，还能保证信号的恒包络特性。

4.1　基本模型及性能指标

MIMO 雷达一体化系统具有 N 个发射天线，在服务 K 个单天线通信用户的同时进行目标探测。通信信号矩阵为 $\boldsymbol{X}=[\boldsymbol{x}_1,\boldsymbol{x}_2,\cdots,\boldsymbol{x}_L]\in\mathbb{C}^{N\times L}$，则 K 个下行用户的接收信号矩阵为

$$\boldsymbol{Y}_{\mathrm{C}}=\boldsymbol{H}\boldsymbol{X}+\boldsymbol{Z} \tag{4.1}$$

其中，$\boldsymbol{H}=[\boldsymbol{h}_1,\boldsymbol{h}_2,\cdots,\boldsymbol{h}_K]^{\mathrm{T}}\in\mathbb{C}^{K\times N}$ 是一体化系统与用户间的信道矩阵；$\boldsymbol{Z}=[\boldsymbol{z}_1,\cdots,\boldsymbol{z}_L]\in\mathbb{C}^{K\times L}$ 是噪声矩阵，服从 $\boldsymbol{z}_j\sim\mathcal{CN}\left(0,\sigma_{\mathrm{C}}^2\boldsymbol{I}_N\right),\forall j$。

与第 3 章一致，我们仍然采用以下假设。

假设 4.1：通信信号 $\boldsymbol{X}$ 同时被用于雷达探测，因此是一种雷达通信一体化波形。

假设 4.2：信道 $\boldsymbol{H}$ 为瑞利平坦衰落，一体化系统可以利用导频信号准确地获知该信道的 CSI。

给定 $\boldsymbol{S}\in\mathbb{C}^{K\times L}$ 为一体化系统发给 K 个用户的通信符号矩阵，则式 (4.1) 可被改写为

$$\boldsymbol{Y}_{\mathrm{C}}=\boldsymbol{S}+\underbrace{(\boldsymbol{H}\boldsymbol{X}-\boldsymbol{S})}_{\mathrm{MUI}}+\boldsymbol{Z} \tag{4.2}$$

对每个用户而言，我们假设 $\boldsymbol{S}$ 中的元素都取自同一个星座图 [如正交相移键控（Quadrature Phase Shift Keying，QPSK）]。式 (4.2) 中的第 2 项表示 MUI 信号，其能量可以表示为

$$P_{\mathrm{MUI}}=\|\boldsymbol{H}\boldsymbol{X}-\boldsymbol{S}\|_{\mathrm{F}}^2 \tag{4.3}$$

文献 [148] 证明，MUI 的能量与下行用户的可达和速率直接相关。具体而言，对于第 i 个用户，其平均 SINR 为

$$\gamma_i=\frac{\mathbb{E}\left(\left|s_{i,j}\right|^2\right)}{\underbrace{\mathbb{E}\left(\left|\boldsymbol{h}_i^{\mathrm{T}}\boldsymbol{x}_j-s_{i,j}\right|^2\right)}_{\text{MUI 的能量}}+\sigma_{\mathrm{C}}^2} \tag{4.4}$$

其中，$\mathbb{E}$ 表示关于时间求期望。于是，K 个下行用户的和速率上界为

$$R=\sum_{i=1}^{K}\log\left(1+\gamma_i\right) \tag{4.5}$$

对于给定的具有固定能量的星座图，有用信号功率 $\mathbb{E}\left(\left|s_{i,j}\right|^2\right)$ 同样也是固定的。由式 (4.3) 和式 (4.5) 可以看到，最大化下行和速率等价于最小化 MUI 能量。

4.2 基于给定雷达波束图样的波形设计

回顾本书第 3 章可知，在天线阵列几何固定的情况下，雷达的发射波束图样由波形协方差矩阵唯一决定，即 $P_{\mathrm{d}}(\theta)=\boldsymbol{a}^{\mathrm{H}}(\theta)\boldsymbol{R}_X\boldsymbol{a}(\theta)$，其中 $\boldsymbol{a}(\theta)$ 是一体化系统发射天线阵列的方向矢量，$\boldsymbol{R}_X=\dfrac{1}{L}\boldsymbol{X}\boldsymbol{X}^{\mathrm{H}}$ 是波形协方差矩阵。本节中，我们首先考虑一体化系统的全向搜索波形设计，再考虑其定向跟踪波形设计。

4.2.1 严格全向搜索波形设计

根据本书第 2 章的定义，全向搜索波形要求矩阵 $\boldsymbol{X}$ 是正交的，即要求相应的协方差矩阵为单位矩阵。为了最小化下行通信的 MUI 能量，同时保证 $\boldsymbol{X}$ 的正交性，我们考虑如下优化问题：

$$\begin{aligned}&\min_{\boldsymbol{X}}\left\|\boldsymbol{H}\boldsymbol{X}-\boldsymbol{S}\right\|_{\mathrm{F}}^2\\&\text{s.t. }\ \frac{1}{L}\boldsymbol{X}\boldsymbol{X}^{\mathrm{H}}=\frac{P_{\mathrm{T}}}{N}\boldsymbol{I}_N\end{aligned} \tag{4.6}$$

其中，P_{T} 是一体化系统的总发射功率，$\boldsymbol{I}_N$ 表示 $N\times N$ 单位矩阵。不难看出，上述约束条件保证了雷达的波束图样是严格满足全向发射要求的，因此我们称之为严格全向搜索波形。由于非凸正交约束的存在，$\boldsymbol{X}$ 是复 Stiefel 流形上的一个点。虽然式 (4.1) 是非凸的，但根据文献 [157]，该问题可被归类为正交 Procrustes 问题（Orthogonal Procrustes Problem，OPP），其全局最优解可以被解析求得。具体而言，我们有命题 4.1 成立。

命题 4.1

式 (4.6) 的全局最优解为

$$\boldsymbol{X}=\sqrt{\frac{LP_{\mathrm{T}}}{N}}\boldsymbol{U}\boldsymbol{I}_{N\times L}\boldsymbol{V}^{\mathrm{H}} \tag{4.7}$$

其中，$\boldsymbol{U}\boldsymbol{\Sigma}\boldsymbol{V}^{\mathrm{H}}=\boldsymbol{H}^{\mathrm{H}}\boldsymbol{S}$ 是矩阵 $\boldsymbol{H}^{\mathrm{H}}\boldsymbol{S}$ 的 SVD。♠

证明　首先将目标函数展开为

$$\begin{aligned}\|\boldsymbol{HX}-\boldsymbol{S}\|_{\mathrm{F}}^{2}&=\operatorname{tr}\left((\boldsymbol{HX}-\boldsymbol{S})(\boldsymbol{HX}-\boldsymbol{S})^{\mathrm{H}}\right)\\&=\operatorname{tr}\left(\boldsymbol{HXX}^{\mathrm{H}}\boldsymbol{H}^{\mathrm{H}}\right)-2\operatorname{Re}\left(\operatorname{tr}\left(\boldsymbol{SX}^{\mathrm{H}}\boldsymbol{H}^{\mathrm{H}}\right)\right)+\operatorname{tr}\left(\boldsymbol{SS}^{\mathrm{H}}\right)\\&=\frac{LP_{\mathrm{T}}}{N}\operatorname{tr}\left(\boldsymbol{HH}^{\mathrm{H}}\right)-2\operatorname{Re}\left(\operatorname{tr}\left(\boldsymbol{SX}^{\mathrm{H}}\boldsymbol{H}^{\mathrm{H}}\right)\right)+\operatorname{tr}\left(\boldsymbol{SS}^{\mathrm{H}}\right)\end{aligned}\tag{4.8}$$

根据式 (4.8)，原问题 [式 (4.6)] 等价于最大化 $\operatorname{Re}\left(\operatorname{tr}\left(\boldsymbol{SX}^{\mathrm{H}}\boldsymbol{H}^{\mathrm{H}}\right)\right)$。给定矩阵 $\boldsymbol{H}^{\mathrm{H}}\boldsymbol{S}$ 的 SVD 为 $\boldsymbol{H}^{\mathrm{H}}\boldsymbol{S}=\boldsymbol{U\Sigma V}^{\mathrm{H}}$，并记 $\boldsymbol{T}=\boldsymbol{V}^{\mathrm{H}}\boldsymbol{X}^{\mathrm{H}}\boldsymbol{U}$。考虑到 $\boldsymbol{\Sigma}\in\mathbb{C}^{N\times L}$ 是对角矩阵，且根据迹的循环不变性质，有

$$\begin{aligned}\operatorname{Re}\left(\operatorname{tr}\left(\boldsymbol{X}^{\mathrm{H}}\boldsymbol{H}^{\mathrm{H}}\boldsymbol{S}\right)\right)&=\operatorname{Re}\left(\operatorname{tr}\left(\boldsymbol{X}^{\mathrm{H}}\boldsymbol{U\Sigma V}^{\mathrm{H}}\right)\right)=\operatorname{Re}\left(\operatorname{tr}\left(\boldsymbol{V}^{\mathrm{H}}\boldsymbol{X}^{\mathrm{H}}\boldsymbol{U\Sigma}\right)\right)\\&=\operatorname{Re}\left(\operatorname{tr}\left(\boldsymbol{T\Sigma}\right)\right)=\operatorname{Re}\left(\sum_{i=1}^{N}T_{ii}\Sigma_{ii}\right)\end{aligned}\tag{4.9}$$

由于 $\boldsymbol{T}^{\mathrm{H}}\boldsymbol{T}=\dfrac{LP_{\mathrm{T}}}{N}\boldsymbol{I}_N$，有 $T_{ii}\leqslant\sqrt{\dfrac{LP_{\mathrm{T}}}{N}}$，因此，使得式 (4.9) 最大的 $\boldsymbol{T}$ 为

$$\boldsymbol{T}=\boldsymbol{V}^{\mathrm{H}}\boldsymbol{X}^{\mathrm{H}}\boldsymbol{U}=\sqrt{\frac{LP_{\mathrm{T}}}{N}}\boldsymbol{I}_{N\times L}\tag{4.10}$$

其中，$\boldsymbol{I}_{N\times L}$ 由 $N\times N$ 维单位矩阵与 $N\times(L-N)$ 维零矩阵组成。由式 (4.10)，原问题 [式 (4.6)] 的全局最优解为

$$\boldsymbol{X}=\sqrt{\frac{LP_{\mathrm{T}}}{N}}\boldsymbol{UI}_{N\times L}\boldsymbol{V}^{\mathrm{H}}\tag{4.11}$$

命题 4.1 得证。

4.2.2　严格定向跟踪波形设计

给定跟踪波形的协方差矩阵 $\boldsymbol{R}_{\mathrm{d}}\neq\dfrac{P_{\mathrm{T}}}{N}\boldsymbol{I}_N$，则对应的 MUI 最小化问题为

$$\begin{aligned}&\min_{\boldsymbol{X}}\|\boldsymbol{HX}-\boldsymbol{S}\|_{\mathrm{F}}^{2}\\&\text{s.t.}\ \frac{1}{L}\boldsymbol{XX}^{\mathrm{H}}=\boldsymbol{R}_{\mathrm{d}}\end{aligned}\tag{4.12}$$

其中，$\boldsymbol{R}_\mathrm{d}$ 是复对称半正定矩阵，且有 $\mathrm{tr}\left(\boldsymbol{R}_\mathrm{d}\right) = P_\mathrm{T}$。对其进行 Cholesky 分解得

$$\boldsymbol{R}_\mathrm{d} = \boldsymbol{F}\boldsymbol{F}^\mathrm{H} \tag{4.13}$$

其中，$\boldsymbol{F} \in \mathbb{C}^{N\times N}$ 是下三角矩阵。不失一般性，我们假设 $\boldsymbol{R}_\mathrm{d}$ 是正定的，从而确保 $\boldsymbol{F}$ 可逆，则式 (4.12) 中的约束条件可写作

$$\frac{1}{L}\boldsymbol{F}^{-1}\boldsymbol{X}\boldsymbol{X}^\mathrm{H}\boldsymbol{F}^{-\mathrm{H}} = \boldsymbol{I}_N \tag{4.14}$$

记 $\tilde{\boldsymbol{X}} = \sqrt{\frac{1}{L}}\boldsymbol{F}^{-1}\boldsymbol{X}$，式 (4.12) 等价于

$$\begin{aligned} &\min_{\tilde{\boldsymbol{X}}} \left\| \sqrt{L}\boldsymbol{H}\boldsymbol{F}\tilde{\boldsymbol{X}} - \boldsymbol{S} \right\|_\mathrm{F}^2 \\ &\text{s.t.} \ \ \tilde{\boldsymbol{X}}\tilde{\boldsymbol{X}}^\mathrm{H} = \boldsymbol{I}_N \end{aligned} \tag{4.15}$$

可以看到，式 (4.15) 仍然是 OPP，则根据式 (4.11)，这一问题的全局最优解为

$$\tilde{\boldsymbol{X}} = \tilde{\boldsymbol{U}}\boldsymbol{I}_{N\times L}\tilde{\boldsymbol{V}}^\mathrm{H} \tag{4.16}$$

其中，$\tilde{\boldsymbol{U}}\tilde{\boldsymbol{\Sigma}}\tilde{\boldsymbol{V}}^\mathrm{H}$ 是 $\boldsymbol{F}^\mathrm{H}\boldsymbol{H}^\mathrm{H}\boldsymbol{S}$ 的 SVD。由式 (4.16)，式 (4.12) 的解为

$$\boldsymbol{X} = \sqrt{L}\boldsymbol{F}\tilde{\boldsymbol{U}}\boldsymbol{I}_{N\times L}\tilde{\boldsymbol{V}}^\mathrm{H} \tag{4.17}$$

4.3 雷达与通信性能的折中设计

在式 (4.6) 和式 (4.12) 中，我们针对一体化波形的协方差矩阵引入了严格的等式约束。在这一约束下，雷达的波束图样能够严格满足要求，但通信性能有可能严重受损。尤其是当通信信道矩阵 $\boldsymbol{H}$ 呈现病态时，MUI 能量将难以降低。因此，我们考虑一种折中设计，即允许一体化系统的波束图样与参考波束图样存在可容忍的不匹配，从而松弛等式约束条件，使得 MUI 能量能够进一步降低。在本节中，我们首先考虑总功率约束下的优化问题。然后在此基础上，进一步考虑各天线独立功率（称为逐天线功率约束）下的折中设计问题。

1. 总功率约束下的优化问题

记 $\boldsymbol{X}_0$ 为式 (4.6) 或式 (4.12) 的最优解。给定 $\boldsymbol{X}_0$ 后，折中优化问题为

$$\begin{aligned}\min_{\boldsymbol{X}} \quad & \rho\left\|\boldsymbol{H}\boldsymbol{X}-\boldsymbol{S}\right\|_{\mathrm{F}}^2+(1-\rho)\left\|\boldsymbol{X}-\boldsymbol{X}_0\right\|_{\mathrm{F}}^2 \\ \text{s.t.} \quad & \frac{1}{L}\left\|\boldsymbol{X}\right\|_{\mathrm{F}}^2=P_{\mathrm{T}}\end{aligned} \tag{4.18}$$

其中，$0 \leqslant \rho \leqslant 1$ 是权重因子，根据系统设计者对雷达和通信性能的偏好而决定。

为保证式 (4.18) 与式 (4.6) 和式 (4.12) 的一致性，我们引入了等式约束来保证其发射功率为 P_{T}，这也是因为雷达通常需要工作在最大发射功率。同时，式 (4.18) 中的 $\boldsymbol{X}_0$ 也可以是其他具有良好性能的雷达参考波形，例如啁啾信号。

我们注意到，式 (4.18) 的目标函数中两个 Frobenius 范数的和可以被写作

$$\begin{aligned}&\rho\left\|\boldsymbol{H}\boldsymbol{X}-\boldsymbol{S}\right\|_{\mathrm{F}}^2+(1-\rho)\left\|\boldsymbol{X}-\boldsymbol{X}_0\right\|_{\mathrm{F}}^2 \\ &=\left\|\left[\sqrt{\rho}\boldsymbol{H}^{\mathrm{T}},\sqrt{1-\rho}\boldsymbol{I}_N\right]^{\mathrm{T}}\boldsymbol{X}-\left[\sqrt{\rho}\boldsymbol{S}^{\mathrm{T}},\sqrt{1-\rho}\boldsymbol{X}_0^{\mathrm{T}}\right]^{\mathrm{T}}\right\|_{\mathrm{F}}^2\end{aligned} \tag{4.19}$$

记 $\boldsymbol{A}=\left[\sqrt{\rho}\boldsymbol{H}^{\mathrm{T}},\sqrt{1-\rho}\boldsymbol{I}_N\right]^{\mathrm{T}} \in \mathbb{C}^{(K+N)\times N}$, $\boldsymbol{B}=\left[\sqrt{\rho}\boldsymbol{S}^{\mathrm{T}},\sqrt{1-\rho}\boldsymbol{X}_0^{\mathrm{T}}\right]^{\mathrm{T}} \in \mathbb{C}^{(K+N)\times L}$，则式 (4.18) 可以被写成如下紧凑形式:

$$\begin{aligned}\min_{\boldsymbol{X}} \quad & \left\|\boldsymbol{A}\boldsymbol{X}-\boldsymbol{B}\right\|_{\mathrm{F}}^2 \\ \text{s.t.} \quad & \left\|\boldsymbol{X}\right\|_{\mathrm{F}}^2=LP_{\mathrm{T}}\end{aligned} \tag{4.20}$$

式 (4.20) 是非凸 QCQP。利用 SDR 方法，可以将其松弛为 SDP。由于该问题中仅有一个二次约束，根据文献 [158-159]，SDR 具有**紧致性**（Tightness），即得到的解的秩总是为 1。这说明，通过 SDR 方法可以得到式 (4.20) 的全局最优解。然而，由于式 (4.20) 的维度过多，SDR 方法的计算效率十分低下。因此，我们考虑一种低复杂度算法来对其进行高效求解。

2. 对式 (4.20) 的求解——基于强对偶性的低复杂度算法

将式 (4.20) 的目标函数展开为

$$\begin{aligned}\|\boldsymbol{AX}-\boldsymbol{B}\|_{\mathrm{F}}^{2}&=\operatorname{tr}\left(\left(\boldsymbol{AX}-\boldsymbol{B}\right)^{\mathrm{H}}\left(\boldsymbol{AX}-\boldsymbol{B}\right)\right)\\&=\operatorname{tr}\left(\boldsymbol{X}^{\mathrm{H}}\boldsymbol{A}^{\mathrm{H}}\boldsymbol{AX}\right)-\operatorname{tr}\left(\boldsymbol{X}^{\mathrm{H}}\boldsymbol{A}^{\mathrm{H}}\boldsymbol{B}\right)-\operatorname{tr}\left(\boldsymbol{B}^{\mathrm{H}}\boldsymbol{AX}\right)+\operatorname{tr}\left(\boldsymbol{B}^{\mathrm{H}}\boldsymbol{B}\right)\end{aligned}\tag{4.21}$$

记 $\boldsymbol{Q}=\boldsymbol{A}^{\mathrm{H}}\boldsymbol{A}$，$\boldsymbol{G}=\boldsymbol{A}^{\mathrm{H}}\boldsymbol{B}$，则式 (4.20) 等价于

$$\begin{aligned}&\min_{\boldsymbol{X}}\ \operatorname{tr}\left(\boldsymbol{X}^{\mathrm{H}}\boldsymbol{QX}\right)-2\operatorname{Re}\left(\operatorname{tr}\left(\boldsymbol{X}^{\mathrm{H}}\boldsymbol{G}\right)\right)\\&\text{s.t.}\ \ \|\boldsymbol{X}\|_{\mathrm{F}}^{2}=LP_{\mathrm{T}}\end{aligned}\tag{4.22}$$

式 (4.22) 仍然非凸，但由于矩阵 $\boldsymbol{Q}$ 是复对称矩阵，其可被视作矩阵版本的信赖域子问题（Trust-region Subproblem，TRS）[160]。对于这类问题，可以证明强对偶（Strong Duality）成立，即对偶间隙（Duality Gap）为 0。这意味着，式 (4.20) 的对偶问题的解就是原问题的解。给定式 (4.22) 的拉格朗日乘子为

$$\mathcal{L}\left(\boldsymbol{X},\lambda\right)=\operatorname{tr}\left(\boldsymbol{X}^{\mathrm{H}}\boldsymbol{QX}\right)-2\operatorname{Re}\left(\operatorname{tr}\left(\boldsymbol{X}^{\mathrm{H}}\boldsymbol{G}\right)\right)+\lambda\left(\|\boldsymbol{X}\|_{\mathrm{F}}^{2}-LP_{\mathrm{T}}\right)\tag{4.23}$$

其中，λ 是等式约束对应的对偶变量。令 $\boldsymbol{X}_{\mathrm{opt}}$ 和 λ_{opt} 分别为原问题和对偶问题的最优点，由于对偶间隙为 0，以下最优性条件成立 [161]：

$$\nabla\mathcal{L}\left(\boldsymbol{X}_{\mathrm{opt}},\lambda_{\mathrm{opt}}\right)=2\left(\boldsymbol{Q}+\lambda_{\mathrm{opt}}\boldsymbol{I}_{N}\right)\boldsymbol{X}_{\mathrm{opt}}-2\boldsymbol{G}=0\tag{4.24a}$$

$$\|\boldsymbol{X}_{\mathrm{opt}}\|_{\mathrm{F}}^{2}=LP_{\mathrm{T}}\tag{4.24b}$$

$$\boldsymbol{Q}+\lambda_{\mathrm{opt}}\boldsymbol{I}_{N}\succeq 0\tag{4.24c}$$

其中，式 (4.24b) 和式 (4.24c) 确保了原问题和对偶问题的可行性。根据式 (4.24a)，有

$$\boldsymbol{X}_{\mathrm{opt}}=\left(\boldsymbol{Q}+\lambda_{\mathrm{opt}}\boldsymbol{I}_{N}\right)^{\dagger}\boldsymbol{G}\tag{4.25}$$

其中，$(\cdot)^{\dagger}$ 表示矩阵的 Moore-Penrose 伪逆。进一步地，根据式 (4.24b) 和式 (4.24c)，有

$$\left\|\left(\boldsymbol{Q}+\lambda_{\mathrm{opt}}\boldsymbol{I}_{N}\right)^{\dagger}\boldsymbol{G}\right\|_{\mathrm{F}}^{2}=\left\|\boldsymbol{V}\left(\boldsymbol{\varLambda}+\lambda_{\mathrm{opt}}\boldsymbol{I}_{N}\right)^{-1}\boldsymbol{V}^{\mathrm{H}}\boldsymbol{G}\right\|_{\mathrm{F}}^{2}=LP_{\mathrm{T}},\ \lambda_{\mathrm{opt}}\geqslant-\lambda_{\min}\tag{4.26}$$

其中，$\boldsymbol{Q}=\boldsymbol{V\varLambda V}^{\mathrm{H}}$ 是 $\boldsymbol{Q}$ 的特征值分解，$\boldsymbol{V}$ 为包含了矩阵特征矢量的正交矩阵，$\boldsymbol{\varLambda}$ 是包含矩阵特征值的对角矩阵，$\lambda_{\min}$ 是矩阵的最小特征值。

可以证明，式 (4.26) 具有唯一解。令

$$P(\lambda)=\left\|\boldsymbol{V}(\boldsymbol{\Lambda}+\lambda\boldsymbol{I}_N)^{-1}\boldsymbol{V}^{\mathrm{H}}\boldsymbol{G}\right\|_{\mathrm{F}}^2=\sum_{i=1}^{N}\sum_{j=1}^{L}\frac{\left(\left[\boldsymbol{V}^{\mathrm{H}}\boldsymbol{G}\right]_{i,j}\right)^2}{(\lambda+\lambda_i)^2} \tag{4.27}$$

其中，λ_i 是 $\boldsymbol{Q}$ 的第 i 个特征值。式 (4.27) 表明，$P(\lambda)$ 在区间 $\lambda\geqslant-\lambda_{\min}$ 是凸的，且严格递减。因此，可以通过简单的线搜索法来得到 λ_{opt}，例如黄金区间分割（Golden-Section Search）法 [162]。在每次迭代中，$\boldsymbol{V}$ 保持不变，仅需计算对角矩阵的逆即可。解得 λ_{opt} 以后，将其代入式 (4.25)，即得式 (4.18) 的最优解。

我们将以上过程总结在算法 4.1 中。

算法 4.1　雷达通信折中波形设计问题 [式 (4.18)] 的低复杂度算法

输入： $\boldsymbol{H}$，$\boldsymbol{S}$，$\boldsymbol{X}_0$，权重因子 $0\leqslant\rho\leqslant1$，P_{T}。

输出： 全局最优解 $\boldsymbol{X}_{\text{opt}}$。

1. 计算 $\boldsymbol{A}$，$\boldsymbol{B}$，$\boldsymbol{Q}$ 和 $\boldsymbol{G}$；
2. 计算 $\boldsymbol{Q}$ 的特征值分解，将搜索区间设为 $[-\lambda_{\min},b]$，其中 $b\geqslant0$ 是搜索上界；
3. 利用黄金区间分割法得到式 (4.26) 的最优解 λ_{opt}；
4. $\boldsymbol{X}_{\text{opt}}=(\boldsymbol{Q}+\lambda_{\text{opt}}\boldsymbol{I}_N)^{\dagger}\boldsymbol{G}$。

3. 逐天线功率约束问题

与式 (4.18) 类似，给定 $\boldsymbol{X}_0$ 后，逐天线功率约束下的雷达通信折中问题可以表示为

$$\begin{aligned}&\min_{\boldsymbol{X}}\ \rho\left\|\boldsymbol{H}\boldsymbol{X}-\boldsymbol{S}\right\|_{\mathrm{F}}^2+(1-\rho)\left\|\boldsymbol{X}-\boldsymbol{X}_0\right\|_{\mathrm{F}}^2\\&\text{s.t.}\ \ \frac{1}{L}\operatorname{diag}\left(\boldsymbol{X}\boldsymbol{X}^{\mathrm{H}}\right)=\frac{P_{\mathrm{T}}}{N}\mathbf{1}\end{aligned} \tag{4.28}$$

其中，$\operatorname{diag}(\cdot)$ 表示由矩阵对角线元素组成的矢量，关于时间求平均后，该矢量给出了对应天线上的发射功率；$\mathbf{1}=[1,1,\cdots,1]^{\mathrm{T}}\in\mathbb{R}^{N\times1}$ 表示全 1 矢量。采用与式 (4.20) 一致的矩阵记号，则式 (4.28) 可以简化为

$$\begin{aligned}&\min_{\boldsymbol{X}}\ \left\|\boldsymbol{A}\boldsymbol{X}-\boldsymbol{B}\right\|_{\mathrm{F}}^2\\&\text{s.t.}\ \ \operatorname{diag}\left(\boldsymbol{X}\boldsymbol{X}^{\mathrm{H}}\right)=\frac{LP_{\mathrm{T}}}{N}\mathbf{1}\end{aligned} \tag{4.29}$$

式 (4.29) 中的对角线元素约束可以相应地拆成 N 个二次等式约束，从而再一次导致非凸的可行域。采用 SDR 方法可以将该问题松弛为凸的 SDP。然而，由于存在

多个二次约束，SDR 方法将不再具有紧致性。这使得我们必须采用高复杂度的高斯随机化方法得到秩为 1 的近似解。为了降低复杂度，我们采用 RCG 算法进行求解。

4. 对式 (4.28) 的求解——基于黎曼流形的低复杂度共轭梯度算法

首先注意到，式 (4.29) 的可行域构成了复 Oblique 流形，即

$$\mathcal{M}:\left\{\boldsymbol{X}\in\mathbb{C}^{N\times L}\middle|\operatorname{diag}\left(\boldsymbol{X}\boldsymbol{X}^{\mathrm{H}}\right)=\frac{LP_{\mathrm{T}}}{N}\mathbf{1}\right\}\tag{4.30}$$

则式 (4.29) 可表示为流形上的最小二乘问题：

$$\min_{\boldsymbol{X}\in\mathcal{M}}\|\boldsymbol{A}\boldsymbol{X}-\boldsymbol{B}\|_{\mathrm{F}}^{2}\tag{4.31}$$

给定点 $\boldsymbol{X}\in\mathcal{M}$，我们可以将 $\boldsymbol{X}$ 上的切矢量（Tanget Vector）定义为：与所有经过 $\boldsymbol{X}$，且在 $\mathcal{M}$ 上的光滑曲线相切的矢量。所有这些矢量组成的集合称为 $\boldsymbol{X}$ 的切空间，记为 $T_{\boldsymbol{X}}\mathcal{M}$，该切空间为欧几里得空间 [163]。根据文献 [164]，复 Oblique 流形的切空间可以表示为

$$T_{\boldsymbol{X}}\mathcal{M}=\left\{\boldsymbol{Z}\in\mathbb{C}^{N\times L}\middle|\operatorname{Re}\left(\left(\boldsymbol{X}^{\mathrm{H}}\boldsymbol{Z}\right)_{ii}\right)=0,\forall i\right\}\tag{4.32}$$

其中，$(\cdot)_{ii}$ 表示矩阵的第 i 个对角线元素。

进一步地，将目标函数简记为 $F(\boldsymbol{X})=\|\boldsymbol{A}\boldsymbol{X}-\boldsymbol{B}\|_{\mathrm{F}}^{2}$，则其梯度为

$$\nabla F(\boldsymbol{X})=2\boldsymbol{A}^{\mathrm{H}}(\boldsymbol{A}\boldsymbol{X}-\boldsymbol{B})\tag{4.33}$$

在 RCG 算法框架中，我们称式 (4.33) 为欧几里得梯度（Euclidean Gradient）。与传统梯度算法不同，RCG 算法采用黎曼梯度（Riemannian Gradient）来计算下降方向，其被定义为欧几里得梯度在切空间上的投影，可由式 (4.34) 给出 [164]：

$$\begin{aligned}\operatorname{grad}F(\boldsymbol{X})&=\mathcal{P}_{\boldsymbol{X}}\nabla F(\boldsymbol{X})\\&=\nabla F(\boldsymbol{X})-\boldsymbol{X}^{\mathrm{H}}\operatorname{ddiag}\left(\operatorname{Re}\left(\nabla F(\boldsymbol{X})^{\mathrm{H}}\boldsymbol{X}\right)\right)\end{aligned}\tag{4.34}$$

其中，$\operatorname{ddiag}(\cdot)$ 令矩阵的所有非对角线元素变为 0。对于任意 $\boldsymbol{Z}\in T_{\boldsymbol{X}}\mathcal{M}$，定义如式 (4.35) 所示的拉回（Retraction）函数，将 $\boldsymbol{Z}$ 映射回流形 $\mathcal{M}$ 中：

$$\mathcal{R}_{\boldsymbol{X}}(\boldsymbol{Z})=\sqrt{\frac{LP_{\mathrm{T}}}{N}}\operatorname{ddiag}\left((\boldsymbol{X}+\boldsymbol{Z})(\boldsymbol{X}+\boldsymbol{Z})^{\mathrm{H}}\right)^{-1/2}(\boldsymbol{X}+\boldsymbol{Z})\tag{4.35}$$

为简便起见，我们采用欧几里得内积计算切空间上两个矢量的内积，即

$$\langle \boldsymbol{X}, \boldsymbol{Z} \rangle = \mathrm{Re}\left(\mathrm{tr}\left(\boldsymbol{X}^{\mathrm{H}} \boldsymbol{Z}\right)\right) \tag{4.36}$$

我们将以上操作总结为算法 4.2，来求解式 (4.28)。简而言之，RCG 算法是经典共轭梯度法的改进版本，其定义在流形可行域上。读者可以参考文献 [98, 165-166] 中关于这一算法的详细介绍。

算法 4.2 雷达通信折中波形设计问题 [式 (4.28)] 的低复杂度算法

输入： $\boldsymbol{H}$，$\boldsymbol{S}$，$\boldsymbol{X}_0$，权重因子 $0 \leqslant \rho \leqslant 1$，$P_{\mathrm{T}}$，算法误差 $\delta > 0$，最大迭代次数 $k_{\max} > 2$。

输出： 局部最优解 $\boldsymbol{X}^{(k)}$。

1. 计算 $\boldsymbol{A}$、$\boldsymbol{B}$，随机选取初始值 $\boldsymbol{X}^{(0)} = \boldsymbol{X}^{(1)} \in \mathcal{M}$，设 $\boldsymbol{\Pi}_0 = -\operatorname{grad} F\left(\boldsymbol{X}^{(0)}\right)$，$k = 1$；

while $k \leqslant k_{\max}$，$\left\|\operatorname{grad} F\left(\boldsymbol{X}^{(k)}\right)\right\|_{\mathrm{F}} \geqslant \delta$ **do**

2. 计算本次和上一次迭代中两组梯度的差：

$$\boldsymbol{J}_k = \operatorname{grad} F\left(\boldsymbol{X}^{(k)}\right) - \mathcal{P}_{\boldsymbol{X}^{(k)}}\left(\operatorname{grad} F\left(\boldsymbol{X}^{(k-1)}\right)\right) \tag{4.37}$$

3. 利用 Polak-Ribiére 公式计算合并因子 τ_k：

$$\tau_k = \frac{\left\langle \operatorname{grad} F\left(\boldsymbol{X}^{(k)}\right), \boldsymbol{J}_k \right\rangle}{\left\langle \operatorname{grad} F\left(\boldsymbol{X}^{(k-1)}\right), \operatorname{grad} F\left(\boldsymbol{X}^{(k-1)}\right) \right\rangle} \tag{4.38}$$

4. 计算共轭下降方向 $\boldsymbol{\Pi}_k$：

$$\boldsymbol{\Pi}_k = -\operatorname{grad} F\left(\boldsymbol{X}^{(k)}\right) + \tau_k \mathcal{P}_{\boldsymbol{X}^{(k)}}\left(\operatorname{grad} F\left(\boldsymbol{X}^{(k-1)}\right)\right) \tag{4.39}$$

5. 利用 Armijo 线搜索法计算步长 μ_k，并计算 $\boldsymbol{X}^{(k+1)}$：

$$\boldsymbol{X}^{(k+1)} = \mathcal{R}_{\boldsymbol{X}^{(k)}}\left(\mu_k \boldsymbol{\Pi}_k\right) \tag{4.40}$$

6. $k = k + 1$。

end while

5. 算法复杂度分析

我们利用复浮点（Complex Flop）操作的数量来衡量本节与4.2节中 3 种波形设计方案的复杂度。其中，一次复浮点操作定义为两个复数的加、减、乘或除。

（1）严格全向波形设计

严格全向波形设计包括 2 次矩阵乘法和 1 次 SVD，前者的复杂度为 $\mathcal{O}\left(NL^2\right)$，后

者的复杂度为 $\mathcal{O}(NKL)$，因此总的复杂度为 $\mathcal{O}\left(NKL+NL^2\right)$。

（2）严格定向波形设计

严格定向波形设计包括 1 次 Cholesky 分解、4 次矩阵乘法和 1 次 SVD，总的复杂度为 $\mathcal{O}\left(NL^2+N^2L+NKL+N^3+N^2K\right)$。

（3）雷达与通信的折中设计——总功率约束问题

在算法 4.1 中，黄金区间分割法具有线性收敛速度。给定误差 ε_0，其所需要的迭代次数仅为 $\mathcal{O}(\log(1/\varepsilon_0))$。在每次迭代中，仅需计算一维函数的值。因此，黄金区间分割法的复杂度可以忽略不计。这意味着算法 4.1 的主要复杂度来源是矩阵乘法、伪逆以及特征值分解。其中，伪逆和特征值分解的复杂度均为 $\mathcal{O}\left(N^3\right)$，矩阵乘法的复杂度为 $\mathcal{O}\left(N^2L+NKL+N^3+N^2K\right)$。因此，算法 4.1 的总复杂度为 $\mathcal{O}(N^2L+NKL+N^3+N^2K)$。

（4）雷达与通信的折中设计——逐天线功率约束问题

RCG 算法的收敛速度尚无明确结论，因此我们只考虑算法 4.2 涉及的单步迭代复杂度。可以看出，算法 4.2 的复杂度主要来源于对欧几里得梯度的计算，这一步骤的复杂度为 $\mathcal{O}\left(N^2L+NKL\right)$。与此同时，算法 4.2 中的投影、拉回以及内积等步骤都具有低阶复杂度。因此，算法 4.2 的总复杂度为 $\mathcal{O}\left(N_{\text{iter}}N^2L+N_{\text{iter}}NKL\right)$，其中 N_{iter} 为总迭代次数①。

作为对比，考虑 MU-MIMO 通信系统中的 ZF 预编码。该预编码方案需要求得矩阵 $\boldsymbol{H}$ 的伪逆，以及预编码矩阵和符号矩阵的乘积。因此，ZF 预编码的总复杂度为 $\mathcal{O}\left(NKL+N^2K\right)$。可以看到，除算法 4.2 以外，我们提出的其他 3 种雷达通信一体化波形设计算法不仅能够给出问题的全局最优解，其复杂度也非常低，与普通的 ZF 预编码相当，因此是十分符合实际工程需求的波形设计算法。为清晰起见，我们将以上计算复杂度总结在表4.1中。

表 4.1　各种雷达通信一体化波形设计方法的复杂度

波形设计方法	计算复杂度
严格全向波形	$\mathcal{O}\left(NKL+NL^2\right)$
严格定向波形	$\mathcal{O}\left(NL^2+N^2L+NKL+N^3+N^2K\right)$
折中设计（总功率约束）	$\mathcal{O}\left(N^2L+NKL+N^3+N^2K\right)$
折中设计（逐天线功率约束）	$\mathcal{O}\left(N_{\text{iter}}N^2L+N_{\text{iter}}NKL\right)$
ZF 预编码（比较基准）	$\mathcal{O}\left(NKL+N^2K\right)$

① 我们在仿真中观察到算法 4.2 可以在数十次迭代后以较小的误差收敛。

4.4 恒包络雷达通信一体化波形设计

本书 4.2 节、4.3 节提出的 4 种波形设计方案约束了一体化波形的总发射功率 P_{T} 或各天线独立发射功率，而这两种约束无法保证信号具有恒包络特性。在本节中，我们设计一种优化模型来最小化下行通信的 MUI 能量，同时保证发射波形是恒包络的。

4.4.1 问题建模

考虑如下优化问题：

$$\min_{\boldsymbol{X}} \|\boldsymbol{H}\boldsymbol{X}-\boldsymbol{S}\|_{\mathrm{F}}^2 \tag{4.41a}$$

$$\text{s.t.}\quad \|\mathrm{vec}\,(\boldsymbol{X}-\boldsymbol{X}_0)\|_{\infty} \leqslant \eta \tag{4.41b}$$

$$|x_{i,j}| = \sqrt{\frac{P_{\mathrm{T}}}{N}}, \forall i,j \tag{4.41c}$$

其中，$\boldsymbol{X}_0 \in \mathbb{C}^{N\times L}$ 是已知的不携带任何通信信息的参考雷达波形（如啁啾信号），$x_{i,j}$ 表示 $\boldsymbol{X}$ 的第 (i,j) 个元素。

式 (4.41) 中，约束 [式 (4.41c)] 保证了一体化波形的恒包络特性。在雷达相关文献中，约束条件 [式 (4.41b)] 被称为相似性约束（Similarity Constraint，SC）[153]。该约束控制了一体化波形相对于参考雷达波形的失真，而 η 表示系统对这一失真的容忍度。容易看出，式 (4.41) 中的目标函数是**可分的**（Separable），这是因为

$$\|\boldsymbol{H}\boldsymbol{X}-\boldsymbol{S}\|_{\mathrm{F}}^2 = \sum_{i=1}^{L} \|\boldsymbol{H}\boldsymbol{x}_i-\boldsymbol{s}_i\|^2 \tag{4.42}$$

其中，求和里的每一项都彼此独立，互不耦合。因此，式 (4.41) 的一个子问题为

$$\begin{aligned}
&\min_{\boldsymbol{x}} \left\|\sqrt{\frac{P_{\mathrm{T}}}{N}}\boldsymbol{H}\boldsymbol{x}-\boldsymbol{s}\right\|^2 \\
&\text{s.t.}\quad \|\boldsymbol{x}-\boldsymbol{x}_0\|_{\infty} \leqslant \varepsilon \\
&\qquad |x(n)| = 1, \forall n
\end{aligned} \tag{4.43}$$

其中，$\varepsilon=\eta\sqrt{\dfrac{N}{P_{\mathrm{T}}}}$、$\boldsymbol{x}\in\mathbb{C}^{N\times1}$ 和 $\boldsymbol{x}_0\in\mathbb{C}^{N\times1}$ 分别是归一化后的 $\boldsymbol{X}$ 和 $\boldsymbol{X}_0$ 的某列，归一化因子为 $\sqrt{\dfrac{P_{\mathrm{T}}}{N}}$；$\boldsymbol{s}\in\mathbb{C}^{K\times1}$ 是符号矩阵 $\boldsymbol{S}$ 对应位置的列；$x\left(n\right)$ 则表示 $\boldsymbol{x}$ 的第 n 个元素。

通过并行地对 $\boldsymbol{X}$ 的每一列求解式 (4.43)，我们可以求得式 (4.42) 的解。基于这一原因，我们将集中讨论式 (4.43) 的求解方法。为简便起见，我们在式 (4.43) 中忽略了列的下标。

由于 $\boldsymbol{x}$ 和 $\boldsymbol{x}_0$ 中每个元素的模都为 1，根据无穷范数的定义，我们有 $0\leqslant\|\boldsymbol{x}-\boldsymbol{x}_0\|_\infty\leqslant2$。因此，一种合理的参数设置范围是 $0\leqslant\varepsilon\leqslant2$。根据简单的三角函数关系，以及文献 [153] 中的结论，恒包络条件下的相似性约束等价于

$$\arg x\left(n\right)\in\left[l_n,u_n\right],\forall n \tag{4.44}$$

其中

$$\begin{aligned}l_n&=\arg x_0\left(n\right)-\arccos\left(1-\varepsilon^2/2\right)\\u_n&=\arg x_0\left(n\right)+\arccos\left(1-\varepsilon^2/2\right)\end{aligned} \tag{4.45}$$

利用式 (4.45)，式 (4.41) 的一个等价表述为

$$\begin{aligned}&\min_{\boldsymbol{x}} f\left(\boldsymbol{x}\right)=\left\|\tilde{\boldsymbol{H}}\boldsymbol{x}-\boldsymbol{s}\right\|^2\\&\text{s.t.}\quad \arg x\left(n\right)\in\left[l_n,u_n\right],\forall n\\&\qquad\quad \left|x\left(n\right)\right|=1,\forall n\end{aligned} \tag{4.46}$$

其中，$\tilde{\boldsymbol{H}}=\sqrt{\dfrac{P_{\mathrm{T}}}{N}}\boldsymbol{H}$。如图4.1所示，式 (4.46) 中，每一个 $x\left(n\right)$ 的可行域都是单位圆上的一段圆弧，圆弧的张角由 ε 控制，即：ε 在 0~2 变化时，圆弧的张角在 $0\sim2\pi$ 变化，两者一一对应。根据凸集的定义可知，圆弧作为可行域是严格非凸的。多个圆弧可行域的并集使得式 (4.46) 成为难以快速求得全局最优解的 NP 难问题。基于**分支定界**（Branch and Bound，BnB）算法的基本框架 [167]，我们给出一种高效算法来求式 (4.46) 的全局最优解。

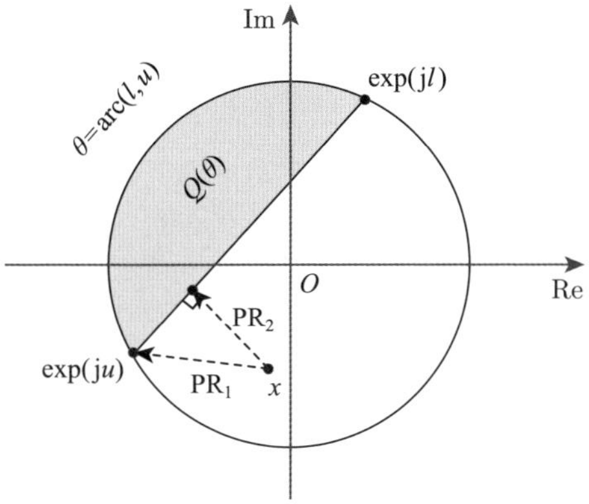

图 4.1　式 (4.46) 的可行域及其凸包

4.4.2　分支定界算法

总体而言，典型的分支定界算法需要将问题的可行域划分成多个子域（Subregion），并在每个子域中设计相应的子问题（Subproblem）。对于每个子问题，我们利用定界函数（Bounding Function）得到原问题的渐进上下界（Asymptotic Bounds）。在每次迭代中，我们根据分支定界规则更新上下界以及子问题集（Subproblem Set），直到算法收敛，即原问题的上下界之差趋近于 0。根据文献 [167]，分支定界算法的最坏复杂度是指数级的，这是因为算法有可能穷举式地搜索全部的子问题分支。为避免这种可能性，我们可以设计性能优良的定界函数，从而找到较紧的上下界，使得算法能够有效地剪除不合格的子问题分支，提高计算效率。

我们首先将式 (4.46) 的可行域（即图4.1所示的圆弧）记为 $\theta_n = \operatorname{arc}(l_n, u_n)$，则式 (4.46) 可以被写作

$$\begin{aligned} \mathcal{P}(\Theta_0):\ &\min_{\boldsymbol{x}} f(\boldsymbol{x}) \\ &\text{s.t.}\ \ \boldsymbol{x} \in \Theta_0 \end{aligned} \tag{4.47}$$

其中，$\Theta_0 = \theta_1 \times \theta_2 \times \cdots \times \theta_N$ 是 $\boldsymbol{x}$ 对应的 N 条圆弧的并集，$f(\boldsymbol{x})$ 则由式 (4.46) 定义。根据这一记法，原问题的一个子问题可以表示为 $\mathcal{P}(\Theta)$，其中 $\Theta \subseteq \Theta_0$ 是相应的子域。我们通过下界函数（Lower-bounding Function）找到 $\mathcal{P}(\Theta)$ 的一个下界，即

$$f_{\mathrm{L}}(\Theta) = f(\boldsymbol{x}_{\mathrm{l}}) \tag{4.48}$$

其中，$\boldsymbol{x}_{\mathrm{l}}$ 是问题 $\mathcal{P}(\Theta)$ 的**松弛解**（Relaxed Solution），即放松 $\mathcal{P}(\Theta)$ 的约束条件后得到的解，可以达到问题的下界。为计算问题的上界，我们寻找 $\mathcal{P}(\Theta)$ 的一个**可行解**（Feasible Solution），记作 $\boldsymbol{x}_{\mathrm{u}}$，于是上界函数（Upper-bounding Function）可以表示为

$$f_{\mathrm{U}}(\Theta)=f(\boldsymbol{x}_{\mathrm{u}}) \tag{4.49}$$

为了能够简便地描述分支定界算法框架，我们在本小节中仅仅利用记号 f_{U} 和 f_{L} 来表示上下界函数，定界函数的具体形式将在 4.4.3 节给出。在分支定界算法中，我们将所有的子问题存储在集合 $\mathcal{S}$ 中。在每次迭代过程中，分支定界算法利用以下规则来更新 $\mathcal{S}$ 以及原问题的上下界 [167]。

（1）**分支**（Branching）：在问题集中选取 $\mathcal{P}(\Theta)\in\mathcal{S}$，$\mathcal{P}(\Theta)$ 拥有当前存储的所有子问题中最小的下界。根据特定的分割法则（Subdivision Rule，详见下文）将 Θ 平均分为 2 个子域，同时在这 2 个子域中产生 2 个子问题。随后，在 $\mathcal{S}$ 中删去 $\mathcal{P}(\Theta)$。

（2）**剪枝**（Pruning）：检查 2 个子问题是否为**合格问题**。具体而言，如果某一子问题的下界小于当前迭代的上界，则称该问题合格，需要将之存入 $\mathcal{S}$，否则不存入。

（3）**定界**（Bounding）：在当前的 $\mathcal{S}$ 中选取最小的下界和最小的上界，作为下次迭代的上下界。

需要注意的是，算法中选取最小上界和最小下界的理由是不同的。前者是为了保证每次迭代能找到原问题的最紧上界（所有子问题的可行解均为原问题的上界），而后者则是为了保证每次迭代时的下界都是原问题的下界（子问题的松弛解不一定是原问题的下界）。这样得到的上下界称为原问题的**全局界**（Global Bound）。此外，分支定界算法中的剪枝步骤仅仅是为了节约存储问题集 $\mathcal{S}$ 的内存空间，不会影响整个算法的效果。这是因为在每次迭代中，选取问题集中最小的下界即可避免不合格的子问题分支。为清晰起见，我们将以上过程总结在算法 4.3 中。

算法 4.3 求解式 (4.46) 的分支定界算法

输入： $\tilde{\boldsymbol{H}}$，$\boldsymbol{S}$，$\boldsymbol{x}_0$，$0\leqslant\varepsilon\leqslant 2$，收敛精度 $\delta>0$，定界函数 f_{L} 和 f_{U}。

初始化： 令 Θ_0 为式 (4.46) 的初始可行域, $\mathcal{S}=\{\mathcal{P}(\Theta_0),f_{\mathrm{U}}(\Theta_0),f_{\mathrm{L}}(\Theta_0)\}$ 表示初始问题集。设初始上下界为 $\mathrm{UB}=f_{\mathrm{U}}(\Theta_0)$，$\mathrm{LB}=f_{\mathrm{L}}(\Theta_0)$。

while $\mathrm{UB}-\mathrm{LB}>\delta$ **do**

取 $P(\Theta)\in\mathcal{S}$, 使得 $f_{\mathrm{L}}(\Theta)=\mathrm{LB}$，更新 $\mathcal{S}=\mathcal{S}\backslash\mathcal{P}(\Theta)$；

利用分割法则，将 Θ 划分为 Θ_{A} 和 Θ_{B} 两个子域；

对于 2 个子问题 $\mathcal{P}(\Theta_i), i=A,B$，计算相应的上下界 $f_{\mathrm{U}}(\Theta_i)$、$f_{\mathrm{L}}(\Theta_i)$，将合格的子问题存入 $\mathcal{S}$；

分别更新 UB 和 LB，作为 $\mathcal{S}$ 中最小的上界和下界。

end while

输出： 达到上界 UB 的原问题可行解 $\boldsymbol{x}_{\mathrm{opt}}$。

为保证算法 4.3 在有限步骤内收敛，我们必须遵循以下 3 组条件 [167]。

条件 4.1：分支必须保证下界是**上升的**（Bounding Improving）。这在算法 4.3 中体现为：每次选取产生最小下界的子问题作为分支点，并随后将该点删除。如此一来，下一次迭代的最小下界一定大于当前最小下界。

条件 4.2：子域的分割是能够**穷尽的**（Exhaustive）。换言之，随着迭代次数的增加，子域的最大“长度”应该能够收敛到 0。

条件 4.3：定界与分支是**一致的**（Consistent）。换言之，当子域的最大长度趋于 0 时，必须有 $\mathrm{UB}-f_{\mathrm{opt}}$ 趋于 0，其中 f_{opt} 表示原问题的全局最优解。

算法 4.3 自动满足条件 4.1。接下来，我们讨论能够满足条件 4.2 的分割法则。对于给定的分支节点 $\mathcal{P}(\Theta)$，考虑如下两种法则。

（1）**基本矩形分割**（Basic Rectangular Sub-division，BRS）：将区间 Θ 沿 $\operatorname{arc}(l_n,u_n)$ 平分，并保持 $\operatorname{arc}(l_i,u_i),\forall i\neq n$ 不变，其中

$$n=\arg\max_{n}\left\{\phi_n\left|\phi_n=u_n-l_n\right.\right\} \tag{4.50}$$

（2）**自适应矩形分割**（Adaptive Rectangular Sub-division，ARS）：将区间 Θ 沿 $\operatorname{arc}(l_n,u_n)$ 平分，并保持 $\operatorname{arc}(l_i,u_i),\forall i\neq n$ 不变，其中

$$n=\arg\max_{n}\left\{d_n\left|d_n=\left|x_u\left(n\right)-x_l\left(n\right)\right|\right.\right\} \tag{4.51}$$

其中，$\boldsymbol{x}_u$ 和 $\boldsymbol{x}_l$ 分别是 $f_{\mathrm{U}}(\Theta)$ 和 $f_{\mathrm{L}}(\Theta)$ 所对应的可行解和松弛解。

根据文献 [167] 中的定理 6.3 和定理 6.4，以上两种分割法则均满足条件 4.2。在数值仿真中，我们观察到 ARS 法则具有比 BRS 法则更快的收敛速度。

对于条件 4.3，我们将在后文进行详细讨论，并证明整个算法的收敛性。

4.4.3　定界函数设计

本小节讨论算法 4.3 中的定界函数设计问题。参考文献 [168] 中的方法，我们利用式 (4.46) 的凸松弛来得到其下界。如图4.1所示，对于每个元素 $x(n)$ 而言，其凸包 $\mathcal{Q}(\theta_n)$ 是圆弧 $\operatorname{arc}(l_n,u_n)$ 所对应的圆缺，即图中的灰色区域。该区域可以简洁地表示为

$$\mathcal{Q}\left(\theta_n\right):\left\{x\left|\arg\left(x\right)\in\theta_n,\left|x\right|\leqslant 1\right.\right\} \tag{4.52}$$

由简单的平面几何知识可知，上述角度约束等价于

$$\operatorname{Re}\left(x^*\left(\frac{\mathrm{e}^{\mathrm{j}u}+\mathrm{e}^{\mathrm{j}l}}{2}\right)\right)\geqslant\cos\left(\frac{u-l}{2}\right) \tag{4.53}$$

式 (4.53) 为关于 x 的线性约束。利用阿达马（Hadamard）乘积记号“$\circ$”，我们可以将这一约束的矢量形式写成

$$\mathrm{Re}\left(\boldsymbol{x}^* \circ \left(\frac{\mathrm{e}^{\mathrm{j}\boldsymbol{u}}+\mathrm{e}^{\mathrm{j}\boldsymbol{l}}}{2}\right)\right) \geqslant \cos\left(\frac{\boldsymbol{u}-\boldsymbol{l}}{2}\right) \tag{4.54}$$

其中，$\boldsymbol{u}=[u_1,u_2,\cdots,u_N]^{\mathrm{T}} \in \mathbb{R}^{N\times 1}$，$\boldsymbol{l}=[l_1,l_2,\cdots,l_N]^{\mathrm{T}} \in \mathbb{R}^{N\times 1}$。基于以上讨论，式 (4.46) 的凸松弛可以表示为如下 QCQP：

$$\begin{aligned} \text{QP-LB}:\min_{\boldsymbol{x}} \quad & \left\|\tilde{\boldsymbol{H}}\boldsymbol{x}-\boldsymbol{s}\right\|^2 && (4.55\text{a}) \\ \text{s.t.} \quad & \mathrm{Re}\left(\boldsymbol{x}^* \circ \left(\frac{\mathrm{e}^{\mathrm{j}\boldsymbol{u}}+\mathrm{e}^{\mathrm{j}\boldsymbol{l}}}{2}\right)\right) \geqslant \cos\left(\frac{\boldsymbol{u}-\boldsymbol{l}}{2}\right) && (4.55\text{b}) \\ & |x(n)|^2 \leqslant 1, \forall n && (4.55\text{c}) \end{aligned}$$

式 (4.55) 是凸问题，可以通过 CVX 工具包快速求解。由于其目标函数与式 (4.46) 一致，且可行域是式 (4.46) 的凸包，因此一定可以导出式 (4.46) 的下界。计算上界的关键步骤是找到原问题的一个可行解。记式 (4.55) 的解为 $\boldsymbol{x}_l$，一种计算可行解的方式是，将 $\boldsymbol{x}_l$ 中的每个元素投影到对应的圆弧上。这一投影算子可以简单地表示为

$$\mathrm{PR}_1(x)=\begin{cases} x/|x|, & \arg x \in [l,u] \\ \exp(\mathrm{j}l), & \arg x \in [(l+u)/2+\pi, l+2\pi] \\ \exp(\mathrm{j}u), & \arg x \in [u,(l+u)/2+\pi] \end{cases} \tag{4.56}$$

其中，我们省略了 x 的下标。

在实际仿真中我们发现，按照式 (4.56) 计算得到的上界仍然比较松。为了得到一个更紧的上界，我们可以利用 $\mathrm{PR}_1(\boldsymbol{x}_l)$ 作为**初始点**来求解以下非凸 QCQP：

$$\begin{aligned} \text{QP-UB}:\min_{\boldsymbol{x}} \quad & \left\|\tilde{\boldsymbol{H}}\boldsymbol{x}-\boldsymbol{s}\right\|^2 && (4.57\text{a}) \\ \text{s.t.} \quad & \mathrm{Re}\left(\boldsymbol{x}^* \circ \left(\frac{\mathrm{e}^{\mathrm{j}\boldsymbol{u}}+\mathrm{e}^{\mathrm{j}\boldsymbol{l}}}{2}\right)\right) \geqslant \cos\left(\frac{\boldsymbol{u}-\boldsymbol{l}}{2}\right) && (4.57\text{b}) \\ & |x(n)|^2 = 1, \forall n && (4.57\text{c}) \end{aligned}$$

虽然以上问题非凸，但我们仍可以利用 MATLAB 的内建求解器 fmincon 来给出一个局部解。由于 fmincon 采取的是下降算法，可以断定其导出的结果一定小于 $f(\mathrm{PR}_1(\boldsymbol{x}_l))$，因此该结果是原问题的一个更紧的上界。

为进一步加速 QP-LB 的求解过程，我们考虑著名的 Nesterov 快速梯度投影（Nesterov's Accelerated Gradient Projection）算法 [169]，即：在每一步迭代中，利用线性内插得到辅助点，再将辅助点投影到凸包中，得到下一次迭代点。我们记该投影算子为 PR_2，并将对应的过程总结在算法 4.4 中。作为迭代步长，$\tilde{\lambda}_{\max}$ 是目标函数黑塞（Hessian）矩阵的最大特征值，同时也是其梯度的利普希茨（Lipschitz）常数。需要注

意的是，算法 4.4 中的内插操作只能针对凸可行域使用。这是因为，在非凸可行域中进行线性插值将有可能使得内插点落到可行域外。鉴于此，对于 QP-UB，我们简单地采用一般的梯度投影算法。其中，我们使用式 (4.56) 中的 PR_1 作为投影算子，并利用 $\mathrm{PR}_1(\boldsymbol{x}_l)$ 作为迭代初始点。我们将这一过程总结在算法 4.5 中。根据文献 [170]，CVX 和 fmincon 中的内点法求解 QCQP 的单次迭代复杂度为 $\mathcal{O}(N^3)$；而基于梯度下降的算法 4.4 和算法 4.5，单步迭代复杂度均为 $\mathcal{O}(NK)$，可见后者具有极低的复杂度。

算法 4.4 求解 QP-LB 问题的 Nesterov 快速梯度投影算法

输入： $\tilde{\boldsymbol{H}}$，$\boldsymbol{s}$，$\boldsymbol{x}_0$，$0 \leqslant \varepsilon \leqslant 2$，迭代精度 $\delta > 0$，最大迭代次数 N_{iter}。

输出： QP-LB 问题的全局最优解 $\boldsymbol{x}$。

　初始化： 计算 $\tilde{\boldsymbol{H}}^{\mathrm{H}}\tilde{\boldsymbol{H}}$ 的最大特征值 $\tilde{\lambda}_{\max}$ 并将其作为迭代步长，令 $\boldsymbol{l} = [l_1, \cdots, l_N]^{\mathrm{T}}$，$\boldsymbol{u} = [u_1, \cdots, u_N]^{\mathrm{T}}$。初始化 $\boldsymbol{x}^{(1)} = \exp\left(\dfrac{\mathrm{j}(\boldsymbol{l}+\boldsymbol{u})}{2}\right)$，$\boldsymbol{x}^{(0)} \leftarrow \boldsymbol{x}^{(1)}$。

　for $i = 1, 2, \cdots, N_{\text{iter}}$ **do**

　　$\boldsymbol{v} = \boldsymbol{x}^{(i)} + \dfrac{i-1}{i+2}\left(\boldsymbol{x}^{(i)} - \boldsymbol{x}^{(i-1)}\right)$　{内插点}

　　$\boldsymbol{t} = \boldsymbol{v} - 2\tilde{\boldsymbol{H}}^{\mathrm{H}}\left(\tilde{\boldsymbol{H}}\boldsymbol{v} - \boldsymbol{s}\right)/\tilde{\lambda}_{\max}$　{梯度下降}

　　$\boldsymbol{x}^{(i+1)} = \mathrm{PR}_2(\boldsymbol{t})$　{投影}

　　if $\left\|\boldsymbol{x}^{(i+1)} - \boldsymbol{x}^{(i)}\right\| \leqslant \delta$ **then**

　　　break

　　end if

　end for

输出： $\boldsymbol{x} = \boldsymbol{x}^{(i+1)}$。

算法 4.5 求解 QP-UB 问题的梯度投影算法

输入： $\tilde{\boldsymbol{H}}$，$\boldsymbol{s}$，$\boldsymbol{x}_0$，$0 \leqslant \varepsilon \leqslant 2$，迭代精度 $\delta > 0$，最大迭代次数 N_{iter}。

输出： QP-UB 问题的局部最优解 $\boldsymbol{x}_{\mathrm{u}}$。

　初始化： 利用算法 4.4 求解 QP-LB 问题，得到 $\boldsymbol{x}_l$；计算 $\tilde{\boldsymbol{H}}^{\mathrm{H}}\tilde{\boldsymbol{H}}$ 的最大特征值 $\tilde{\lambda}_{\max}$，并将其作为迭代步长；令 $\boldsymbol{l} = [l_1, \cdots, l_N]^{\mathrm{T}}$，$\boldsymbol{u} = [u_1, \cdots, u_N]^{\mathrm{T}}$；初始化 $\boldsymbol{x}^{(1)} = \mathrm{PR}_1(\boldsymbol{x}_l)$。

　for $i = 1, 2, \cdots, N_{\text{iter}}$ **do**

　　$\boldsymbol{t} = \boldsymbol{x}^{(i)} - 2\tilde{\boldsymbol{H}}^{\mathrm{H}}\left(\tilde{\boldsymbol{H}}\boldsymbol{v} - \boldsymbol{s}\right)/\tilde{\lambda}_{\max}$　{梯度下降}

　　$\boldsymbol{x}^{(i+1)} = \mathrm{PR}_1(\boldsymbol{t})$　{投影}

　　if $\left\|\boldsymbol{x}^{(i+1)} - \boldsymbol{x}^{(i)}\right\| \leqslant \delta$ **then**

　　　break

　　end if

　end for

输出： $\boldsymbol{x}_{\mathrm{u}} = \boldsymbol{x}^{(i+1)}$。

接下来，我们对投影算子 PR_2 的具体形式进行推导。算法 4.5 中，投影算子 PR_2 将任意给定复数投影到凸包中，其推导分为两种情况：弦的张角小于 π（或 $0 \leqslant \varepsilon \leqslant 1$），弦的张角大于 π（或 $1 \leqslant \varepsilon \leqslant 2$）。

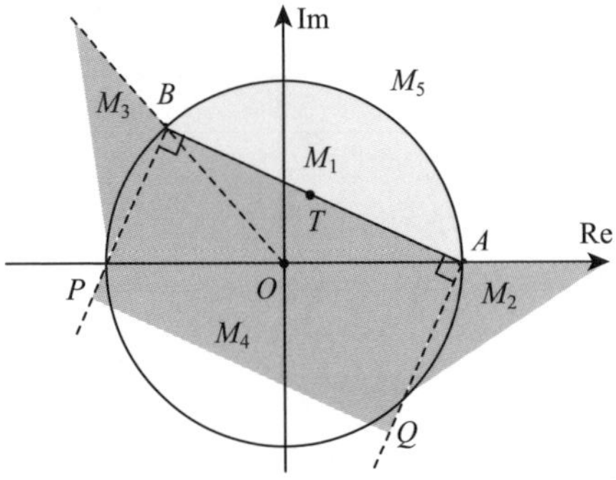

（a）弦的张角小于π时

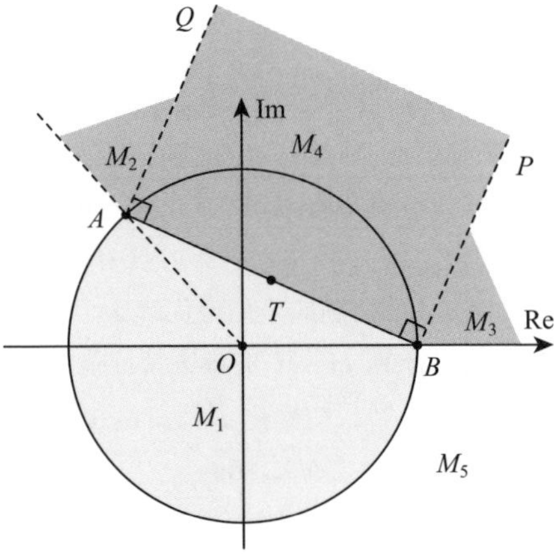

（b）弦的张角大于π时

图 4.2　快速梯度投影算法 4.5 中的投影算子 PR_2

我们首先推导弦的张角小于 π 的情况。如图4.2（a）所示，我们将复平面 $\mathbb{C}$ 划分为 5 个区域，其中 M_1 即为算法 4.5 中对应的凸包。设圆弧所对应的角度上下界分别为 u 和 l，定义：

$$A = \exp(\mathrm{j}l)\,,\ B = \exp(\mathrm{j}u)\,,\ T = (A + B)/2 \tag{4.58}$$

其中，点 T 为点 A 和点 B 的中点。

给定任意 $X \in \mathbb{C}$，我们希望找到一点 $\mathrm{PR}_2(X) \in M_1$，作为区域 M_1 中距离 X 最近的点，该点就是 X 的投影。首先，注意到当 $X \in M_1$ 时，投影就是它本身。当 $X \in M_2$ 或 $X \in M_3$ 时，投影分别是两个端点 A 和 B。当 $X \in M_4$ 时，我们从 X 作垂线到线段 AB 上，而投影就是垂足。对于所有的 $X \in M_5 = \mathbb{C}\backslash \bigcup_{i=1}^{4} M_i$，可知投影就是将 X 归一化到圆弧上。

利用基本的平面几何知识，定义如下直线：

$$\begin{aligned}
&\text{直线 } AB\text{：}\quad f_1(X) = \mathrm{Re}\left(T^*(X - T)\right) = 0\\
&\text{直线 } OA\text{：}\quad f_2(X) = -\mathrm{Re}\left(\mathrm{j}A^*X\right) = 0\\
&\text{直线 } OB\text{：}\quad f_3(X) = \mathrm{Re}\left(\mathrm{j}B^*X\right) = 0\\
&\text{直线 } AQ\text{：}\quad f_4(X) = \mathrm{Re}\left((A - B)^*(X - A)\right) = 0\\
&\text{直线 } BP\text{：}\quad f_5(X) = \mathrm{Re}\left((B - A)^*(X - B)\right) = 0
\end{aligned} \tag{4.59}$$

则投影算子可以表示为

$$
\mathrm{PR}_2(X)=\begin{cases} X, & f_1(X)\geqslant 0,\ |X|\leqslant 1\ (X\in M_1)\\ A, & f_2(X)\leqslant 0\leqslant f_4(X)\ (X\in M_2)\\ B, & f_3(X)\leqslant 0\leqslant f_4(X)\,(X\in M_3)\\ X_T, & f_1(X),f_4(X),f_5(X)\leqslant 0\ (X\in M_4)\\ X/|X|, & \text{其他}\end{cases} \tag{4.60}
$$

其中，X_T 是直线 AB 上的垂足，我们有 $XX_T\perp AB, X_T\in AB$，其值可由式 (4.61) 给出：

$$
X_T=X-\mathrm{Re}\left((X-T)^*T\right)\frac{T}{|T|} \tag{4.61}
$$

对于张角大于 π 的情况，如图 4.2（b）所示，容易看出投影算子 [式 (4.60)] 保持不变。唯一的变化在于，$f_1(X)$ 应被重新定义为

$$
f_1(X)=-\mathrm{Re}\left(T^*(X-T)\right) \tag{4.62}
$$

4.4.4　收敛性与复杂度分析

本小节给出分支定界算法的收敛性证明以及最坏复杂度的计算。在4.4.2节中，我们已经证明算法 4.3 满足条件 4.1 和条件 4.2，因此仅需证明在两种分割法则 BRS 和 ARS 下，条件 4.3 都成立，即可证明算法 4.3 的收敛性。回顾式 (4.50) 和式 (4.51) 中 ϕ_n 和 d_n 的定义，并记 $\phi_{\max}=\max\{\phi_n\}$ 和 $d_{\max}=\max\{d_n\}$，我们有引理 4.1 成立。

引理 4.1

当 $\phi_{\max}$ 或 $d_{\max}$ 趋于 0 时，UB 与 LB 的差值一致收敛于 0，即

$$
\begin{aligned}
&\forall\delta>0,\exists\eta_1,\eta_2\geqslant 0\\
&\text{s.t.}\quad \phi_{\max}\leqslant\eta_1\ \text{或}\ d_{\max}\leqslant\eta_2\Rightarrow \mathrm{UB}-\mathrm{LB}\leqslant\delta
\end{aligned} \tag{4.63}
$$

♡

证明　首先，将产生 UB 和 LB 的点分别记为 $\boldsymbol{x}_u$ 和 $\boldsymbol{x}_l$，我们有 $\mathrm{UB}=f(\boldsymbol{x}_u)$，$\mathrm{LB}=f(\boldsymbol{x}_l)$。根据拉格朗日中值定理，有以下不等式成立：

$$\mathrm{UB}-\mathrm{LB}=f\left(\boldsymbol{x}_u\right)-f\left(\boldsymbol{x}_l\right)=\nabla f^{\mathrm{H}}(\boldsymbol{z})\left(\boldsymbol{x}_u-\boldsymbol{x}_l\right) \leqslant\|\nabla f(\boldsymbol{z})\|\left\|\left(\boldsymbol{x}_u-\boldsymbol{x}_l\right)\right\| \tag{4.64}$$

其中

$$\boldsymbol{z} \in\left\{\boldsymbol{w} \mid \boldsymbol{w}=t \boldsymbol{x}_u+(1-t) \boldsymbol{x}_l, t \in[0,1]\right\} \tag{4.65}$$

式 (4.64) 中，目标函数梯度的上界由式 (4.66) 给出：

$$\begin{aligned}\|\nabla f(\boldsymbol{z})\| &=2\left\|\tilde{\boldsymbol{H}}^{\mathrm{H}}\left(\tilde{\boldsymbol{H}} \boldsymbol{z}-\boldsymbol{s}\right)\right\| \leqslant 2\left\|\tilde{\boldsymbol{H}}^{\mathrm{H}} \tilde{\boldsymbol{H}} \boldsymbol{z}\right\|+2\left\|\tilde{\boldsymbol{H}}^{\mathrm{H}} \boldsymbol{s}\right\| \\ & \leqslant 2 \sqrt{N} \tilde{\lambda}_{\max }+2\left\|\tilde{\boldsymbol{H}}^{\mathrm{H}} \boldsymbol{s}\right\|\end{aligned} \tag{4.66}$$

其中，第一个小于等于号根据三角不等式成立，第二个小于等于号的成立依据则是矩阵 l_2 范数的定义。

在凸包 $\mathcal{Q}(\theta_n)$ 中，最长的线段是图4.1中的弦（$\phi_n \leqslant \pi$）或大圆的直径（$\phi_n \geqslant \pi$）。根据基本的平面几何知识，我们有

$$\left\|\boldsymbol{x}_u-\boldsymbol{x}_l\right\| \leqslant \sqrt{N} d_{\max } \leqslant 2 \sqrt{\sum_{n=1}^N \sin ^2\left(\frac{\min \left(\phi_n, \pi\right)}{2}\right)} \tag{4.67}$$

对于 $\phi_n \leqslant \pi, \forall n$，我们有

$$\left\|\boldsymbol{x}_u-\boldsymbol{x}_l\right\| \leqslant \sqrt{N} d_{\max } \leqslant 2 \sqrt{N} \sin \left(\frac{\phi_{\max }}{2}\right) \tag{4.68}$$

利用式 (4.64)、式 (4.66) 及式 (4.68)，以下不等式成立：

$$\mathrm{UB}-\mathrm{LB} \leqslant 4\left(N \tilde{\lambda}_{\max }+\sqrt{N}\left\|\tilde{\boldsymbol{H}}^{\mathrm{H}} \boldsymbol{s}\right\|\right) \sin \left(\frac{\phi_{\max }}{2}\right) \tag{4.69}$$

$$\mathrm{UB}-\mathrm{LB} \leqslant 2\left(N \tilde{\lambda}_{\max }+\sqrt{N}\left\|\tilde{\boldsymbol{H}}^{\mathrm{H}} \boldsymbol{s}\right\|\right) d_{\max } \tag{4.70}$$

给定任意的 $\delta>0$，令

$$\eta_1=\min \left(\pi, 2 \arcsin \left(\frac{\delta}{4\left(N \tilde{\lambda}_{\max }+\sqrt{N}\left\|\tilde{\boldsymbol{H}}^{\mathrm{H}} \boldsymbol{s}\right\|\right)}\right)\right) \tag{4.71}$$

$$\eta_2 = \frac{\delta}{2\left(N\tilde{\lambda}_{\max} + \sqrt{N}\left\|\tilde{\boldsymbol{H}}^{\mathrm{H}}\boldsymbol{s}\right\|\right)} \tag{4.72}$$

则当 $\phi_{\max} \leqslant \eta_1$ 或 $d_{\max} \leqslant \eta_2$ 成立时，有 $\mathrm{UB} - \mathrm{LB} \leqslant \delta$。引理 4.1 得证。

定理 4.1

算法 4.3 可以在有限步骤内以任意给定精度收敛到 f_{opt}。♡

证明　在4.4.2节中，我们已经证明算法 4.3 满足条件 4.1 和条件 4.2。根据 UB 和 LB 的定义，我们有

$$0 \leqslant \mathrm{UB} - f_{\mathrm{opt}} \leqslant \mathrm{UB} - \mathrm{LB} \tag{4.73}$$

根据引理 4.1，在两种分割法则 BRS 和 ARS 下，定界与分支均是一致的。因此，算法 4.3 满足条件 4.3。定理 4.1 得证。

进一步地，定理 4.2 给出了在使用 BRS 法则时算法 4.3 的**最大迭代次数**。

定理 4.2

当使用 BRS 法则时，算法 4.3 收敛到精度为 δ 的最优解所需要的最大迭代次数是

$$T = \left\lceil \frac{2^{N+1}\arccos^N\left(1 - \varepsilon^2/2\right)}{\eta_1} \right\rceil \tag{4.74}$$

其中，η_1 由式 (4.71) 给出。♡

证明　定义 $\mathrm{vol}\,(\Theta_0) = \left(2\arccos\left(1-\varepsilon^2/2\right)\right)^N$ 为初始可行域的体积。假设算法 4.3 在 T 次迭代后收敛到精度 δ。根据文献 [171]，以及式 (4.71) 中 η_1 的定义，式 (4.75) 成立：

$$\frac{\phi_{\max}}{2} \leqslant \frac{\mathrm{vol}\,(\Theta_0)}{T} \leqslant \frac{\eta_1}{2} \tag{4.75}$$

于是，我们有

$$T \geqslant \frac{2\,\mathrm{vol}\,(\Theta_0)}{\eta_1} = \frac{2^{N+1}\arccos^N\left(1-\varepsilon^2/2\right)}{\eta_1} \tag{4.76}$$

因此，定理 4.2 得证。

虽然算法 4.3 的最坏复杂度是关于 N 的指数量级，但我们的仿真结果表明，算法

4.3 仍然能在较少的迭代次数下收敛，这正是得益于我们在4.4.3节中利用定界函数给出了较紧的上下界。

4.5 数值仿真结果

本节给出基于蒙特卡洛仿真的数值仿真结果，来验证本章提出的波形设计方法的有效性。为简便起见，我们采取如下归一化参数：$P_{\mathrm{T}}=1$，且信道矩阵 $\boldsymbol{H}$ 的每个元素服从标准复高斯分布，即 $h_{i,j}\sim\mathcal{CN}(0,1)$。在所有仿真中，我们假设天线数量 $N=16$，且天线间距为半波长。此外，我们假设下行通信所采用的星座图为单位功率的 QPSK 星座图。换言之，通信符号矩阵 $\boldsymbol{S}$ 中的元素均取自同一个 QPSK 星座图，且每个元素的模均为 1。

4.5.1 给定雷达波束图样的波形设计

图 4.3 ~ 图 4.5 分别给出了不同波形设计方案下的平均可达和速率、通信误符号率及其雷达波束图样。其中，定义 $\mathrm{SNR}=P_{\mathrm{T}}/N_0$，下行用户数量 $K=4$，通信帧长/雷达脉宽 $L=20$。对于定向波形，我们假设 3 个雷达目标分别位于 $-60°$、$0°$ 和 $60°$，并利用本章介绍的最小二乘方法 [式 (3.9)] 来设计式 (4.12) 中的协方差矩阵 $\boldsymbol{R}_{\mathrm{d}}$。

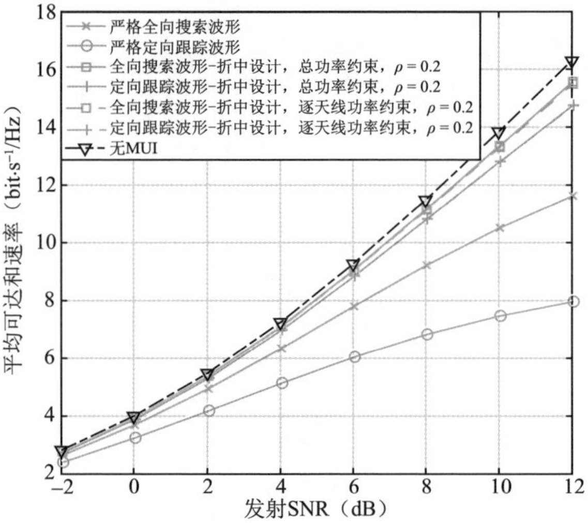

图 4.3　不同波形设计的平均可达和速率比较，$N=16$，$K=14$

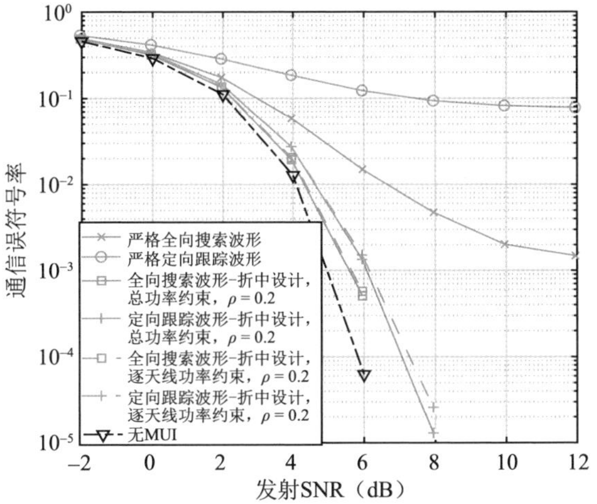

图 4.4　不同波形设计的通信误符号率比较，$N=16$，$K=4$

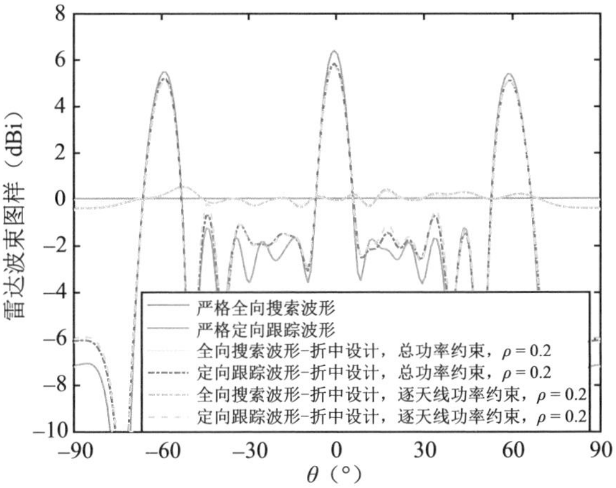

图 4.5　不同波形设计的雷达波束图样比较，$N=16$，$K=4$

从图 4.5 可以看到，严格等式约束下的全向和定向波束图样完全达到了预定的设计目标，即保证了雷达性能不受任何影响。然而，在图 4.3 和图 4.4 中，对应的平均可达和速率以及误符号率性能较差。进一步地，考虑雷达–通信折中设计。为了不对雷达的性能造成较大损失，我们对于通信功能引入一个较小的权重因子 $\rho=0.2$，这意味着雷达性能的权重是 0.8。从图 4.3 和图 4.4 可以看到，在如此小的权重下，下行通信的平均可达和速率及通信误符号率性能仍然提升较大，且能够逼近无 MUI 时的最佳性能，即 AWGN 信道容量及误符号率。同时，在图 4.5 中，对应的两种折中雷达波束图样都只有微小的性能损失。

图 4.6 与图 4.7 给出了雷达与通信性能指标之间的权衡曲线，具体实现方式为：在雷达-通信折中设计问题中，逐渐增大权重因子 ρ，从而改变对两种功能的偏好。对于

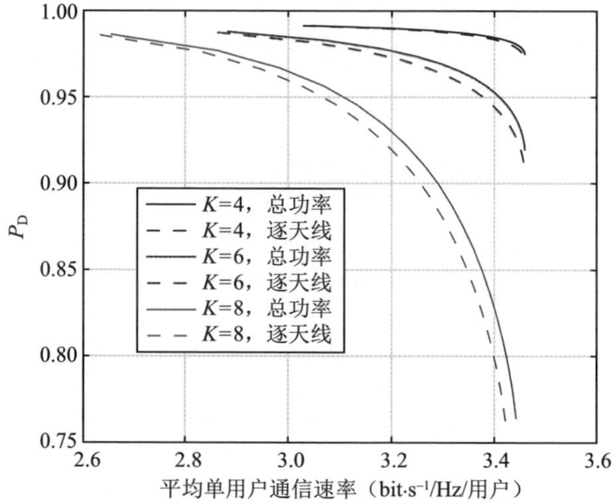

图 4.6　全向波形设计下雷达检测性能与平均单用户通信速率的权衡曲线， $N = 16$，回波SNR $= -6$dB，$P_{\mathrm{FA}} = 10^{-7}$

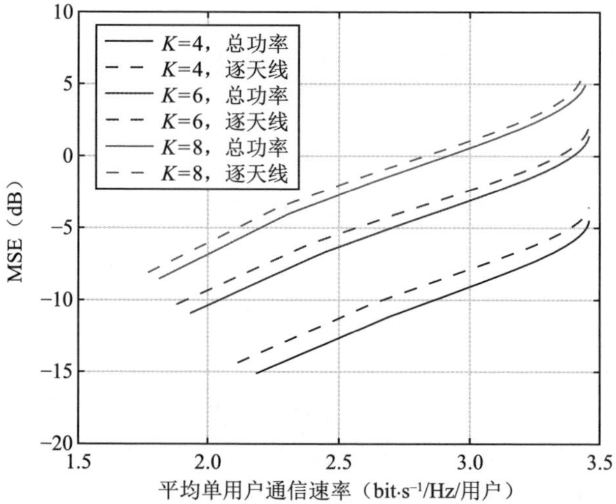

图 4.7　定向波形设计下雷达波束图样的 MSE 与平均单用户通信速率的权衡曲线， $N = 16$

全向波形，我们选取目标检测概率 P_{D} 为雷达性能指标，其计算公式由文献 [64] 给出。雷达目标回波的 SNR 固定为 -6dB，虚警概率设为 $P_{\mathrm{FA}}=10^{-7}$。从图 4.6 可以看到，平均单用户通信速率与雷达检测概率之间存在性能权衡。对于固定的 P_{D} 值，通信速率随着用户数量的减少而增加，这证明通过增加自由度，MUI 可以进一步降低。

图 4.7 则给出了定向波形设计下，雷达波束图样的 MSE 与平均单用户通信速率的权衡曲线，我们可以观察到与图 4.6 类似的趋势。这两张图说明，通过改变参数 ρ，本章提出的雷达–通信折中设计可以实现雷达与通信功能的权衡。

4.5.2　给定雷达参考波形的恒包络波形设计

在图 4.8 ~ 图 4.10 中，我们展示了恒包络雷达通信一体化波形设计的仿真结果。其中，我们采用正交的啁啾信号矩阵作为雷达参考信号矩阵 $\boldsymbol{X}_0\in\mathbb{C}^{N\times L}$。该信号具有较好的脉冲压缩（Pulse Compression）特性及模糊性能，其第 n 行第 l 列由式 (4.77) 给出：

$$\boldsymbol{X}_0(n,l)=\sqrt{\frac{P_{\mathrm{T}}}{N}}\exp\left(\frac{\mathrm{j}2\pi n(l-1)+\mathrm{j}\pi(l-1)^2}{L}\right) \tag{4.77}$$

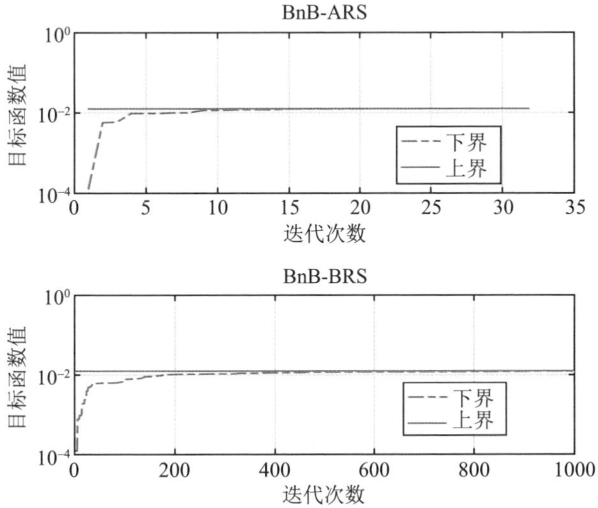

图 4.8　分支定界算法在两种分割法则下的收敛性，$N=16$**，**$K=4$**，**$\varepsilon=1$

图 4.8 展示了分支定界算法在两种分割法则（ARS 和 BRS）下的收敛性，其中 $N=16$，$K=4$，$\varepsilon=1$。可以看到，分支定界算法在有限步内收敛，且在两种法则下，上界都几乎是恒定的，这说明可以通过反复利用下降算法求解 QP-UB 问题来得到全局最优解。然而，由于问题是非凸的，无论是求解器 fmincon 还是算法 4.5 都无法给

出全局最优的保证。我们必须利用分支定界算法中上升的下界来确认该局部解就是全局最优解。此外，还可以观察到，与 BRS 法则相比，ARS 法则具有更快的收敛速度，这与文献 [167] 中的分析是一致的。

图 4.9 和图 4.10 展示了恒包络波形设计中雷达与通信性能的权衡曲线，我们采用文献 [154] 中的 SQR-BS 算法作为我们的比较基准（Benchmark）。针对相似性约束与恒包络约束下的优化问题，该算法能够给出一个局部最优解。图 4.9 给出了通信平均可达和速率与雷达波形相似性约束门限 ε 的关系，其中我们将分支定界算法简记为“BnB”，并固定 $N=16$，$K=4$，$\mathrm{SNR}=10\mathrm{dB}$。正如预料，分支定界算法的性能要远好于文献 [154] 中的 SQR-BS，这是因为前者能达到全局最优。值得注意的是，分支定界算法的

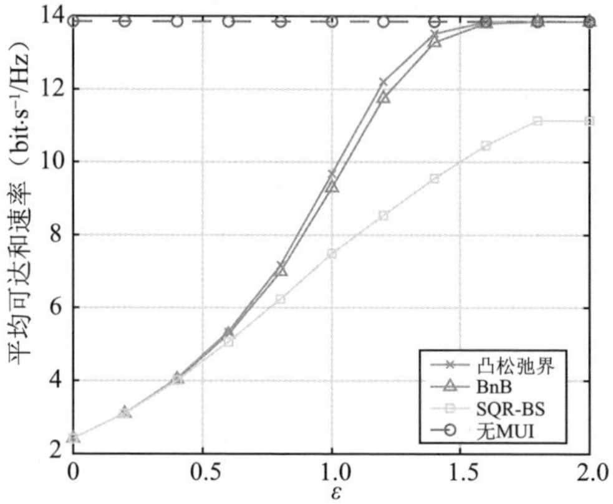

图 4.9 通信平均可达和速率与雷达波形相似性约束 ε 的权衡曲线，$N=16$，$K=4$，$\mathrm{SNR}=10\mathrm{dB}$

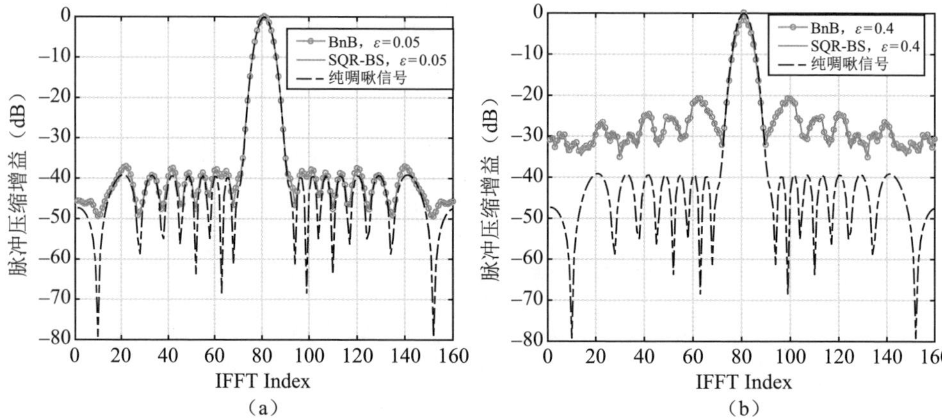

图 4.10 不同 ε 值下的雷达脉冲压缩性能，$N=16$，$K=4$

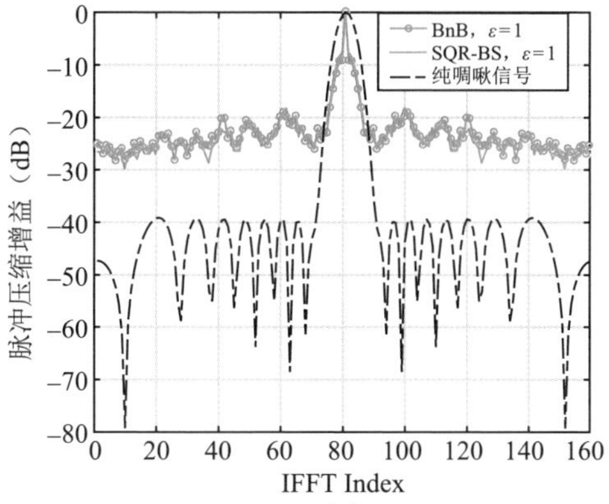

（c）

图 4.10　不同 ε 值下的雷达脉冲压缩性能，$N=16$，$K=4$（续）

性能与凸松弛界（Convex Relaxation Bound）十分接近，这一界限是通过在不同 ε 值下求解 QP-LB 问题得到的。最后，当相似性门限 ε 足够大时，分支定界算法可以达到 AWGN 信道容量，在这种情况下，MUI 可以被完全消除。结合图 4.9 和图 4.10 可以看到，通信平均可达和速率与雷达脉冲压缩性能之间存在权衡。此外，分支定界算法与 SQR-BS 算法的脉冲压缩性能完全一致，这是由于它们都引入了同样的相似性约束门限 ε，这进一步说明了分支定界算法的优越性。

4.6　本章小结

本章讨论了在共享式天线阵列部署下的雷达通信一体化波形设计问题，该波形可被同时用于目标探测和下行多用户通信。本章首先讨论了两种具有最优闭式解的波形设计方案。首先，我们最小化 MUI，同时保证发射波束图样与给定雷达波束图样严格一致。然后，在这两种方案的基础上，我们进一步提出一种雷达-通信折中式波形设计，使得该波形能够在雷达与通信性能之间形成灵活的权衡，从而满足不同场景的实际需要。可以证明，上述 3 种波形设计的复杂度均与经典 ZF 预编码相当。进一步地，本章提出的折中波形设计能够极大地提升系统的通信性能，且雷达性能仅有微小损失。最后，我们考虑了恒包络的一体化波形设计，并利用分支定界算法解出了相关非凸问题的全局最优解。仿真结果表明，该算法的性能远远优于经典的 SQR-BS 算法。

第 5 章　雷达通信一体化在车联网中的应用

本章讨论雷达通信一体化的一种新兴应用场景，即其在车联网中的应用。

车联网依赖新一代信息通信技术，旨在提升汽车的智能化水平以及自动驾驶能力，对发展智能交通具有重要的推动意义[11]。作为车联网的重要组成部分，V2I 网络利用 RSU、交通信号灯、道路标牌等基础设施向车辆广播天气状况、交通实时信息及交通管理的控制指令，从而提高道路和车辆的使用效率，保证道路的安全畅通。通信（Communication）与感知（Sensing）是 V2I 网络需要具备的两大基本功能。其中，通信功能主要实现 V2I 网络中车辆与基础设施的连接与交互；感知功能则主要负责对车辆、行人、周边环境、交通状况等进行高精度定位与实时监测，并将这些信息实时下发给车辆。为满足下一代智能网联车辆的指标需求，V2I 通信要求高速率、低时延传输。一般通信系统可以将时延控制在几十至几百毫秒，而自动驾驶等关键应用则要求通信时延在 10ms 以内[11, 172]。另外，V2I 网络还需具备稳定、可靠的厘米级精度定位功能，以实现对交通环境和车辆的高精度感知[11, 172]。截至本书成稿之日，现有规模化部署的 4G/5G 蜂窝网络主要工作在 Sub-6GHz 频段，仅具备基础的 V2I 通信功能。例如，LTE 网络的通信速率在 100Mbit/s 量级，端到端时延在百毫秒量级；第三代合作伙伴计划（3rd Generation Partnership Project，3GPP）在 R16 引入的 5G 网络无线接入定位技术具备室内小于 3m、室外小于 10m 的定位性能[173]，均难以满足上述通信与感知需求。

可以预见，随着未来 5G/B5G 毫米波大规模 MIMO 技术的实际应用，V2I 网络的性能有望得到显著提升。毫米波频段具有充裕的可用带宽，不仅可以实现更高的数据传输速率，还能显著提升距离分辨率[20-21]。另外，大规模的天线阵列可以形成“铅笔式”的窄波束，准确地指向车辆或者其他感兴趣的目标所在方向。这可以补偿毫米波信号的路径损耗，同时提高方位角的估计精度[20-21]。更重要的是，由于毫米波信道的稀疏性，其仅包含少数多径分量。与 Sub-6GHz 频段丰富的散射路径相比，毫米波用于雷达探测，其目标回波受到的杂波干扰要小得多，因此十分有利于对车辆的高可靠感知定位。

V2I 网络的一个关键问题是：如何实现毫米波信号收发波束的精准对齐与跟踪，从而适应 V2I 信道的高移动性，实现低时延、高可靠通信？一般而言，毫米波波束跟踪方法依赖纯通信协议，其基本思路是：发射机首先对接收机发射导频序列，接收机收到导频信号后，估计出方位角，再将其反馈给发射机 [174-175]。值得注意的是，对于高移动性通信场景，仅对波束进行跟踪是远远不够的。事实上，发射机应能够对波束进行预测，从而进一步适应车联网的低时延要求。为此，部分现有毫米波通信方法在以上反馈式协议的基础上，提出利用卡尔曼滤波实现波束估计与预测 [176-179]。这些方案通常仅利用少量导频信号进行估计，其匹配滤波增益较低、估计精度受限。然而，加入更多导频序列又会导致通信开销增大，使得有用信息的传输速率降低。为解决这一矛盾，本章介绍一种基于雷达通信一体化的 V2I 毫米波波束跟踪方法。通过在 RSU 端发射雷达通信一体化信号进行 V2I 波束跟踪，显著降低导频开销，并提升通信性能。具体而言，本章主要介绍：一种基于 V2I 网络的雷达通信一体化波束跟踪方案，与纯通信方案相比，该方案不需要专用下行导频和上行反馈；一种扩展卡尔曼滤波（Extended Kalman Filtering，EKF）算法，可对车辆状态进行精准的跟踪与预测；一种多车场景下的功率分配方案，可在优化定位性能的同时，保证下行和速率 QoS 要求，从而在雷达感知功能和通信功能之间实现折中。

5.1　系统模型

如图5.1所示，一个装备了大规模 MIMO 天线阵列的毫米波 RSU 正在为其覆盖范围内的多辆车提供服务。为实现 V2I 通信，每辆车的车身上都装备了 MIMO 天线

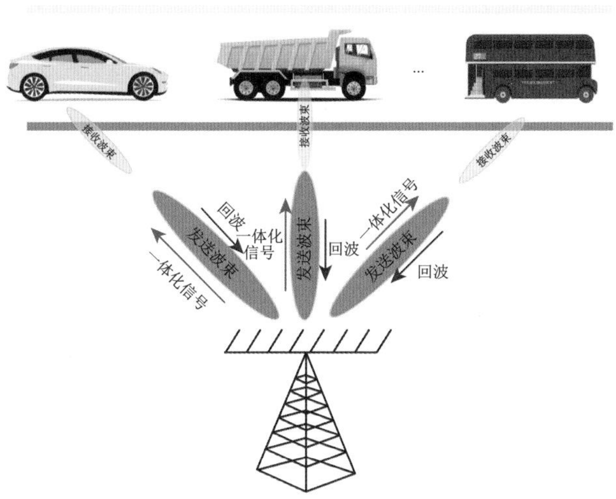

图 5.1　通信感知一体化 RSU 服务多辆车的示意图

阵列。为简便起见，我们假设所有车辆均在单直行车道上行驶，且 RSU 通过视距信道与每辆车进行通信。RSU 与车辆均装备 ULA 天线阵列，该阵列与路面平行①。

5.1.1 基本框架

为建立稳定可靠的高速通信链路，RSU 需要准确获取车辆的方位信息。与此同时，车辆端也需要获取 RSU 相对于车辆的角度信息。如此一来，RSU 和车辆均能利用天线阵列形成窄波束并对齐，从而建立并维持高质量通信链路。

一般而言，实现波束对齐的基本方法是**波束训练**。该方法要求 RSU 和车辆在所有可能的波束上周期性地发射和接收导频信号，即对角度域进行扫描，据此确定信噪比最大的波束对[180]。然而，由于该方法需要发射大量导频序列，并由车辆进行频繁的反馈，会不可避免地造成较大的通信开销以及时延。为降低波束训练过程中的开销，另一种波束对齐方法被提出，即所谓的**波束跟踪**。波束对齐方法利用前后两个训练时隙的相关性，仅在上一时刻的最佳波束附近寻找当前时刻的最佳波束，从而每次仅需发射少量导频信号[174]。然而，对于具有高移动性的车辆，除对其角度进行跟踪外，我们还需要对其进行预测，即通过预知车辆在下一时刻的方位角，提前将波束指向该方向来适应波束的高速变化。此外，我们还需要获取车辆的距离信息，以满足高精度定位的需求，并利用该信息进行资源分配。为满足上述需求，我们提出一种基于雷达通信一体化技术的低开销波束预测方案。

我们将第 k 辆车相对于 RSU 天线阵列的角度、距离、速度分别表示为 $\theta_k(t)$、$d_k(t)$ 和 $v_k(t)$，将 RSU 相对于第 k 辆车的角度记为 $\phi_k(t)$。注意，上述所有参数均为时间的函数，且 $t \in [0, T]$，其中 T 是 RSU 对车辆进行跟踪的最大时间窗口。根据道路与阵列平行的假设，我们可以得到 $\phi_k(t) = \theta_k(t), \forall k$。为简便起见，在后续讨论中我们用 θ 代替 ϕ。进一步地，我们将时间窗口 T 离散化为多个长度为 ΔT 的时隙，用 $\theta_{k,n}$、$d_{k,n}$ 和 $v_{k,n}$ 表示第 k 辆车在第 n 个时隙的运动参数。此外，我们还假设这些运动参数在 ΔT 时间内保持不变[176-180]。

1. 初始接入

车辆驶入 RSU 的覆盖范围后，RSU 首先要获取车辆的初始状态。在这一阶段，RSU 可以作为单站雷达发射信号，提取回波中车辆的初始参数 $\theta_{k,0}$、$d_{k,0}$ 和 $v_{k,0}$ 的信息；也可以通过传统波束训练或直接由车辆在上行链路中汇报的方式来获取这些参数的估计。我们注意到，在雷达感知方式中，RSU 仅能通过多普勒处理获得对径向速度 $v_{k,n}^{\mathrm{R}}$ 的估计，而车辆完整速度可以由 $v_{k,n} = v_{k,n}^{\mathrm{R}} / \cos\theta_{k,n}$ 得到。

① 注意到，我们总是可以对 RSU 的 ULA 进行调整，使之与道路方向平行。即使存在不平行的情况，我们也可以校准固定的角度偏置，从而达到平行。

2. 状态预测

在获取第 $n-1$ 个时隙的车辆状态估计（$\hat{\theta}_{k,n-1}$、$\hat{d}_{k,n-1}$ 和 $\hat{v}_{k,n-1}$）以后，RSU 需要分别进行单步和两步预测，即在第 $n-1$ 个时隙分别预测第 n 个和第 $n+1$ 个时隙的车辆状态。在第 n 个时隙，RSU 通过单步预测角度信息 $\hat{\theta}_{k,n|n-1},\forall k$ 形成 k 个波束，指向 k 辆车。在每一个波束中，RSU 发送雷达通信一体化信号，该信号不仅包含了对应车辆需求的数据信息，还包含对角度的两步预测信息，即 $\hat{\theta}_{k,n+1|n-1},\forall k$。车辆在收到这一信息后，会在第 $n+1$ 个时隙在对应角度形成接收波束。我们对车辆使用两步预测的原因是，单步预测 $\hat{\theta}_{k,n|n-1}$ 只能给出第 n 个时隙的角度预测，而这一角度在第 $n+1$ 个时隙会过时（Outdated）。注意，角度预测是由车辆的运动学方程给出。如果角度估计与预测足够准确，则 RSU 的发射波束能够和车辆端的接收波束对齐。车辆的状态转移模型将在本书 5.1.2 节详细介绍。

3. 车辆跟踪

在第 n 个时隙，RSU 在每个波束上发射的一体化信号会有一部分被车身反射，其余部分被车载天线阵列接收。如上所述，每辆车接收到的数据序列中包含了在第 $n-1$ 个时隙对第 $n+1$ 个时隙的角度预测信息，这一信息被用于设计车辆接收波束。另外，RSU 会接收到车辆反射的回波，这一回波被用于更新第 n 个时隙的预测参数，得到第 n 个时隙的参数估计，记为 $\hat{\theta}_{k,n}$、$\hat{v}_{k,n}$ 和 $\hat{d}_{k,n}$。这些估计值会进一步作为预测器的输入，来预测第 $n+1$ 个时隙和第 $n+2$ 个时隙的车辆状态。

为简便起见，我们在图5.2中比较并总结了波束训练、波束跟踪以及本章提出的雷达通信一体化波束预测方案的帧结构。容易看到，对于经典的波束训练和波束跟踪方案，下行导频和上行反馈都是不可或缺的，这会导致大量的通信开销，降低有用信息的传输效率。相较而言，雷达通信一体化波束预测方案具有如下 4 点优势。

（1）**不需专用下行导频**。这是因为整帧雷达通信一体化信号同时用于雷达感知和通信。

（2）**不需上行反馈**。这是因为 RSU 直接从车辆反射的回波中提取其状态信息，即使用回波代替了反馈。

（3）**没有量化误差**。这是因为车辆进入 RSU 的覆盖范围后，RSU 是直接利用回波对参数进行连续估计，而不是通过上行反馈中的量化角度。

（4）**高匹配滤波增益**。这是因为该方案是将整帧信号用于雷达感知，长时间的积累能够带来较高的匹配滤波增益。

注意到，雷达通信一体化波束预测方案中的唯一开销是将两步预测得到的角度信息由 RSU 发送给车辆。理论上，该方案在所有 3 种方案中具有最低的开销。

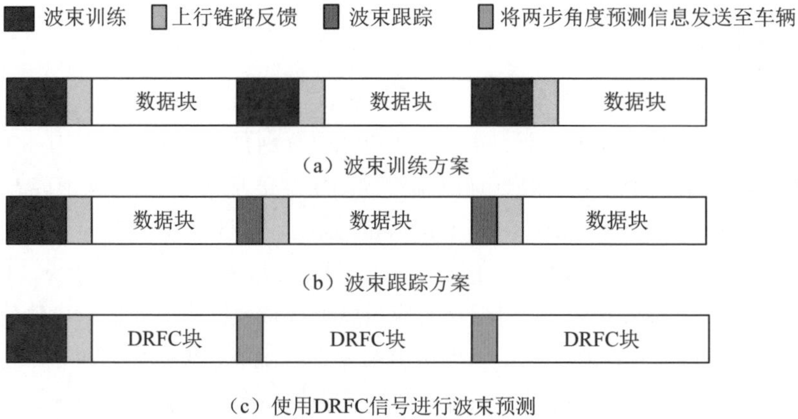

图 5.2　雷达通信一体化波束预测方案与传统纯通信波束训练和波束跟踪方案的帧结构对比

5.1.2　车辆状态转移模型

车辆角度和距离的变化通常可用车辆运动学方程进行建模，称为车辆的状态转移模型，如图 5.3 所示。为简便起见，我们首先研究单车场景，忽略车辆代号的下标 k。我们将车辆在第 n 个时隙相对于 RSU 的角度、距离、速度和反射系数记为 θ_n、d_n、v_n 和 β_n。其中，β_n 包含了车辆的 RCS 和信号的路径损耗。

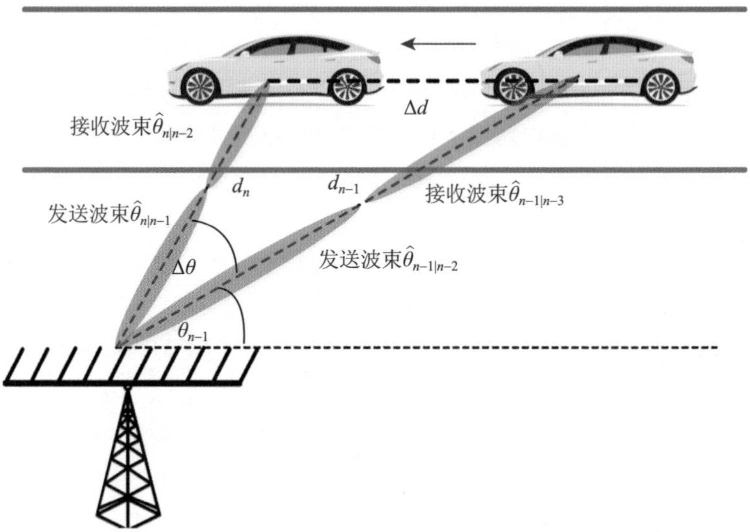

图 5.3　车辆状态转移模型

接下来，我们推导车辆的状态转移模型。由图5.3所示的几何关系可知：

$$\begin{cases} d_n^2 = d_{n-1}^2 + \Delta d^2 - 2d_{n-1}\Delta d \cos\theta_{n-1} \\ \dfrac{\Delta d}{\sin\Delta\theta} = \dfrac{d_n}{\sin\theta_{n-1}} \end{cases} \tag{5.1}$$

其中，$\Delta d = v_{n-1}\Delta T$，$\Delta\theta = \theta_n - \theta_{n-1}$。可以看出，式 (5.1) 高度非线性，难以实现有效分析。因此，我们考虑对式 (5.1) 进行近似。该式中的第一个公式可以改写为

$$\begin{aligned} d_n^2 - d_{n-1}^2 &= (d_n + d_{n-1})(d_n - d_{n-1}) \\ &= \Delta d^2 - 2d_{n-1}\Delta d \cos\theta_{n-1} \end{aligned} \tag{5.2}$$

因此有

$$\begin{aligned} d_n - d_{n-1} &= \frac{\Delta d^2 - 2d_{n-1}\Delta d \cos\theta_{n-1}}{d_n + d_{n-1}} \\ &\approx \frac{\Delta d^2 - 2d_{n-1}\Delta d \cos\theta_{n-1}}{2d_{n-1}} \\ &= \Delta d\left(\frac{\Delta d}{2d_{n-1}} - \cos\theta_{n-1}\right) \end{aligned} \tag{5.3}$$

式 (5.3) 中的近似是基于这样一个事实：车辆的位置在短时间内不会有太大的改变。为验证这一点，我们考虑一个简单的例子，车辆在 $\Delta T = 10\text{ms}$ 的时间内，以 $v = 54\text{km/h} = 15\text{m/s}$ 的速率行驶了 $\Delta d = 0.15\text{m}$ 的距离，而这一距离与车辆到 RSU 的距离（几十至几百米）相比几乎可以忽略不计。相应地，$\dfrac{\Delta d}{2d_{n-1}}$ 在式 (5.3) 中可以被近似忽略，因此有

$$d_n \approx d_{n-1} - \Delta d\cos\theta_{n-1} = d_{n-1} - v_{n-1}\Delta T\cos\theta_{n-1} \tag{5.4}$$

我们进一步注意到，当 $\Delta\theta$ 较小时，$\sin\Delta\theta \approx \Delta\theta$，于是有

$$\Delta\theta \approx \sin\Delta\theta = \frac{\Delta d\sin\theta_{n-1}}{d_n} \tag{5.5}$$

将式 (5.4) 代入式 (5.5) 可得

$$\Delta\theta \approx \frac{\Delta d\sin\theta_{n-1}}{d_{n-1} - \Delta d\cos\theta_{n-1}} = \frac{\tan\theta_{n-1}}{\dfrac{d_{n-1}}{\Delta d\cos\theta_{n-1}} - 1} \tag{5.6}$$

再次利用 $\Delta d \ll d_{n-1}$，式 (5.6) 可进一步简化为

$$\Delta\theta \approx \frac{\Delta d \cos\theta_{n-1} \tan\theta_{n-1}}{d_{n-1}} = \frac{\Delta d \sin\theta_{n-1}}{d_{n-1}} \tag{5.7}$$

因此有

$$\theta_n \approx \theta_{n-1} + \frac{\Delta d \sin\theta_{n-1}}{d_{n-1}} = \theta_{n-1} + d_{n-1}^{-1} v_{n-1} \Delta T \sin\theta_{n-1} \tag{5.8}$$

假设车辆近似匀速行驶，因此有

$$v_n \approx v_{n-1} \tag{5.9}$$

我们进一步分析反射系数状态转移模型。反射系数 β 取决于车辆的 RCS 和信号传播距离，可以表示为

$$\beta_n = \varepsilon_n (2d_n)^{-1}，\ \beta_{n-1} = \varepsilon_{n-1} (2d_{n-1})^{-1} \tag{5.10}$$

其中，ε_n 和 ε_{n-1} 分别表示第 n 个时隙和第 $n-1$ 个时隙的复 RCS。我们假设车辆为 Swerling I 型模型 [73]，其 RCS 在短时间内保持不变，即 $\varepsilon_n \approx \varepsilon_{n-1}$，这表明

$$\begin{aligned} \beta_n &= \beta_{n-1} \frac{\varepsilon_n d_{n-1}}{\varepsilon_{n-1} d_n} = \beta_{n-1} \frac{d_{n-1}}{d_n} \\ &\approx \beta_{n-1} \left(1 + \frac{\Delta d \cos\theta_{n-1}}{d_n}\right) \approx \beta_{n-1} \left(1 + \frac{\Delta d \cos\theta_{n-1}}{d_{n-1}}\right) \end{aligned} \tag{5.11}$$

最后，我们将车辆行驶状态转移模型总结为

$$\begin{cases} \theta_n = \theta_{n-1} + d_{n-1}^{-1} v_{n-1} \Delta T \sin\theta_{n-1} + \omega_\theta \\ d_n = d_{n-1} - v_{n-1} \Delta T \cos\theta_{n-1} + \omega_d \\ v_n = v_{n-1} + \omega_v \\ \beta_n = \beta_{n-1} \left(1 + d_{n-1}^{-1} v_{n-1} \Delta T \cos\theta_{n-1}\right) + \omega_\beta \end{cases} \tag{5.12}$$

其中，ω_θ、ω_d、ω_v 和 ω_β 表示状态转移噪声，服从零均值高斯分布，方差分别为 σ_θ^2、σ_d^2、σ_v^2 和 σ_β^2。注意，这些噪声由近似误差和系统误差产生，与热噪声无关。

为验证式 (5.12) 对 d_n 和 θ_n 的近似精准程度，我们在图5.4中给出了 20 个时

隙内距离和角度的真值以及近似值，其中车辆行驶速度为 54km/h，单个时隙长度为 $\Delta T = 100\text{ms}$。距离和角度的初始值分别为 40m 和 18°。可以看到，尽管 $\Delta d = 1.5\text{m}$，近似误差仍然可以忽略。因此，可以认为状态转移模型中的方差较小。

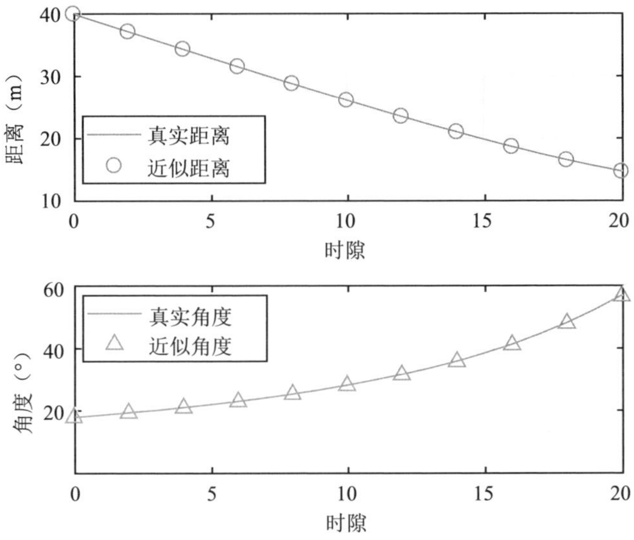

图 5.4　近似模型 [式 (5.12)] 数值验证

5.1.3　信号模型

5.1.2 节介绍的模型中，信号处理的复杂度主要在 RSU。另外值得注意的是，初始接入可以通过波束训练完成。基于这些原因，我们主要考虑通过 RSU 对车辆进行预测与跟踪。本小节中，我们基于雷达信号处理方法，推导 RSU 的测量模型。

1. 雷达信号模型

在第 n 个时隙，将 K 个下行雷达通信一体化数据流记为 $\boldsymbol{s}_n(t) = [s_{1,n}(t), \cdots, s_{K,n}(t)]^{\mathrm{T}} \in \mathbb{C}^{K\times 1}$，则发射信号可表示为

$$\tilde{\boldsymbol{s}}_n(t) = \boldsymbol{F}_n \boldsymbol{s}_n(t) \in \mathbb{C}^{N_{\mathrm{t}}\times 1} \tag{5.13}$$

其中，$\boldsymbol{F}_n \in \mathbb{C}^{N_{\mathrm{t}}\times K}$ 是发射波束赋形矩阵，N_{t} 是发射天线的数量。相应地，RSU 接收到的回波可建模为

$$\boldsymbol{r}_n(t) = \kappa \sum_{k=1}^{K} \sqrt{p_{k,n}}\beta_{k,n} \mathrm{e}^{\mathrm{j}2\pi\mu_{k,n}t} \boldsymbol{b}(\theta_{k,n}) \boldsymbol{a}^{\mathrm{H}}(\theta_{k,n}) \tilde{\boldsymbol{s}}_n(t-\tau_{k,n}) + \boldsymbol{z}_{\mathrm{r}}(t) \tag{5.14}$$

其中，$p_{k,n}$ 是第 n 个时隙第 k 个波束上的发射功率；$\kappa=\sqrt{N_{\rm t}N_{\rm r}}$，$N_{\rm r}$ 是接收天线的数量；$\boldsymbol{z}_{\rm r}\left(t\right)\in\mathbb{C}^{N_{\rm r}\times1}$ 是均值为 0、方差为 σ^2 的复高斯白噪声；$\beta_{k,n}$、$\mu_{k,n}$ 和 $\tau_{k,n}$ 表示第 k 辆车的反射系数、多普勒频率和时延；$\boldsymbol{a}\left(\theta\right)$ 和 $\boldsymbol{b}\left(\theta\right)$ 代表 RSU 的发射阵列矢量与接收阵列矢量。假设收发阵列均为天线间隔半波长的 ULA，则有

$$\boldsymbol{a}\left(\theta\right)=\sqrt{\frac{1}{N_{\rm t}}}\left[1,{\rm e}^{-{\rm j}\pi\cos\theta},\cdots,{\rm e}^{-{\rm j}\pi(N_{\rm t}-1)\cos\theta}\right]^{\rm T} \tag{5.15}$$

$$\boldsymbol{b}\left(\theta\right)=\sqrt{\frac{1}{N_{\rm r}}}\left[1,{\rm e}^{-{\rm j}\pi\cos\theta},\cdots,{\rm e}^{-{\rm j}\pi(N_{\rm r}-1)\cos\theta}\right]^{\rm T} \tag{5.16}$$

我们根据预测角来设计波束赋形矩阵 $\boldsymbol{F}_n$，其第 k 列可表示为

$$\boldsymbol{f}_{k,n}=\boldsymbol{a}\left(\hat{\theta}_{k,n|n-1}\right),\forall k \tag{5.17}$$

其中，$\hat{\theta}_{k,n|n-1}$ 是对第 k 辆车在第 n 个时隙的一步预测角。利用式 (5.16)，RSU 可以形成指向预测方向的 K 个波束来跟踪 K 辆车。

2. 雷达测量模型

由于 RSU 装备了大规模 MIMO 阵列，它所产生的波束将足够窄，因而波束间干扰近乎可以忽略。这在 mMIMO 理论可以表述为引理 5.1。

引理 5.1

对于 ULA，我们有 $\left|\boldsymbol{a}^{\rm H}\left(\theta\right)\boldsymbol{a}\left(\phi\right)\right|\to 0,\forall\theta\neq\phi$，$N_{\rm t}\to\infty$。♡

证明 证明过程见文献 [181]。

由引理 5.1 可知，在大规模 MIMO 阵列条件下，不同的方向矢量彼此渐进正交。这表明，由多辆车反射的回波不会对彼此造成干扰。因此，RSU 可以对每辆车的回波进行独立处理。对第 k 辆车而言，RSU 在对应波束上接收到的回波可以表示为

$$\boldsymbol{r}_{k,n}\left(t\right)=\kappa\sqrt{p_{k,n}}\beta_{k,n}{\rm e}^{{\rm j}2\pi\mu_{k,n}t}\boldsymbol{b}\left(\theta_{k,n}\right)\boldsymbol{a}^{\rm H}\left(\theta_{k,n}\right)\boldsymbol{f}_{k,n}s_{k,n}\left(t-\tau_{k,n}\right)+\boldsymbol{z}_{k,n}\left(t\right) \tag{5.18}$$

其中，发射 SNR 定义为 $\dfrac{p_{k,n}}{\sigma^2}$。

对式 (5.18) 进行时延–多普勒匹配滤波，则时延与多普勒的估计可表示为

$$\left\{\hat{\tau}_{k,n},\hat{\mu}_{k,n}\right\}=\arg\max_{\tau,\mu}\left|\int_0^{\Delta T}\boldsymbol{r}_{k,n}\left(t\right)s_{k,n}^*\left(t-\tau\right){\rm e}^{-{\rm j}2\pi\mu t}{\rm d}t\right|^2 \tag{5.19}$$

对式 (5.17) 进行时延–多普勒补偿可得

$$
\begin{aligned}
&\int_0^{\Delta T} \boldsymbol{r}_{k,n}(t) s_{k,n}^*(t-\hat{\tau}_{k,n}) \mathrm{e}^{-\mathrm{j}2\pi\hat{\mu}_{k,n}t}\mathrm{d}t = \kappa\sqrt{p_{k,n}}\beta_{k,n}\boldsymbol{b}(\theta_{k,n})\boldsymbol{a}^{\mathrm{H}}(\theta_{k,n})\boldsymbol{f}_{k,n} \\
&\quad\cdot\int_0^{\Delta T} s_{k,n}(t-\tau_{k,n}) s_{k,n}^*(t-\hat{\tau}_{k,n}) \mathrm{e}^{\mathrm{j}2\pi(\mu_{k,n}t-\hat{\mu}_{k,n}t)}\mathrm{d}t \\
&\quad+\int_0^{\Delta T} \boldsymbol{z}_{k,n}(t) s_{k,n}^*(t-\hat{\tau}_{k,n}) \mathrm{e}^{-\mathrm{j}2\pi\hat{\mu}_{k,n}t}\mathrm{d}t \\
&\quad\triangleq \kappa\sqrt{p_{k,n}}\sqrt{G}\beta_{k,n}\boldsymbol{b}(\theta_{k,n})\boldsymbol{a}^{\mathrm{H}}(\theta_{k,n})\boldsymbol{f}_{k,n} + \tilde{\boldsymbol{z}}_\theta
\end{aligned} \tag{5.20}
$$

其中，$G=N_{\mathrm{sym}}$ 是匹配滤波增益，在雷达信号处理中，又称为脉冲压缩增益。N_{sym} 是雷达通信一体化帧中的符号数量。为简便起见，我们对式 (5.19) 进行归一化处理，并得到关于角度 $\theta_{k,n}$ 和反射系数 $\beta_{k,n}$ 的紧凑测量模型如下：

$$
\begin{aligned}
\tilde{\boldsymbol{r}}_{k,n} &= \kappa\beta_{k,n}\boldsymbol{b}(\theta_{k,n})\boldsymbol{a}^{\mathrm{H}}(\theta_{k,n})\boldsymbol{f}_{k,n} + \boldsymbol{z}_\theta \\
&= \kappa\beta_{k,n}\boldsymbol{b}(\theta_{k,n})\boldsymbol{a}^{\mathrm{H}}(\theta_{k,n})\boldsymbol{a}\left(\hat{\theta}_{k,n|n-1}\right) + \boldsymbol{z}_\theta
\end{aligned} \tag{5.21}
$$

其中，$\boldsymbol{z}_\theta$ 表示由发射功率 $p_{k,n}$ 和匹配滤波增益 G 归一化后的测量噪声，具有零均值和方差 σ_1^2。进一步地，距离 $d_{k,n}$ 和速度 $v_{k,n}$ 的测量模型可以表示为

$$
\tau_{k,n} = \frac{2d_{k,n}}{c} + z_\tau \tag{5.22}
$$

$$
\mu_{k,n} = \frac{2v_{k,n}\cos\theta_{k,n}f_c}{c} + z_f \tag{5.23}
$$

其中，f_c 和 c 分别表示载波频率和光速；z_τ 和 z_f 表示测量高斯噪声，均值为 0，方差分别为 σ_2^2 和 σ_3^2。注意，此处的时延为双程时延，且多普勒频率依赖径向速度 $v_{k,n}\cos\theta_{k,n}$。此外，由于测量方差的噪声与接收 SNR 成反比，我们有 [75]

$$
\sigma_1^2 \propto \frac{\sigma^2}{Gp_{k,n}},\quad \sigma_i^2 \propto \frac{\sigma^2}{G\kappa^2|\beta_{k,n}|^2|\delta_{k,n}|^2 p_{k,n}},\quad i=2,3 \tag{5.24}
$$

其中，$\delta_{k,n}=\boldsymbol{a}^{\mathrm{H}}(\theta_{k,n})\boldsymbol{a}\left(\hat{\theta}_{k,n|n-1}\right)$ 表示波束赋形增益。在预测角与真实角完美对齐时，$\delta_{k,n}$ 的模值为 1，反之则小于 1。简便起见，我们假设

$$
\sigma_1^2 = \frac{a_1^2\sigma^2}{Gp_{k,n}},\quad \sigma_i^2 = \frac{a_i^2\sigma^2}{G\kappa^2|\beta_{k,n}|^2|\delta_{k,n}|^2 p_{k,n}},\quad i=2,3 \tag{5.25}
$$

注意到，σ_2^2 和 σ_3^2 由以下参数决定：发射功率 $p_{k,n}$、匹配滤波增益 G、阵列增益 κ、波束赋形增益 $\delta_{k,n}$，以及反射信号强度。由于 κ、$\beta_{k,n}$ 和 $\delta_{k,n}$ 已经包含在式 (5.21)

中，σ_1^2 仅由发射功率 $p_{k,n}$ 和匹配滤波增益 G 决定。最后，a_i（$i=1,2,3$）为常数，由系统特性、信号设计、信号处理算法共同决定。

3. 通信模型

在第 n 个时隙，第 k 辆车利用接收波束 $\boldsymbol{w}_{k,n}$ 合并由 RSU 发射的雷达通信一体化信号，这一过程可以表示为

$$c_{k,n}(t)=\tilde{\kappa}\sqrt{p_{k,n}}\alpha_{k,n}\mathrm{e}^{\mathrm{j}2\pi\varrho_{k,n}t}\boldsymbol{w}_{k,n}^{\mathrm{H}}\boldsymbol{u}(\theta_{k,n})\boldsymbol{a}^{\mathrm{H}}(\theta_{k,n})\boldsymbol{f}_{k,n}s_{k,n}(t)+z_c(t) \tag{5.26}$$

其中，$z_c(t)$ 是均值为 0、方差为 σ_{C}^2 的高斯噪声，$s_{k,n}(t)$ 表示由 RSU 发给第 k 辆车的雷达通信一体化数据流，$\alpha_{k,n}$ 表示通信信道系数，$\boldsymbol{u}(\theta)$ 表示车辆接收阵列的方向矢量，其中接收天线数量为 M_k，其定义与式 (5.14) 和式 (5.15) 一致。不失一般性，我们假设 $M_1=\cdots=M_K=M$。同样地，$\tilde{\kappa}=\sqrt{N_{\mathrm{t}}M}$ 定义为阵列增益因子。此外，$\varrho_{k,n}=\dfrac{v_{k,n}\cos\theta_{k,n}f_c}{c}$ 表示多普勒频率。由于车辆已知其行驶速度 $v_{k,n}$，且 $\theta_{k,n}$ 可以通过两步预测得到，多普勒频移可以在车辆接收端进行补偿。最后，由于大规模 MIMO 阵列生成的波束较窄，我们忽略车辆间干扰。

如前文所述，我们根据两步预测角来设计接收波束赋形矢量 $\boldsymbol{w}_{k,n}$，即

$$\boldsymbol{w}_{k,n}=\boldsymbol{u}\left(\hat{\theta}_{k,n|n-2}\right) \tag{5.27}$$

假设雷达通信一体化数据流 $s_{k,n}(t)$ 具有单位功率，则接收信噪比可以计算为

$$\mathrm{SNR}_{k,n}=\frac{p_{k,n}\left|\tilde{\kappa}\alpha_{k,n}\boldsymbol{w}_{k,n}^{\mathrm{H}}\boldsymbol{u}(\theta_{k,n})\boldsymbol{a}^{\mathrm{H}}(\theta_{k,n})\boldsymbol{f}_{k,n}\right|^2}{\sigma_{\mathrm{C}}^2}=p_{k,n}\rho_{k,n} \tag{5.28}$$

其中，

$$\rho_{k,n}=\frac{\left|\tilde{\kappa}\alpha_{k,n}\boldsymbol{u}^{\mathrm{H}}\left(\hat{\theta}_{k,n|n-2}\right)\boldsymbol{u}(\theta_{k,n})\boldsymbol{a}^{\mathrm{H}}(\theta_{k,n})\boldsymbol{a}\left(\hat{\theta}_{k,n|n-1}\right)\right|^2}{\sigma_{\mathrm{C}}^2} \tag{5.29}$$

则 K 辆车的可达和速率可记为

$$R_n=\sum_{k=1}^{K}\log\left(1+\mathrm{SNR}_{k,n}\right)=\sum_{k=1}^{K}\log\left(1+p_{k,n}\rho_{k,n}\right) \tag{5.30}$$

根据文献 [182] 中的常用假设，视距信道系数 $\alpha_{k,n}$ 可表示为

$$\alpha_{k,n}=\tilde{\alpha}d_{k,n}^{-1}\mathrm{e}^{\mathrm{j}\frac{2\pi}{\lambda}d_{k,n}}=\tilde{\alpha}d_{k,n}^{-1}\mathrm{e}^{\mathrm{j}\frac{2\pi f_c}{c}d_{k,n}} \tag{5.31}$$

其中，$\tilde{\alpha}d_{k,n}^{-1}$是信道路径损耗；$\tilde{\alpha}$ 是信道在参考距离 $d_0=1\mathrm{m}$ 处的增益；$\dfrac{2\pi}{\lambda}d_{k,n}$ 是视距

信道的相位，且 $\lambda = \dfrac{c}{f_c}$ 是信号的波长。参考增益 $\tilde{\alpha}$ 一般假设已知。因此，估计 $\alpha_{k,n}$ 等效于估计 $d_{k,n}$。

5.2　波束的预测、跟踪与关联

基于上述雷达测量模型与车辆状态转移模型，我们进一步设计 V2I 波束的预测、跟踪与关联方案。

5.2.1　基于扩展卡尔曼滤波的波束预测与跟踪

本小节介绍一种基于卡尔曼滤波的波束预测与跟踪方案。由于测量模型与状态转移模型均具有高度非线性，线性卡尔曼滤波（Linear Kalman Filtering，LKF）方法无法直接应用。因此，我们考虑一种扩展卡尔曼滤波（Extended Kalman Filtering，EKF）方法，对非线性模型进行局部线性化。将状态参数和测量信号模型分别表示为 $\boldsymbol{x} = [\theta, d, v, \beta]^{\mathrm{T}}$ 和 $\boldsymbol{y} = \left[\tilde{\boldsymbol{r}}^{\mathrm{T}}, \tau, \mu\right]^{\mathrm{T}}$，则式 (5.12) 和式 (5.21)~ 式 (5.23) 可被紧凑地写作

$$\begin{cases} \text{状态转移模型：} \boldsymbol{x}_n = \boldsymbol{g}\left(\boldsymbol{x}_{n-1}\right) + \boldsymbol{\omega}_n \\ \text{测量模型：} \boldsymbol{y}_n = \boldsymbol{h}\left(\boldsymbol{x}_n\right) + \boldsymbol{z}_n \end{cases} \tag{5.32}$$

其中，$\boldsymbol{g}(\cdot)$ 由式 (5.12) 定义，且 $\boldsymbol{\omega} = [\omega_\theta, \omega_d, \omega_v, \omega_\beta]^{\mathrm{T}}$ 表示独立于 $\boldsymbol{g}\left(\boldsymbol{x}_{n-1}\right)$ 的噪声矢量。类似地，$\boldsymbol{h}(\cdot)$ 由式 (5.21)~ 式 (5.23) 定义，且 $\boldsymbol{z} = \left[\boldsymbol{z}_\theta^{\mathrm{T}}, z_\tau, z_f\right]^{\mathrm{T}}$ 是独立于 $\boldsymbol{h}\left(\boldsymbol{x}_n\right)$ 的测量噪声。如上文所述，$\boldsymbol{\omega}$ 和 $\boldsymbol{z}$ 为零均值高斯分布，其协方差矩阵可以分别写作

$$\boldsymbol{Q}_s = \operatorname{diag}\left(\sigma_\theta^2, \sigma_d^2, \sigma_v^2, \sigma_\beta^2\right) \tag{5.33}$$

$$\boldsymbol{Q}_m = \operatorname{diag}\left(\sigma_1^2 \mathbf{1}_{N_{\mathrm{r}}}^{\mathrm{T}}, \sigma_2^2, \sigma_3^2\right) \tag{5.34}$$

其中，$\mathbf{1}_{N_{\mathrm{r}}}$ 表示长度为 N_{r} 的全 1 列矢量。

为对模型进行线性化，需要推导 $\boldsymbol{g}(\boldsymbol{x})$ 和 $\boldsymbol{h}(\boldsymbol{x})$ 的雅可比矩阵。经过简单的代数推导，$\boldsymbol{g}(\boldsymbol{x})$ 的雅可比矩阵可以直接表示为

$$\frac{\partial \boldsymbol{g}}{\partial \boldsymbol{x}} = \begin{bmatrix} 1 + \dfrac{v\Delta T\cos\theta}{d} & -\dfrac{v\Delta T\sin\theta}{d^2} & \dfrac{\Delta T\sin\theta}{d} & 0 \\ v\Delta T\sin\theta & 1 & -\Delta T\cos\theta & 0 \\ 0 & 0 & 1 & 0 \\ -\dfrac{\beta v\Delta T\sin\theta}{d} & -\dfrac{\beta v\Delta T\cos\theta}{d^2} & \dfrac{\beta\Delta T\cos\theta}{d} & 1 + \dfrac{v\Delta T\cos\theta}{d} \end{bmatrix} \tag{5.35}$$

对于 $\boldsymbol{h}(x)$，首先引入

$$\boldsymbol{\eta}\left(\beta,\theta\right)=\kappa\beta\boldsymbol{b}\left(\theta\right)\boldsymbol{a}^{\mathrm{H}}\left(\theta\right)\boldsymbol{a}\left(\hat{\theta}\right) \tag{5.36}$$

其中，$\hat{\theta}$ 是对 θ 的一个预测。$\boldsymbol{h}\left(x\right)$ 的雅可比矩阵可以表示为

$$\frac{\partial\boldsymbol{h}}{\partial\boldsymbol{x}}=\begin{bmatrix}\dfrac{\partial\boldsymbol{\eta}}{\partial\theta} & 0 & 0 & \dfrac{\partial\boldsymbol{\eta}}{\partial\beta}\\ 0 & \dfrac{2}{c} & 0 & 0\\ -\dfrac{2v\sin\theta}{c} & 0 & \dfrac{2f_c\cos\theta}{c} & 0\end{bmatrix} \tag{5.37}$$

接下来，我们计算 $\dfrac{\partial\boldsymbol{\eta}}{\partial\theta}$ 和 $\dfrac{\partial\boldsymbol{\eta}}{\partial\beta}$。首先，易得 β 的导数为

$$\frac{\partial\boldsymbol{\eta}}{\partial\beta}=\kappa\boldsymbol{b}\left(\theta\right)\boldsymbol{a}^{\mathrm{H}}\left(\theta\right)\boldsymbol{a}\left(\hat{\theta}\right) \tag{5.38}$$

然后，将 $\boldsymbol{\eta}\left(\beta,\theta\right)$ 展开为

$$\boldsymbol{\eta}=\frac{\beta}{\sqrt{N_{\mathrm{t}}}}\begin{bmatrix}\sum\limits_{i=1}^{N_{\mathrm{t}}}\mathrm{e}^{-\mathrm{j}\pi(i-1)\cos\hat{\theta}}\mathrm{e}^{\mathrm{j}\pi(i-1)\cos\theta}\\ \sum\limits_{i=1}^{N_{\mathrm{t}}}\mathrm{e}^{-\mathrm{j}\pi(i-1)\cos\hat{\theta}}\mathrm{e}^{\mathrm{j}\pi(i-2)\cos\theta}\\ \vdots\\ \sum\limits_{i=1}^{N_{\mathrm{t}}}\mathrm{e}^{-\mathrm{j}\pi(i-1)\cos\hat{\theta}}\mathrm{e}^{\mathrm{j}\pi(i-N_{\mathrm{r}})\cos\theta}\end{bmatrix} \tag{5.39}$$

于是，有

$$\frac{\partial\boldsymbol{\eta}}{\partial\theta}=\frac{\beta}{\sqrt{N_{\mathrm{t}}}}\begin{bmatrix}-\sum\limits_{i=1}^{N_{\mathrm{t}}}\mathrm{e}^{-\mathrm{j}\pi\left((i-1)\cos\hat{\theta}-(i-1)\cos\theta\right)}\mathrm{j}\pi\left(i-1\right)\sin\theta\\ -\sum\limits_{i=1}^{N_{\mathrm{t}}}\mathrm{e}^{-\mathrm{j}\pi\left((i-1)\cos\hat{\theta}-(i-2)\cos\theta\right)}\mathrm{j}\pi\left(i-2\right)\sin\theta\\ \vdots\\ -\sum\limits_{i=1}^{N_{\mathrm{t}}}\mathrm{e}^{-\mathrm{j}\pi\left((i-1)\cos\hat{\theta}-(i-N_{\mathrm{r}})\cos\theta\right)}\mathrm{j}\pi\left(i-N_{\mathrm{r}}\right)\sin\theta\end{bmatrix} \tag{5.40}$$

我们接下来应用 EKF 框架。根据文献 [75]，基于 EKF 的状态预测与跟踪方案可以总结为如下步骤。

（1）状态预测：

$$\hat{\boldsymbol{x}}_{n|n-1} = \boldsymbol{g}\left(\hat{\boldsymbol{x}}_{n-1}\right),\ \hat{\boldsymbol{x}}_{n+1|n-1} = \boldsymbol{g}\left(\hat{\boldsymbol{x}}_{n|n-1}\right) \tag{5.41}$$

（2）线性化：

$$\boldsymbol{G}_{n-1} = \left.\frac{\partial \boldsymbol{g}}{\partial \boldsymbol{x}}\right|_{\boldsymbol{x}=\hat{\boldsymbol{x}}_{n-1}},\ \boldsymbol{H}_{n} = \left.\frac{\partial \boldsymbol{h}}{\partial \boldsymbol{x}}\right|_{\boldsymbol{x}=\hat{\boldsymbol{x}}_{n|n-1}} \tag{5.42}$$

（3）MSE 矩阵预测：

$$\boldsymbol{M}_{n|n-1} = \boldsymbol{G}_{n-1}\boldsymbol{M}_{n-1}\boldsymbol{G}_{n-1}^{\mathrm{H}} + \boldsymbol{Q}_{s} \tag{5.43}$$

（4）卡尔曼增益计算：

$$\boldsymbol{K}_{n} = \boldsymbol{M}_{n|n-1}\boldsymbol{H}_{n}^{\mathrm{H}}\left(\boldsymbol{Q}_{m} + \boldsymbol{H}_{n}\boldsymbol{M}_{n|n-1}\boldsymbol{H}_{n}^{\mathrm{H}}\right)^{-1} \tag{5.44}$$

（5）状态跟踪/更新：

$$\hat{\boldsymbol{x}}_{n} = \hat{\boldsymbol{x}}_{n|n-1} + \boldsymbol{K}_{n}\left(\boldsymbol{y}_{n} - \boldsymbol{h}\left(\hat{\boldsymbol{x}}_{n|n-1}\right)\right) \tag{5.45}$$

（6）MSE 矩阵更新：

$$\boldsymbol{M}_{n} = \left(\boldsymbol{I} - \boldsymbol{K}_{n}\boldsymbol{H}_{n}\right)\boldsymbol{M}_{n|n-1} \tag{5.46}$$

在状态预测步骤中，单步预测角 $\hat{\theta}_{n|n-1}$ 用于 RSU 在第 n 个时隙的发射波束赋形，两步预测角 $\hat{\theta}_{n+1|n-1}$ 则由 RSU 发送给车辆，用于车辆的接收波束赋形。在状态跟踪/更新步骤中，RSU 利用回波 $\boldsymbol{y}_n$ 对预测状态 $\hat{\boldsymbol{x}}_{n|n-1}$ 进行更新，得到第 n 个时隙的状态估计 $\hat{\boldsymbol{x}}_n$。这一估计量将作为下一次迭代中预测器的输入。通过迭代地进行跟踪和预测，RSU 可以在感知车辆的同时与其进行高速通信。

5.2.2　波束关联问题

在多车场景下，我们需要通过区分多辆车来达到如下两个目的：一是在每个波束上向相应的车辆发送正确的信息；二是在式 (5.45) 中，将多车的状态预测与观测信号一一对应，从而正确地对车辆状态进行跟踪/更新。为此，RSU 需要将每个波束与对应车辆一一关联。在基于纯通信协议的传统方案中，对车辆的区分十分容易，仅需在上行反馈时，要求每辆车向 RSU 汇报 ID 信息即可。然而，在本章提出的雷达通信一体化波束跟踪方案中，由于目标回波本身并不包含 ID 信息，波束关联无法直接完成。即使车辆可以通过上行通信链路发送其 ID 信息，这一信息也很可能由于车联网信道的高动态而“过时”。为解决这一问题，我们考虑如下基于最近邻原则（Nearest Neighbour Criterion）的波束关联方案。

在第 n 个时隙，RSU 收到反射自 K 辆车的 K 个回波信号，并将其处理为 K 个测量信号，即 $\boldsymbol{y}_{k,n}$（$k=1,\cdots,K$）。如果 $\boldsymbol{y}_{k,n}$ 错误地与某一状态预测 $\hat{\boldsymbol{x}}_{i,n|n-1}$（$i \neq k$）关联，则状态的跟踪/更新（$\hat{\boldsymbol{x}}_{k,n}$）会不再准确，且第 $n+1$ 个时隙的预测 $\hat{\boldsymbol{x}}_{k,n+1|n}=\boldsymbol{g}\left(\hat{\boldsymbol{x}}_{k,n}\right)$ 也会出现错误。注意到如下事实：第 n 个时隙的状态预测 $\hat{\boldsymbol{x}}_{k,n|n-1}$ 及其相应的测量 $\boldsymbol{y}_{k,n}$ 应彼此接近。我们可以基于 K 个状态预测 $\hat{\boldsymbol{x}}_{i,n|n-1}$（$i=1,\cdots,K$）给出 K 个测量的预测，即

$$\hat{\boldsymbol{y}}_{i,\,n|n-1}=\boldsymbol{h}\left(\hat{\boldsymbol{x}}_{i,n|n-1}\right),\forall i \tag{5.47}$$

对于每个实际的测量信号 $\boldsymbol{y}_{k,n},\forall k$，RSU 计算其与所有 K 个预测测量信号的欧几里得距离，然后将 $\boldsymbol{y}_{k,n}$ 与欧几里得距离最小的预测量进行关联，即

$$i=\arg\min_{i}\left\|\boldsymbol{y}_{k,n}-\hat{\boldsymbol{y}}_{i,\,n|n-1}\right\|=\arg\min_{i}\left\|\boldsymbol{y}_{k,n}-\boldsymbol{h}\left(\hat{\boldsymbol{x}}_{i,n|n-1}\right)\right\| \tag{5.48}$$

通过以上方法，RSU 就可以较高概率利用正确的测量信号来对状态预测 $\hat{\boldsymbol{x}}_{k,n|n-1}$ 进行更新，从而达到上述第 2 个目的。若测量值与车辆状态成功关联，则第 $n+1$ 个时隙的预测可以与第 n 个时隙的预测进行关联，RSU 即可将正确的一体化信号在正确的波束上发送给对应车辆，从而达到上述第 1 个目的。

除以上基于最近邻原则的方法以外，还有多种先进的数据关联算法，例如联合概率数据关联（Joint Probabilistic Data Association，JPDA）滤波、多假设跟踪（Multiple Hypothesis Tracking，MHT）等。限于篇幅，本书不再赘述，感兴趣的读者可以参阅文献 [183] 了解相关知识。

5.3 基于通信感知一体化的多波束功率分配

在每一个时隙，RSU 向 K 辆车发送 K 个雷达通信一体化波形，并利用车辆的回波进行波束跟踪。此外，为保证通信可靠性，还需要保证下行链路的 QoS。本节介绍一种多波束功率分配方法，可在保证下行 V2I 链路总速率的条件下提升感知性能。具体而言，我们希望最小化角度 θ 和距离 d 的估计误差。

5.3.1　注水功率分配法

我们先回顾经典的注水功率分配（Water-filling Power Allocation）法，以便与本节后文介绍的多波束功率分配方法进行对比。注水解（Water-filling Solution）可通过求解如下总速率最大化问题获得：

$$\begin{aligned}&\max_{\boldsymbol{p}_n}\ R_n=\sum_{k=1}^{K}\log\left(1+p_{k,n}\rho_{k,n}\right)\\&\text{s.t.}\quad \mathbf{1}^{\mathrm{T}}\boldsymbol{p}_n\leqslant P_{\mathrm{T}}，\ p_{k,n}\geqslant 0,\forall k\end{aligned}\tag{5.49}$$

其中，$\boldsymbol{p}_n=\left[p_{1,n},p_{2,n},\cdots,p_{K,n}\right]^{\mathrm{T}}$ 是第 n 个时隙的功率分配矢量，R_n 是式 (5.30) 中定义的总速率，$\rho_{k,n}$ 由式 (5.29) 定义，P_{T} 是 RSU 的最大发射功率。我们知道，式 (5.49) 的最优解为 [140]

$$p_{k,n}=\left(\gamma-\rho_{k,n}^{-1}\right)^{+}=\max\left\{0,\gamma-\rho_{k,n}^{-1}\right\}\tag{5.50}$$

其中，γ 为使得功率约束满足的常数。

注意到，尽管注水功率分配法最大化了通信速率，但其无法最小化车辆定位估计误差。

5.3.2　参数估计的后验 CRLB

为刻画参数估计性能，我们再次采用 CRLB 作为评价指标。本书前面的章节中，我们采用了基于测量数据的经典 CRLB。而在本章所考虑的车辆跟踪场景下，需要同时考虑测量模型与状态模型所带来的 Fisher 信息，从而引出了后验克拉美–罗下界（Posterior Cramér-Rao Lower Bound，PCRLB）的概念 [184]。给定关于状态 $\boldsymbol{x}_n$ 的测量数据 $\boldsymbol{y}_n$，根据贝叶斯定理，$\boldsymbol{x}_n$ 与 $\boldsymbol{y}_n$ 的联合概率密度函数可表示为 [75]

$$p\left(\boldsymbol{x}_n,\boldsymbol{y}_n\right)=p\left(\boldsymbol{y}_n\left|\boldsymbol{x}_n\right.\right)p\left(\boldsymbol{x}_n\right)\tag{5.51}$$

其中，$p\left(\boldsymbol{y}_n\left|\boldsymbol{x}_n\right.\right)$ 是给定 $\boldsymbol{x}_n$ 后关于 $\boldsymbol{y}_n$ 的条件概率密度函数，且 $p\left(\boldsymbol{x}_n\right)$ 是 $\boldsymbol{x}_n$ 的先验概率密度函数，由状态转移模型决定。对于测量数据 $\boldsymbol{y}_n$，我们有

$$p\left(\boldsymbol{y}_n\left|\boldsymbol{x}_n\right.\right)=\frac{1}{\pi^{N_{\mathrm{r}}+2}\det\left(\boldsymbol{Q}_m\right)}\exp\left(\left(\boldsymbol{y}_n-\boldsymbol{h}\left(\boldsymbol{x}_n\right)\right)^{\mathrm{H}}\boldsymbol{Q}_m^{-1}\left(\boldsymbol{y}_n-\boldsymbol{h}\left(\boldsymbol{x}_n\right)\right)\right)\tag{5.52}$$

另外，$\boldsymbol{x}_n$ 依赖 $\boldsymbol{x}_{n-1}$，即 $\boldsymbol{x}_n=\boldsymbol{g}\left(\boldsymbol{x}_{n-1}\right)+\boldsymbol{\omega}_n$，且 $\boldsymbol{x}_{n-1}\sim\mathcal{CN}\left(\hat{\boldsymbol{x}}_{n-1},\boldsymbol{M}_{n-1}\right)$。由于 $\boldsymbol{g}$ 的非线性，通常无法解析地给出 $\boldsymbol{x}_n$ 的分布。因此，我们利用 EKF 的线性化步骤，考虑如下线性近似：

$$\boldsymbol{x}_n\approx\boldsymbol{G}_{n-1}\boldsymbol{x}_{n-1}+\boldsymbol{g}\left(\hat{\boldsymbol{x}}_{n-1}\right)-\boldsymbol{G}_{n-1}\hat{\boldsymbol{x}}_{n-1}+\boldsymbol{\omega}_n \tag{5.53}$$

其中，$\boldsymbol{G}_{n-1}$ 是式 (5.42) 定义的雅可比矩阵。

由于 $\boldsymbol{x}_{n-1}$ 和 $\boldsymbol{\omega}_n$ 均为高斯分布且彼此独立，$\boldsymbol{x}_n$ 亦服从高斯分布，即

$$\boldsymbol{x}_n\sim\mathcal{CN}\left(\boldsymbol{\mu}_n,\boldsymbol{M}_{n|n-1}\right),\quad \boldsymbol{\mu}_n=\boldsymbol{g}\left(\hat{\boldsymbol{x}}_{n-1}\right) \tag{5.54}$$

其中，$\boldsymbol{M}_{n|n-1}$ 的定义见式 (5.43)。

如此一来，先验概率密度函数 $p\left(\boldsymbol{x}_n\right)$ 可表示为

$$p\left(\boldsymbol{x}_n\right)=\frac{1}{\pi^4\det\left(\boldsymbol{M}_{n|n-1}\right)}\exp\left(\left(\boldsymbol{x}_n-\boldsymbol{\mu}_n\right)^{\mathrm{H}}\boldsymbol{M}_{n|n-1}^{-1}\left(\boldsymbol{x}_n-\boldsymbol{\mu}_n\right)\right) \tag{5.55}$$

根据文献 [184]，关于 $\boldsymbol{x}_n$ 的后验 Fisher 信息矩阵（Posterior Fisher Information Matrix）可依式 (5.56) 计算：

$$\begin{aligned}\boldsymbol{J}&=-\mathbb{E}\left(\frac{\partial^2\ln p\left(\boldsymbol{x}_n,\boldsymbol{y}_n\right)}{\partial\boldsymbol{x}_n^2}\right)=\boldsymbol{J}_m+\boldsymbol{J}_s\\&=\underbrace{-\mathbb{E}\left(\frac{\partial^2\ln p\left(\boldsymbol{y}_n\left|\boldsymbol{x}_n\right.\right)}{\partial\boldsymbol{x}_n^2}\right)}_{\text{观测 Fisher 信息}}\underbrace{-\mathbb{E}\left(\frac{\partial^2\ln p\left(\boldsymbol{x}_n\right)}{\partial\boldsymbol{x}_n^2}\right)}_{\text{先验 Fisher 信息}}\end{aligned} \tag{5.56}$$

其中，$\boldsymbol{J}_m$ 和 $\boldsymbol{J}_s$ 分别是关于 $p\left(\boldsymbol{y}_n\left|\boldsymbol{x}_n\right.\right)$ 和 $p\left(\boldsymbol{x}_n\right)$ 的 Fisher 信息矩阵。

式 (5.56) 表明，测量信号和状态转移模型均提供了关于 $\boldsymbol{x}_n$ 的 Fisher 信息。对于以上高斯概率密度函数，容易求得 Fisher 信息矩阵为

$$\begin{aligned}\boldsymbol{J}_m&=\left(\frac{\partial\boldsymbol{h}}{\partial\boldsymbol{x}_n}\right)^{\mathrm{H}}\boldsymbol{Q}_m^{-1}\left(\frac{\partial\boldsymbol{h}}{\partial\boldsymbol{x}_n}\right)\\\boldsymbol{J}_s&=\boldsymbol{M}_{n|n-1}^{-1}=\left(\boldsymbol{G}_{n-1}\boldsymbol{M}_{n-1}\boldsymbol{G}_{n-1}^{\mathrm{H}}+\boldsymbol{Q}_s\right)^{-1}\end{aligned} \tag{5.57}$$

注意，式 (5.43) 中的 $\boldsymbol{M}_{n|n-1}$ 包含了状态模型协方差矩阵 $\boldsymbol{Q}_s$ 和关于第 $n-1$ 个

时隙的估计的协方差矩阵 $\boldsymbol{M}_{n-1}$。这说明，准确的状态转移模型和对 $\boldsymbol{x}_{n-1}$ 的准确估计能够得到“较小的” $\boldsymbol{Q}_s$ 和 $\boldsymbol{M}_{n-1}$，从而能够提供大量 $\boldsymbol{x}_n$ 的 Fisher 信息。

根据 CRLB 的定义，$\boldsymbol{x}$ 的 MSE 矩阵会以 $\boldsymbol{J}$ 的逆为下界，即

$$\mathbb{E}\left(\left(\hat{\boldsymbol{x}}_n-\boldsymbol{x}_n\right)\left(\hat{\boldsymbol{x}}_n-\boldsymbol{x}_n\right)^{\mathrm{H}}\right) \succeq \boldsymbol{J}^{-1} \triangleq \boldsymbol{C} \tag{5.58}$$

相应地，角度和距离估计的 MSE 具有如下下界：

$$\begin{aligned}\mathbb{E}\left(\left(\hat{\theta}_n-\theta_n\right)^2\right) \geqslant c_{11} \triangleq \mathrm{PCRLB}\left(\theta_n\right)\\ \mathbb{E}\left(\left(\hat{d}_n-d_n\right)^2\right) \geqslant c_{22} \triangleq \mathrm{PCRLB}\left(d_n\right)\end{aligned} \tag{5.59}$$

其中，c_{ij} 表示 $\boldsymbol{C}$ 的第 (i,j) 个元素。

5.3.3　功率分配问题的建模与分析

在实际场景中，由于 θ 和 d 的真值总是未知的，我们仅能依据预测值来对 PCRLB 进行优化，其实质是对 Fisher 信息矩阵和 PCRLB 进行预测并优化。给定第 k 辆车在第 n 个时隙的预测参数 $\hat{\theta}_{k,\,n|n-1}$ 和 $\hat{d}_{k,\,n|n-1}$，PCRLB 的预测可表示为

$$\begin{aligned}\mathrm{PCRLB}\left(\hat{\theta}_{k,\,n|n-1}\right) &= \left.c_{11}\right|_{\boldsymbol{x}=\hat{\boldsymbol{x}}_{k,\,n|n-1}}\\ \mathrm{PCRLB}\left(\hat{d}_{k,\,n|n-1}\right) &= \left.c_{22}\right|_{\boldsymbol{x}=\hat{\boldsymbol{x}}_{k,\,n|n-1}}\end{aligned} \tag{5.60}$$

其中，将 $\boldsymbol{x}=\hat{\boldsymbol{x}}_{k,n|n-1}$ 代入式 (5.56)∼ 式 (5.58) 即可得 c_{11} 和 c_{22}。

定理 5.1

PCRLB 的预测与 EKF 迭代步骤中的 MSE 矩阵更新相等，即

$$\left.\boldsymbol{C}\right|_{\boldsymbol{x}_n=\hat{\boldsymbol{x}}_{n|n-1}} = \boldsymbol{M}_n \tag{5.61}$$

♡

证明　对于 EKF，有以下等式成立 [185]：

$$\boldsymbol{M}_n^{-1}=\left(\boldsymbol{G}_{n-1}\boldsymbol{M}_{n-1}\boldsymbol{G}_{n-1}^{\mathrm{H}}+\boldsymbol{Q}_s\right)^{-1}+\boldsymbol{H}_n^{\mathrm{H}}\boldsymbol{Q}_m^{-1}\boldsymbol{H}_n \tag{5.62}$$

比较式 (5.62)、式 (5.56) 和式 (5.57) 可以观察到，将 $\hat{\boldsymbol{x}}_{n|n-1}$ 代入雅可比矩阵 $\dfrac{\partial \boldsymbol{h}}{\partial \boldsymbol{x}_n}$

可得

$$\boldsymbol{J}\Big|_{\boldsymbol{x}_n=\hat{\boldsymbol{x}}_{n|n-1}}=\boldsymbol{M}_n^{-1} \tag{5.63}$$

证毕。

根据定理 5.1，我们看到预测的 PCRLB 值 [式 (5.60)] 与矩阵 $\boldsymbol{M}_n$ 的第一个和第二个元素相等。然而，由于使用了线性化步骤，$\boldsymbol{M}_n$ 和 PCRLB 均为真值的近似。因此，式 (5.60) 是 MSE 的近似下界，而非真值。

由于 $\theta_{k,n}$ 和 $d_{k,n}$ 的估计彼此独立，K 辆车的联合 PCRLB 可以由式 (5.64) 得到：

$$\begin{aligned}\sum_{k=1}^{K}\mathrm{PCRLB}\left(\hat{\theta}_{k,\,n|n-1}\right)&=\sum_{k=1}^{K}c_{11}\big|_{\boldsymbol{x}=\hat{\boldsymbol{x}}_{k,\,n|n-1}}\\ \sum_{k=1}^{K}\mathrm{PCRLB}\left(\hat{d}_{k,\,n|n-1}\right)&=\sum_{k=1}^{K}c_{22}\big|_{\boldsymbol{x}=\hat{\boldsymbol{x}}_{k,\,n|n-1}}\end{aligned} \tag{5.64}$$

我们的目的是在多个波束上最优地分配发射功率，在最小化以上联合 PCRLB 的同时保证下行传输速率。这一问题可以建模为

$$\begin{aligned}&\min_{\boldsymbol{p}_n}\ \sum_{k=1}^{K}\left(\mathrm{PCRLB}\left(\hat{\theta}_{k,\,n|n-1}\right)+\mathrm{PCRLB}\left(\hat{d}_{k,\,n|n-1}\right)\right)\\ &\ \text{s.t.}\ \ R_n\geqslant R_{\mathrm{t}},\ \mathbf{1}^{\mathrm{T}}\boldsymbol{p}_n\leqslant P_{\mathrm{T}},\ p_{k,n}\geqslant 0,\forall k\end{aligned} \tag{5.65}$$

其中，R_{t} 是最低和速率门限，所有其他参数则与注水功率分配问题 [式 (5.49)] 具有相同的定义。尽管我们已在式 (5.30) 中给出了 R_n 和 $p_{k,n},\forall k$ 的关系，但 $c_{11}\big|_{\boldsymbol{x}=\hat{\boldsymbol{x}}_{k,n|n-1}}$、$c_{22}\big|_{\boldsymbol{x}=\hat{\boldsymbol{x}}_{k,n|n-1}}$ 和 $p_{k,n}$ 还需要进一步推导。首先引入式 (5.66)[①]：

$$\boldsymbol{Q}_m=p_{k,n}^{-1}\operatorname{diag}\left(\frac{a_1^2\sigma^2}{G},\frac{a_2^2\sigma^2}{G\kappa^2|\beta_{k,n}\delta_{k,n}|^2},\frac{a_3^2\sigma^2}{G^2\kappa^2|\beta_{k,n}\delta_{k,n}|^2}\right)\triangleq p_{k,n}^{-1}\tilde{\boldsymbol{Q}}_m \tag{5.66}$$

然后，有

$$\boldsymbol{J}=\boldsymbol{J}_m\Big|_{\boldsymbol{x}_n=\hat{\boldsymbol{x}}_{n|n-1}}+\boldsymbol{J}_s=p_{k,n}\boldsymbol{H}_n^{\mathrm{H}}\tilde{\boldsymbol{Q}}_m^{-1}\boldsymbol{H}_n+\boldsymbol{M}_{n|n-1}^{-1}\triangleq p_{k,n}\boldsymbol{A}+\boldsymbol{B} \tag{5.67}$$

① 注意到由于 $\beta_{k,n}$ 和 $\delta_{k,n}$ 的真值未知，我们利用预测值 $\beta_{k,n}=\hat{\beta}_{k,n|n-1}$、$\delta_{k,n}=\hat{\delta}_{k,n|n-1}=1$ 来估计协方差矩阵 $\tilde{\boldsymbol{Q}}_m$。

其中，$\boldsymbol{H}_n$ 由式 (5.42) 定义，$\boldsymbol{A}=\boldsymbol{H}_n^{\mathrm{H}}\tilde{\boldsymbol{Q}}_m^{-1}\boldsymbol{H}_n$，$\boldsymbol{B}=\boldsymbol{M}_{n|n-1}^{-1}$。Fisher 信息矩阵的逆可表示为

$$
\begin{aligned}
\boldsymbol{C}&=(p_{k,n}\boldsymbol{A}+\boldsymbol{B})^{-1}=\left(p_{k,n}\boldsymbol{A}+\boldsymbol{B}^{1/2}\boldsymbol{B}^{\mathrm{H}/2}\right)^{-1}\\
&=\boldsymbol{B}^{-\mathrm{H}/2}\left(p_{k,n}\boldsymbol{B}^{-1/2}\boldsymbol{A}\boldsymbol{B}^{-\mathrm{H}/2}+\boldsymbol{I}\right)^{-1}\boldsymbol{B}^{-1/2}
\end{aligned}
\tag{5.68}
$$

其中，$\boldsymbol{B}^{1/2}\in\mathbb{C}^{4\times4}$ 是 $\boldsymbol{B}$ 的平方根，$\boldsymbol{B}^{\mathrm{H}/2}$ 是其共轭转置。注意到

$$
4\geqslant \mathrm{rank}\left(\boldsymbol{B}^{1/2}\right)=\mathrm{rank}\left(\boldsymbol{B}^{\mathrm{H}/2}\right)\geqslant \mathrm{rank}\left(\boldsymbol{B}^{1/2}\boldsymbol{B}^{\mathrm{H}/2}\right)=\mathrm{rank}\left(\boldsymbol{B}\right)=4 \tag{5.69}
$$

这两个矩阵均为满秩矩阵且可逆。求 $\boldsymbol{B}^{-1/2}\boldsymbol{A}\boldsymbol{B}^{-\mathrm{H}/2}$ 的特征值分解可得

$$
\boldsymbol{U}\boldsymbol{\Lambda}\boldsymbol{U}^{\mathrm{H}}=\boldsymbol{B}^{-1/2}\boldsymbol{A}\boldsymbol{B}^{-\mathrm{H}/2} \tag{5.70}
$$

其中，$\boldsymbol{U}$ 是正交矩阵，由特征矢量组成；$\boldsymbol{\Lambda}$ 则是包含特征值的对角矩阵。将式 (5.70) 代入式 (5.69) 可得

$$
\begin{aligned}
\boldsymbol{C}&=\boldsymbol{B}^{-\mathrm{H}/2}\left(p_{k,n}\boldsymbol{U}\boldsymbol{\Lambda}\boldsymbol{U}^{\mathrm{H}}+\boldsymbol{I}\right)^{-1}\boldsymbol{B}^{-1/2}\\
&=\boldsymbol{B}^{-\mathrm{H}/2}\boldsymbol{U}(p_{k,n}\boldsymbol{\Lambda}+\boldsymbol{I})^{-1}\boldsymbol{U}^{\mathrm{H}}\boldsymbol{B}^{-1/2}\triangleq\tilde{\boldsymbol{B}}(p_{k,n}\boldsymbol{\Lambda}+\boldsymbol{I})^{-1}\tilde{\boldsymbol{B}}^{\mathrm{H}}
\end{aligned}
\tag{5.71}
$$

其中，$\tilde{\boldsymbol{B}}=\boldsymbol{B}^{-\mathrm{H}/2}\boldsymbol{U}$。利用 $\boldsymbol{\Lambda}$ 的对角结构，有

$$
(p_{k,n}\boldsymbol{\Lambda}+\boldsymbol{I})^{-1}=\mathrm{diag}\left(\frac{1}{p_{k,n}\lambda_{1,k,n}+1},\cdots,\frac{1}{p_{k,n}\lambda_{4,k,n}+1}\right) \tag{5.72}
$$

其中，$\lambda_{i,k,n}$（$i=1,\cdots,4$）是 $\boldsymbol{\Lambda}$ 的特征值。

因此，矩阵 $\boldsymbol{C}$ 的第 (i,j) 个元素为

$$
c_{ij}=\sum_{m=1}^{4}\frac{\tilde{b}_{im}\tilde{b}_{jm}^{*}}{p\lambda_{m,k,n}+1} \tag{5.73}
$$

其中，$\tilde{b}_{ij}$ 是 $\tilde{\boldsymbol{B}}$ 的第 (i,j) 个元素。相应地，$\theta_{k,n}$ 和 $d_{k,n}$ 的 PCRLB 可以表示为

$$
c_{11}=\sum_{m=1}^{4}\frac{\left|\tilde{b}_{1m}\right|^2}{p_{k,n}\lambda_{m,k,n}+1}，\ c_{22}=\sum_{m=1}^{4}\frac{\left|\tilde{b}_{2m}\right|^2}{p_{k,n}\lambda_{m,k,n}+1} \tag{5.74}
$$

式 (5.65) 可以变形为

$$\begin{aligned}&\min_{\boldsymbol{p}_n}\sum_{k=1}^{K}\sum_{m=1}^{4}\frac{\left|\tilde{b}_{1m,k,n}\right|^2+\left|\tilde{b}_{2m,k,n}\right|^2}{p_{k,n}\lambda_{m,k,n}+1}\\&\text{s.t.}\ \sum_{k=1}^{K}\log\left(1+\rho_{k,n}p_{k,n}\right)\geqslant R_{\mathrm{t}},\ \mathbf{1}^{\mathrm{T}}\boldsymbol{p}_n\leqslant P_{\mathrm{T}},\ p_{k,n}\geqslant 0,\forall k\end{aligned}\tag{5.75}$$

其中，$\tilde{b}_{1m,k,n}$、$\tilde{b}_{2m,k,n}$ 和 $\lambda_{m,k,n}$ 可通过将 $\boldsymbol{x}=\hat{\boldsymbol{x}}_{k,n|n-1}$ 代入式 (5.65)~ 式 (5.68) 得到，$\rho_{k,n}$ 由式 (5.29) 决定。

容易观察到，在最优解处，式 (5.75) 中的功率预算 P_{T} 能够严格达到。这是因为，如果最优的 $p_{k,n},\forall k$ 之和小于 P_{T}，我们就可以任意增加某一 $p_{k,n}$，使得求和值达到 P_{T}。这可以进一步降低目标函数，并提高总速率。因此，最优的功率分配策略应该能够利用所有的发射功率。

考虑到我们是针对每一时隙设计功率分配方法，式 (5.75) 中的时间下标可以忽略。因此，我们将 $\tilde{b}_{1m,k,n}$、$\tilde{b}_{2m,k,n}$、$\lambda_{m,k,n}$、$\rho_{k,n}$ 和 $p_{k,n}$ 分别表示为 $\tilde{b}_{1m,k}$、$\tilde{b}_{2m,k}$、$\lambda_{m,k}$、ρ_k 和 p_k。式 (5.75) 可以紧凑地表示为

$$\begin{aligned}&\min_{\boldsymbol{p}}\sum_{k=1}^{K}\sum_{m=1}^{4}\frac{\left|\tilde{b}_{1m,k}\right|^2+\left|\tilde{b}_{2m,k}\right|^2}{p_{k}\lambda_{m,k}+1}\\&\text{s.t.}\ \sum_{k=1}^{K}\log\left(1+\rho_{k}p_{k}\right)\geqslant R_{\mathrm{t}},\ \sum_{k=1}^{K}p_k=P_{\mathrm{T}},\ p_{k}\geqslant 0,\forall k\end{aligned}\tag{5.76}$$

引理 5.2

$\lambda_{m,k}\geqslant 0,\forall m,\forall k$。

♡

证明　由于 $\lambda_{m,k},\forall m$ 是式 (5.70) 的特征值，仅需证明式 (5.70) 是半正定矩阵即可。注意到任意给定 $\boldsymbol{x}\in\mathbb{C}^{4\times 1}$，我们有

$$\boldsymbol{x}^{\mathrm{H}}\boldsymbol{B}^{-1/2}\boldsymbol{A}\boldsymbol{B}^{-\mathrm{H}/2}\boldsymbol{x}=\left(\boldsymbol{B}^{-\mathrm{H}/2}\boldsymbol{x}\right)^{\mathrm{H}}\boldsymbol{A}\left(\boldsymbol{B}^{-\mathrm{H}/2}\boldsymbol{x}\right)\geqslant 0\tag{5.77}$$

其中，不等式成立的依据为 $\boldsymbol{A}\succeq\mathbf{0}$。因此，$\boldsymbol{B}^{-1/2}\boldsymbol{A}\boldsymbol{B}^{-\mathrm{H}/2}$ 是半正定矩阵。证毕。

定理 5.2

式 (5.76) 是凸问题。

♡

证明　容易看到，式 (5.76) 中的总速率约束相对于 $\boldsymbol{p}$ 是凹的，且功率约束为线性约束。因此，仅需证明式 (5.76) 的目标函数为凸。对于该函数求和项中的每一项，其二阶导为

$$\frac{\partial^2 \dfrac{\left|\tilde{b}_{1m,k}\right|^2+\left|\tilde{b}_{2m,k}\right|^2}{p_k\lambda_{m,k}+1}}{\partial p_k^2}=\frac{2\left(\left|\tilde{b}_{1m,k}\right|^2+\left|\tilde{b}_{2m,k}\right|^2\right)\lambda_{m,k}^2}{\left(p_k\lambda_{m,k}+1\right)^3}\geqslant 0 \tag{5.78}$$

由引理 5.2 可知，式 (5.78) 中的不等式成立。这说明求和项中的每一项都是凸函数，因此目标函数为凸。证毕。

由于式 (5.76) 是凸的，我们可以利用常用数值工具箱（如 CVX）对其进行求解。

5.4　数值仿真结果

本节我们给出数值仿真结果，来验证本章提出的雷达通信一体化波束跟踪与预测方案在感知和通信两方面的性能。除特别说明外，RSU 和车载收发机均工作在 $f_c = 30\text{GHz}$ 频段，且设定发送时隙长度 $\Delta T = 0.02\text{s}$；雷达回波和通信接收信号的噪声方差 $\sigma^2 = \sigma_{\text{C}}^2 = 1$，且通信信道在单位距离处的参考信道系数 $\tilde{\alpha} = 1$。对于状态转移模型的噪声，我们假设 $\sigma_\theta = 0.02°$、$\sigma_d = 0.2\text{m}$、$\sigma_v = 0.5\text{m/s}$ 和 $\sigma_\beta = 0.1$。注意，状态转移的方差一般较小，因为它们刻画的是状态模型的近似误差，与 SNR 无关。此外，由于时隙长度较短，相邻两个状态之间的差别一般比较小。综上所述，我们将状态模型的方差设置得足够小。针对测量噪声方差，我们有 $a_1 = 1$、$a_2 = 6.7 \times 10^{-7}$、$a_3 = 2 \times 10^4$。最后，我们令 $G = 10$。

5.4.1　单车跟踪性能

本小节研究在单车场景下，雷达通信一体化方案的通信与感知性能。不失一般性，令车辆的初始状态为 $\theta_0 = 9.2°$、$d_0 = 25\text{m}$、$v_0 = 20\text{m/s}$、$\beta_0 = 0.5 + 0.5\text{j}$，车载天线数量 $M = 32$。

图5.5展示了单车场景下，雷达通信一体化方案的可达下行通信速率随时间的变化情况。在这一场景中，车辆从 RSU 的左侧出发，沿直行路段经过 RSU，并到达其右侧。可以观察到，由于距离的变化，所有的速率曲线先增加再减小。在车辆距 RSU 最近，即 $\theta = 90°$ 时，可达下行通信速率最大。此外，随着 RSU 天线数量的增加，阵列增益提升，可达下行通信速率也随之增加。

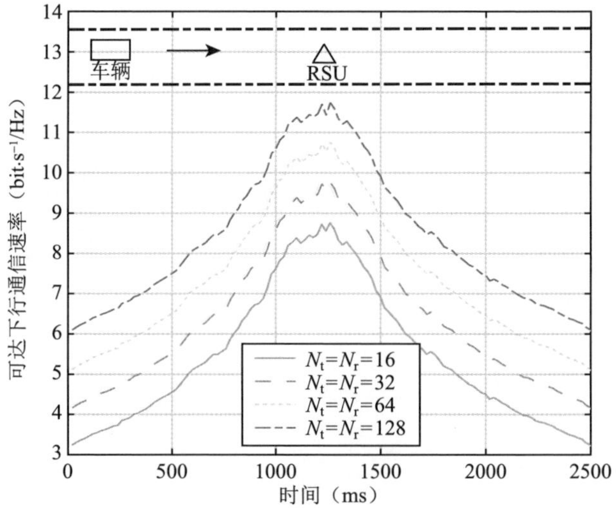

图 5.5　单车场景下，雷达通信一体化方案的可达下行通信速率分析， $\theta_0 = 9.2^\circ$，$d_0 = 25\text{m}$，$v_0 = 20\text{m/s}$，$\beta_0 = 0.5 + 0.5\text{j}$，$M = 32$，SNR = 10dB

在图5.6和图5.7中，我们考察了单车场景下，雷达通信一体化方案中雷达对角度和距离进行跟踪的性能，评价指标为 RMSE。正如预料，曲线的总体变化趋势均为：RMSE 在车辆接近时减小，远离时增加。当车辆在 RSU 的正前方，即在 1200~1400ms 时间段内且 $\theta \approx 90^\circ$ 时，雷达通信一体化方案的角度变化与 EKF 跟踪算法相比较为剧

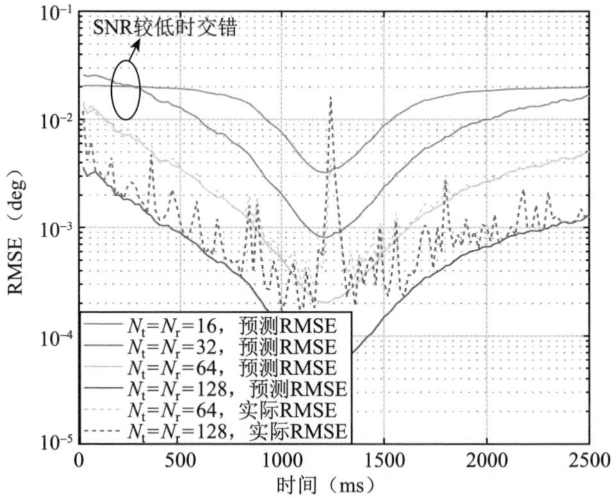

图 5.6　单车场景下，雷达通信一体化方案中雷达对角度进行跟踪的性能分析， $\theta_0 = 9.2^\circ$，$d_0 = 25\text{m}$，$v_0 = 20\text{m/s}$，$\beta_0 = 0.5 + 0.5\text{j}$，$M = 32$，SNR = 10dB

烈，因此在角度估计误差中出现了一个尖峰。然而，正如图5.5所示，除了在对应时刻的速率曲线上造成一些小幅抖动，这些误差尖峰并不会对可达下行通信速率造成明显的影响。可以注意到，预测 RMSE（同时也是预测 PCRLB）是实际 RMSE 的一个较紧的下界，这说明了前文理论分析的正确性。进一步观察可以发现，在图5.6和图5.7中，天线数为 16 和 32 对应的两条曲线出现了交错。这是因为在车辆较远、SNR 较低时，较大的阵列产生的波束更窄，更容易造成波束失准（Beam Misalignment）。尽管这一缺陷可以由阵列增益弥补，32 个天线的阵列增益仍不足以消除这一误差，因此它比具有 16 个天线的阵列性能更差。对比 64 个天线和 128 个天线的情况，我们发现，由于两者均具有较高的阵列增益，因而并不存在交错现象。

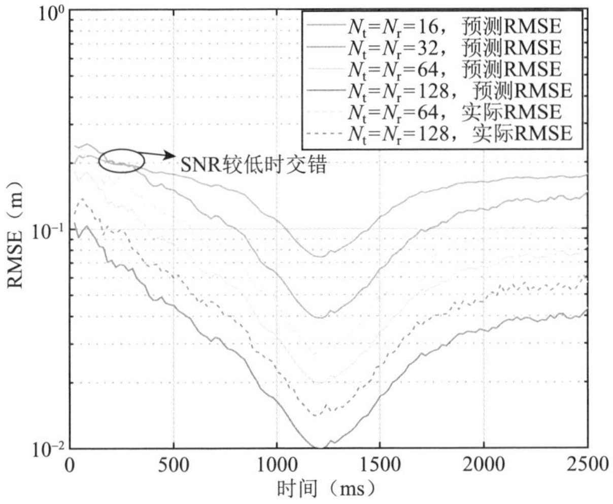

图 5.7　单车场景下，雷达通信一体化方案中雷达对距离进行跟踪的性能分析，$\theta_0 = 9.2^\circ$，$d_0 = 25\text{m}$，$v_0 = 20\text{m/s}$，$\beta_0 = 0.5 + 0.5\text{j}$，$M = 32$，SNR = 10dB

5.4.2　雷达通信一体化方案与基于上行反馈的纯通信方案的性能对比

在本小节中，我们对比雷达通信一体化方案与基于上行反馈的纯通信方案（简称反馈式方案）中波束跟踪方法的性能。在传统的基于 EKF 的波束跟踪方法（如文献 [176, 178-179]）中，发射机在每个时隙向接收机发射单个导频信号矢量；接收机在收到导频信号后，利用接收波束赋形对其进行合并处理，并据此估计出最优波束后反馈回发射机。这一反馈信息会被用于预测下一时隙的发射波束。注意，已有的基于 EKF 的波束跟踪方法中采用的状态转移模型均与本章的状态转移模型不同 [176, 178-179]。为保证比较的公平性，我们在反馈式方案中也采用了相同的状态转移模型，并将反射系数 β 替换为视距信道系数 α，并假设其完美已知。反馈式方案采用了式 (5.26) 作为角度测量模型，且利用匹配滤波去除了该模型对导频符号的依赖，其距离测量模型和速度测量模型则仍然依赖时延和多普勒测量。鉴于反馈式方案中仅利用单个导频符号进行波束跟踪，其匹配滤波增益为 $G=1$，而雷达通信一体化方案中的 $G=10$。因此，反馈式方案的测量方差的量级应在雷达通信一体化方案的测量方差的 10 倍左右。车辆的初始状态设为 $\theta_0=9.2^\circ$，$d_0=25\text{m}$，$v_0=18\text{m/s}$，$\beta_0=\dfrac{\sqrt{2}}{2}+\dfrac{\sqrt{2}}{2}\text{j}$，$\tilde{\alpha}=25$。注意我们令 $\tilde{\alpha}=d_0$，这使得初始信道系数 α_0 的模为 1，与雷达通信一体化方案中的 β_0 保持一致。最后，我们假设 $N_\text{t}=N_\text{r}=M$。

我们首先在图5.8中比较了两种方案的角度跟踪性能。由于雷达通信一体化方案具有较大的匹配滤波增益，两张图均表明其能够准确地跟踪车辆角度的变化。与此同时，反馈式方案出现了较大的跟踪误差。除匹配滤波增益的影响外，产生这一现象的另一重要原因是，反馈式方案需要在车辆接收端利用一个接收波束合并导频符号，等效于将导频信号投影到了一个低维空间中，从而不可避免地造成了角度信息的丢失。另外，雷达通信一体化方案并不需要对回波进行接收合并，从而最大限度地保留了角度信息。从图5.8（b）可以看到，在天线数量较多时，由于波束变窄且 SNR 增益不足，反馈式方案的角度跟踪性能恶化较为严重。

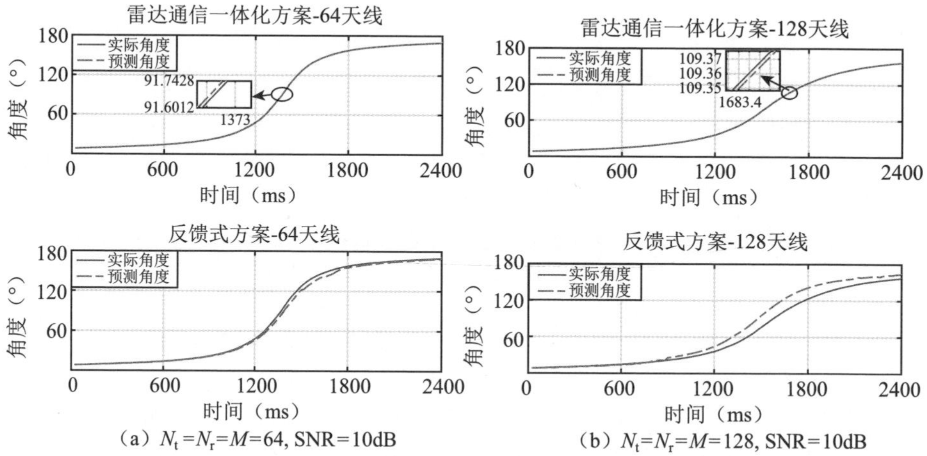

（a）$N_\text{t}=N_\text{r}=M=64$, SNR=10dB （b）$N_\text{t}=N_\text{r}=M=128$, SNR=10dB

图 5.8　雷达通信一体化方案与反馈式方案的角度跟踪性能对比，$\theta_0=9.2^\circ$, $d_0=25\text{m}$，$v_0=18\text{m/s}$，$\beta_0=\dfrac{\sqrt{2}}{2}+\dfrac{\sqrt{2}}{2}\text{j}$，$\alpha_0=25$

图5.9展示了雷达通信一体化方案与反馈式方案的可达速率性能对比。可以观察到，在初始阶段，当角度变化相对较小时，反馈式方案与雷达通信一体化方案具有几乎相同的可达速率。然而，在车辆逐渐接近 RSU 时，角度变化较大，反馈式方案的可

达速率急剧下降，与图5.8中的角度跟踪性能一致。此外还可以看到，在 64 个天线的场景下，在车辆远离 RSU，角度变化较小时，反馈式方案的可达速率最终达到了雷达通信一体化方案的可达速率。然而，在 128 个天线的场景下，由于波束较窄、失配概率较高，反馈式方案的可达速率最终无法达到雷达通信一体化方案的可达速率。这与图5.8（b）中的角度误差变化趋势相同。

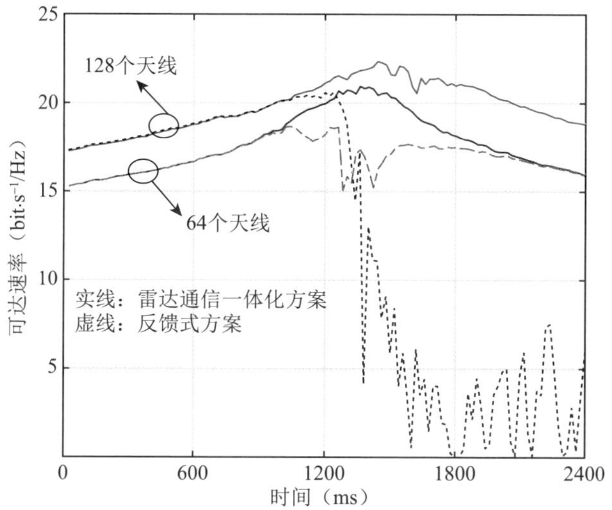

图 5.9　雷达通信一体化方案与反馈式方案的可达速率性能对比，$\theta_0 = 9.2°$，$d_0 = 25$m，$v_0 = 18$m/s，$\beta_0 = \frac{\sqrt{2}}{2} + \frac{\sqrt{2}}{2}\mathrm{j}$，$\tilde{\alpha} = 25$，$N_{\mathrm{t}} = N_{\mathrm{r}} = M = 64$，SNR = 10dB

5.4.3　多车跟踪性能

在本小节中，我们验证本节提出的功率分配方案对多辆车的感知和通信性能，如图 5.10～图 5.13 所示。不失一般性，我们考虑 5 辆车在单行道上朝同一方向行驶的场景，其初始状态参数如表 5.1 所示。多车场景下，我们定义发射 SNR 为 P_{T}/σ^2，其中 P_{T} 为总的发射功率预算。RSU 的发射和接收天线数量设为 $N_{\mathrm{t}} = N_{\mathrm{r}} = 128$，车辆的天线数量为 $M = 32$。为了设定式 (5.65) 中的速率门限 R_{t}，我们首先求解总功率约束下的注水问题 [式 (5.49)]，从而得到最大可达和速率，记为 $R_{\max}$。注意，这一速率是 P_{T} 功率约束下，所有可达速率的上界。相应地，我们设置速率门限为 $R_{\mathrm{t}} = 0.9R_{\max}$，并将功率分配方案 [式 (5.65)] 产生的总速率与注水功率分配方案的速率进行对比。我们在图5.10、图5.11和图5.13中假设完美波束关联，并在图5.12中分析不完美波束关联带来的影响。

表 5.1 多车场景的初始状态参数

车辆编号	1	2	3	4	5
角度（°）	7.66	6.56	5.74	5.10	4.59
距离（m）	30	35	40	45	50
速度（m/s）	20	18	16	12	10
反射系数	2+2j	1+j	0.5+0.5j	0.3+0.3j	0.2+0.2j

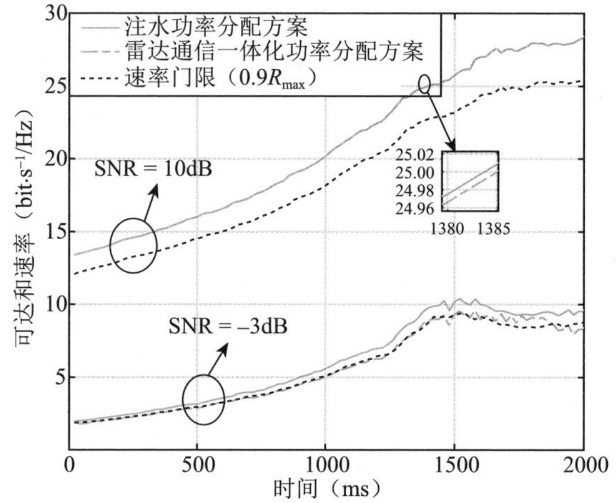

图 5.10 多车场景下的可达和速率。多车初始状态参数按照表 5.1 设置， $N_{\rm t} = N_{\rm r} = 128$, $M = 32$, $R_{\rm t} = 0.9R_{\max}$

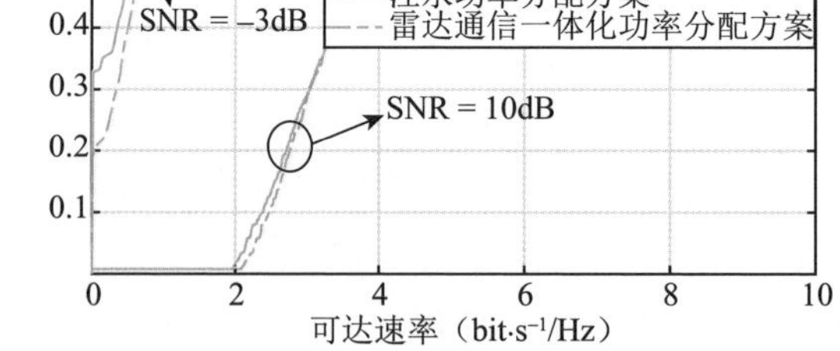

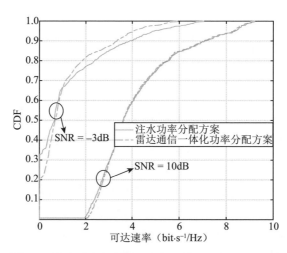

图 5.11 多车场景下可达速率的经验累积分布函数。多车初始状态按照表 5.1 设置， $N_{\rm t} = N_{\rm r} = 128$，$M = 32$，$R_{\rm t} = 0.9R_{\max}$

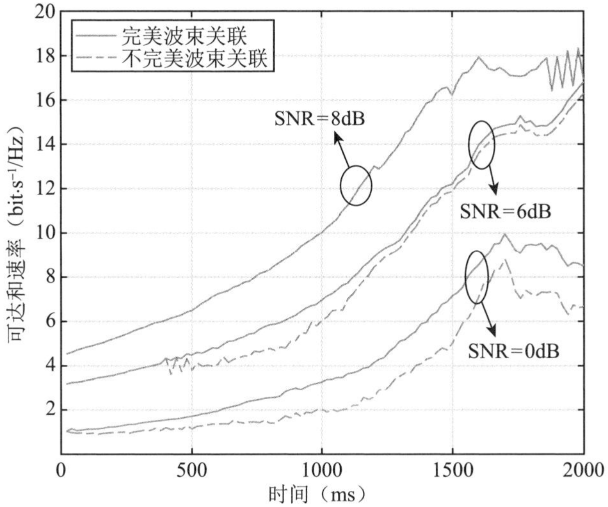

图 5.12　不同波束关联条件下的可达和速率性能。多车初始状态参数按照表 5.1 设置， $N_{\mathrm{t}} = N_{\mathrm{r}} = 128$，$M = 32$，$R_{\mathrm{t}} = 0.9R_{\max}$

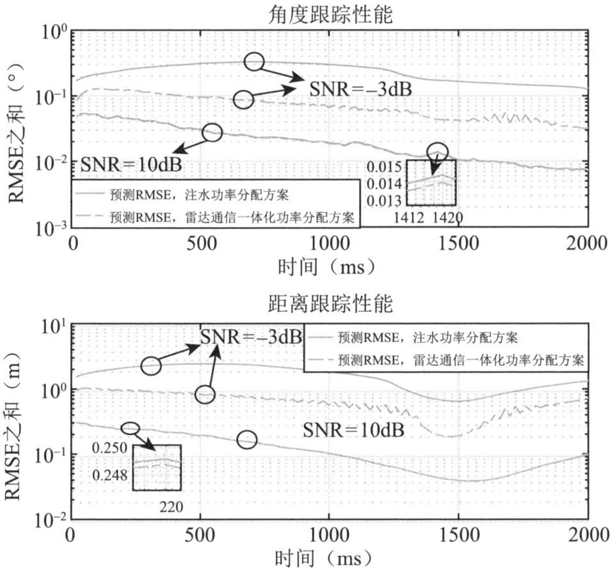

图 5.13　多车场景下两种方案的感知性能对比。多车初始状态参数按照表 5.1 设置， $N_{\mathrm{t}} = N_{\mathrm{r}} = 128$，$M = 32$，$R_{\mathrm{t}} = 0.9R_{\max}$

图5.10展示了雷达通信一体化功率分配方案和注水功率分配方案的可达和速率性能，其中 SNR 分别为 -3dB及 10dB。可以观察到，当 SNR 较低时，式 (5.65) 中的

速率约束较紧，即雷达通信一体化功率分配方案产生的速率与门限大致相等。注意，此处的可达和速率有可能低于门限，这是因为 R_{t} 是根据预测角而非真实角设置，其波束赋形增益被设置为 1。然而，真实的可达和速率是由真实角度和信道增益计算得到，其波束赋形增益总是小于 1。当 SNR 较高时，速率约束将保持未激活状态，即通过雷达通信一体化功率分配方案得到的可达和速率总是高于门限，且基本与注水速率相当。

接下来，我们从公平性的视角出发研究可达速率性能。图5.11展示了利用两种功率分配方案得到的可达速率的经验累积分布函数（Empirical CDF）。可以看到，尽管注水功率分配方案具有更高概率产生高速率，在两种 SNR 下，两条 CDF 曲线分别在 $1\mathrm{bit{\cdot}s^{-1}/Hz}$ 和 $3.5\mathrm{bit{\cdot}s^{-1}/Hz}$ 处出现交错，即雷达通信一体化功率分配方案在低端。这是因为，注水功率分配方案在信道较差时，更倾向于分配较小的功率甚至零功率。因此，雷达通信一体化功率分配方案与注水功率分配方案相比，更能保持功率分配的公平性。

进一步地，我们在图5.12中考察了 5.2.2 节中介绍的波束关联方法的性能，并考虑了完美波束关联与不完美波束关联两种情况。在不完美波束关联情形下，我们利用波束关联方法对其进行校正，并以完美波束关联性能作为基准进行比较。值得注意的是，在 SNR = 8dB 时，不完美波束关联场景下的速率曲线基本达到了最优性能。在 SNR 分别等于 6dB 和 0dB 时，我们分别观察到 $1\mathrm{bit{\cdot}s^{-1}/Hz}$ 和 $2\mathrm{bit{\cdot}s^{-1}/Hz}$ 的性能损失。这一现象可以解释为：在低 SNR 场景下，波束错误关联现象会更容易在具有较差信道条件的远端车辆处发生，而这些车辆对于总速率的贡献相当有限。近端车辆具有较好的信道条件，波束总是能够正确关联。即便远端车辆与波束错误关联，总速率仍然能保持在较高水平。

最后，我们在图5.13中以注水功率分配方案的性能为基准，比较了雷达通信一体化功率分配方案的感知性能，性能指标为预测得到的 RMSE 之和。可以看到，在高 SNR 条件下，两种功率分配能够达到相近的感知性能。事实上，我们在仿真中观察到，在 SNR 较高时，两种方法都倾向于对功率进行平均分配。在低 SNR 场景下，雷达通信一体化功率分配方案在角度和距离跟踪性能方面都显著优于注水功率分配方案。这是因为注水功率分配方案并不能优化感知性能，而雷达通信一体化功率分配方案在优化感知性能的同时，保证了总速率性能大于给定门限。换言之，雷达通信一体化功率分配方案能够在牺牲一定通信性能的前提下，提升估计的准确度。

我们还可以看到，高精度的估计性能并不一定意味着高速率。尽管利用本节提出的雷达通信一体化功率分配方案可以将角度估计的 RMSE 降低至 0.01°，从而提升了波束赋形增益。然而，与注水功率分配方案不同，该功率分配方案并不优化速率，因此在信道条件较好时，该功率分配方案可能造成一定的 SNR 损失。另外，虽然注水功率分配方案可能在角度估计上具有较大误差，但其分配在各车辆上的功率仍然能够弥补波束赋形增益的损失。

5.5　本章小结

本章主要讨论雷达通信一体化在车联网中的应用，具体讨论了在 RSU 中集成雷达和通信双功能，并利用雷达感知辅助 V2I 通信的波束跟踪与预测的方法。我们提出了一种基于扩展卡尔曼滤波方法的波束跟踪框架，利用车辆行驶模型作为状态转移模型，并利用雷达回波信号作为测量/观测模型，对车辆状态进行跟踪和预测。在多车场景下，为最小化卡尔曼迭代中的车辆跟踪误差，同时保证下行链路的服务质量，我们提出了一种基于优化方法的功率分配方案，能够在给定通信可达和速率要求和功率约束下，最小化 PCRLB，从而最小化跟踪误差。仿真结果显示，雷达通信一体化方案在波束跟踪与预测方面显著优于基于上行反馈的纯通信方案，在降低开销的同时提升了通信速率。此外，雷达通信一体化功率分配方案能够在保证较低的跟踪误差的同时，实现通信与感知性能的权衡。

第 6 章　总结与展望

6.1　本书总结

本书全面、深入地探讨了雷达通信频谱共享及一体化信号处理的若干理论与方法，提出了雷达与通信系统共享同一频谱、同一传输波形乃至同一信号处理方式的技术方案，并通过详尽的数值实例及仿真结果分析验证了方案的有效性。具体而言，本书讨论了如下内容。

（1）**雷达与通信同频共享场景下的信道估计。**针对 MIMO 雷达的“搜索与跟踪”工作模式，以及基站对雷达波形参数的了解程度，我们设计了多种假设检验方法来判断雷达的工作状态，进而估计互干扰信道。考虑研究的全面性，本书介绍了衰落信道与视距信道两种共存场景，并利用统计学工具，分别给出了假设检验以及信道估计算法的理论性能。

（2）**雷达与通信同频共享场景下的基站预编码。**针对 MIMO 雷达与多用户 MIMO 通信系统共享频谱的场景，我们首先设计了预编码算法，可对下行链路中的 MUI 进行抑制，同时能减少基站对雷达的干扰。随后，在多用户建设性干扰的视角下，我们对预编码算法进行了改进，并提出了基于梯度投影的快速算法，与基于干扰抑制的方案相比获得了更大的性能增益。进一步地，我们从实际约束条件出发，考虑了不完美 CSI 场景下的鲁棒预编码算法。最后，分析了基站干扰对雷达检测与估计性能的影响。

（3）**MIMO 雷达通信一体化系统的波束赋形设计。**针对 MIMO 雷达通信一体化系统，本书讨论了分离式与共享式这两种天线阵列部署下的一体化波束赋形设计，并利用半正定松弛算法对相关优化问题进行了求解。为揭示雷达与通信共用信号时的基本性能权衡，本书进一步提出了一种基于 CRLB 的一体化波束赋形优化方案，分别在点目标与扩展目标数学模型下，分析并刻画了全局最优解的结构，并给出了单用户场景下波束赋形矩阵的闭式解。

（4）**MIMO 雷达通信一体化系统的全局最优波形设计。**本书介绍了多种 MIMO 雷达通信一体化波形设计方案。首先，介绍了在给定雷达发射波束图样要求的情况下，可以严格保证雷达波束赋形功能并最小化 MUI 的一体化波形设计。然后在此基础上，给出了能够在雷达与通信功能之间进行折中的波形设计方案，并在总功率约束和逐天线功率约束两种情形下求解了最优波形。这 3 种方案均能给出问题的全局最优解或次优解，并具有极低的复杂度。最后，介绍了在给定雷达参考波形的条件下，具有恒包络特性的一体化波形设计，并利用分支定界算法求得了问题的全局最优解。

（5）**基于雷达通信一体化技术的车联网波束跟踪与预测。**针对 RSU 通信场景，本书讨论了在 RSU 中集成雷达和通信双功能，并利用雷达感知辅助 V2I 通信的波束跟踪与预测的方法，提出了一种基于扩展卡尔曼滤波方法的波束跟踪框架，利用车辆行驶模型作为状态转移模型，并利用雷达回波信号作为测量/观测模型，对车辆状态进行跟踪和预测。在多车场景下，为最小化卡尔曼迭代中的车辆跟踪误差，并同时保证下行链路的服务质量，本书介绍了一种基于优化方法的功率分配方案，能够在给定通信可达和速率要求和功率约束的情况下，最小化 PCRLB，从而最小化跟踪误差。

6.2　雷达通信一体化技术展望

雷达通信一体化的理论和技术体系丰富而又深刻。尽管学术界已在该领域的波形设计、信号处理等方面取得了丰硕的研究成果，但其理论体系尚未成型，很多方面的研究仍然处于起步阶段，且仍有许多问题亟待研究。其中一些最具代表性的关键技术难点如下。

（1）**雷达与通信的基本性能权衡与理论边界。**雷达与通信系统具有不同的性能指标。例如，雷达信号处理关注 MSE、CRLB、检测概率、虚警概率等指标，通信则关注信道容量、误码率、中断概率等指标。当雷达与通信复用频谱、功率、天线等无线资源时，两者就需要进行性能的权衡。这是因为对于某一方而言，最优的无线资源配置对于另一方则并非最优。例如，某一波形设计可达到最小的 CRLB，却不一定具有最佳的信道容量。然而，现有无线通信/参数检测与估计理论未能全面揭示通信与雷达感知之间的内在耦合机理，如何刻画通信与雷达感知性能之间的权衡关系及其帕累托最优边界目前尚不明确。进一步地，对于如何通过最优资源分配与信号设计达到这一性能边界，我们尚未见到一般化的理论分析框架。这一基础问题的解决对构建雷达通信一体化理论体系至关重要。

（2）**大规模感知网络关键技术。**通过在下一代大规模无线网络中部署雷达感知能力，通信网络将同时也是感知网络，从而能够服务于车联网、无人机网络、即时定位与地图构建（Simultaneous Localization and Mapping，SLAM）等多种新兴应用，打开无线价值新空间，构建未来无线标准跨代技术。然而，基于通信网络基础设施构建大规模感知网络尚无明确的技术路线。首先，需要基于现有蜂窝通信波形与协议，在不影响通信性能的前提下，设计雷达信号处理算法。这其中需要解决的技术难题包括：如何利用有限的通信带宽支撑高精度雷达感知，如何避免一体化信号与回波自干扰，以及如何利用未知数据进行雷达感知等。其次，需要基于无线通信网络架构，实现网络化雷达感知。这其中需要解决的技术难题包括：如何实现有效的雷达通信一体化干扰管理，如何设计通信感知一体化资源调度新方法，以及如何实现网络高精度同步并用于网络化感知等。这些技术难题的解决将对于实现 B5G/6G 的通信感知一体化愿景起到关键作用。

（3）**雷达感知辅助通信关键技术**。在具备大规模通信与雷达感知一体化网络后，雷达感知能力能够进一步增强网络通信性能。具体而言，借助雷达感知能力，能够实现通信环境的实时感知，以及通信用户与终端的追踪，从而提高通信资源管理效率。现有雷达通信一体化传输理论大多将通信与雷达感知视作两种分立的功能，两者互为干扰，较少考虑两者之间如何互惠互利、协同传输。在车联网等典型应用场景下，如何融合感知与通信、如何利用感知增强通信性能尚无严谨的理论分析。本书第 5 章给出了针对这一方向的初步探索，即利用雷达感知来辅助车联网波束对齐、跟踪、预测，降低导频开销，提升通信效率。如何进一步利用感知信息，实现更为广泛的通信资源管理与分配，仍然是一个开放问题。这一问题的解决或能引领无线通信产业的革新，并进一步提升通信网络的传输能力。

值得一提的是，上述两种关键技术的发展能够实现雷达、通信这两种功能的互惠互利。然而，如何在互惠互利的基础上进一步刻画两者的性能边界，尚无明确的数学建模与分析。这又与上述第 1 个技术难点中的性能权衡分析产生了密切的联系。我们相信，对上述 3 个方面的开放性问题与关键技术的深入研究，能够对雷达通信一体化领域产生重大而深远的影响，并引领雷达与通信领域的基础理论与技术的全面革新。

参考文献

[1] BBC. Price hike for UK mobile spectrum[EB/OL]. (2015-09-24).

[2] Morris A.German spectrum auction raises more than € 5B[EB/OL]. (2015-06-19).

[3] Riaz S. US completes first 5G auction[EB/OL]. (2019-01-25).

[4] Brown P. 75.4 billion devices connected to the internet of things by 2025[EB/OL]. (2016-04-13).

[5] Griffiths H, Cohen L, Watts S, et al. Radar spectrum engineering and management: Technical and regulatory issues[J]. Proc. IEEE, 2015, 103(1): 85-102.

[6] FCC. Connecting America: The national broadband plan[EB/OL]. (2010-03-17).

[7] NSF. Spectrum efficiency, energy efficiency, and security (specEES): Enabling spectrum for all [EB/OL]. (2020-12-04).

[8] DARPA. Shared spectrum access for radar and communications (SSPARC)[EB/OL].

[9] Ofcom. Public sector spectrum release (PSSR): Award of the 2.3GHz and 3.4GHz bands [EB/OL]. (2015-01-23).

[10] Paul B, Chiriyath A R, Bliss D W. Survey of RF communications and sensing convergence research[J/OL]. IEEE Access, 2016, 5: 252-270. DOI: 10.1109/ACCESS.2016.2639038.

[11] Wymeersch H, Seco-Granados G, Destino G, et al. 5G mmwave positioning for vehicular networks[J/OL]. IEEE Wireless Commun., 2017, 24(6): 80-86. DOI: 10.1109/MWC.2017.160 0374.

[12] Yang C, Shao H. WiFi-based indoor positioning[J/OL]. IEEE Commun. Mag., 2015, 53(3): 150-157. DOI: 10.1109/MCOM.2015.7060497.

[13] Blunt S D, Yatham P, Stiles J. Intrapulse radar-embedded communications[J/OL]. IEEE Trans. Aerosp. Electron. Syst., 2010, 46(3): 1185-1200. DOI: 10.1109/TAES.2010.5545182.

[14] Wang H, Johnson J T, Baker C J. Spectrum sharing between communications and ATC radar systems[J]. IET Radar, Sonar & Navigation, 2017, 11(6): 994-1001.

[15] Reed J H, Clegg A W, Padaki A V, et al. On the co-existence of TD-LTE and radar over 3.5GHz band: An experimental study[J/OL]. IEEE Wireless Commun. Lett., 2016, 5(4): 368-371. DOI: 10.1109/LWC.2016.2560179.

[16] Hessar F, Roy S. Spectrum sharing between a surveillance radar and secondary Wi-Fi networks [J]. IEEE Trans. Aerosp. Electron. Syst., 2016, 52(3): 1434-1448.

[17] Wikipedia. List of WLAN channels[EB/OL]. (2021-12-23).

[18] Choi J, Va V, Gonzalez-Prelcic N, et al. Millimeter-wave vehicular communication to support massive automotive sensing[J/OL]. IEEE Commun. Mag., 2016, 54(12): 160-167. DOI: 10.1109/MCOM.2016.1600071CM.

[19] Roh W, Seol J, Park J, et al. Millimeter-wave beamforming as an enabling technology for 5G

cellular communications: Theoretical feasibility and prototype results[J/OL]. IEEE Commun. Mag., 2014, 52(2): 106-113. DOI: 10.1109/MCOM.2014.6736750.

[20] Rappaport T S, Sun S, Mayzus R, et al. Millimeter wave mobile communications for 5G cellular: It will work![J/OL]. IEEE Access, 2013, 1: 335-349. DOI: 10.1109/ACCESS.2013.2260813.

[21] Heath R W, González-Prelcic N, Rangan S, et al. An overview of signal processing techniques for millimeter wave MIMO systems[J/OL]. IEEE J. Sel. Topics Signal Process., 2016, 10(3): 436-453. DOI: 10.1109/JSTSP.2016.2523924.

[22] Xu C, Firner B, Zhang Y, et al. The case for efficient and robust RF-based device-free localization [J/OL]. IEEE Trans. Mobile Comput., 2016, 15(9): 2362-2375. DOI: 10.1109/TMC.2015.249 3522.

[23] Feng C, Au W S A, Valaee S, et al. Received-signal-strength-based indoor positioning using compressive sensing[J/OL]. IEEE Trans. Mobile Comput., 2012, 11(12): 1983-1993. DOI: 10.1109/TMC.2011.216.

[24] Wu K, Xiao J, Yi Y, et al. CSI-based indoor localization[J/OL]. IEEE Trans. Parallel Distrib. Syst., 2013, 24(7): 1300-1309. DOI: 10.1109/TPDS.2012.214.

[25] Xu C, Firner B, Zhang Y, et al. Improving RF-based device-free passive localization in cluttered indoor environments through probabilistic classification methods[C/OL]//2012 ACM/IEEE 11th International Conference on Information Processing in Sensor Networks (IPSN). NJ: IEEE, 2012, 1: 209-220. DOI: 10.1109/IPSN.2012.6920958.

[26] Tan B, Chen Q, Chetty K, et al. Exploiting Wi-Fi channel state information for residential healthcare informatics[J/OL]. IEEE Commun. Mag., 2018, 56(5): 130-137. DOI: 10.1109/MC OM.2018.1700064.

[27] Fioranelli F, Ritchie M, Griffiths H. Bistatic human micro-Doppler signatures for classification of indoor activities[C/OL]//2017 IEEE Radar Conference (RadarConf). NJ: IEEE, 2017: 610-615. DOI: 10.1109/RADAR.2017.7944276.

[28] Wu Q, Zhang Y D, Tao W, et al. Radar-based fall detection based on Doppler time-frequency signatures for assisted living[J/OL]. IET Radar, Sonar & Navigation, 2015, 9(2): 164-172. DOI: 10.1049/iet-rsn.2014.0250.

[29] Amin M G, Zhang Y D, Ahmad F, et al. Radar signal processing for elderly fall detection: The future for in-home monitoring[J/OL]. IEEE Signal Processing Magazine, 2016, 33(2): 71-80. DOI: 10.1109/MSP.2015.2502784.

[30] Dubois C. Google ATAP moves forward with radar touch tech with FCC waiver[EB/OL]. (2019-01-11).

[31] Zhang S, Zeng Y, Zhang R. Cellular-enabled UAV communication: A connectivity-constrained trajectory optimization perspective[J/OL]. IEEE Trans. Commun., 2019, 67(3): 2580-2604. DOI: 10.1109/TCOMM.2018.2880468.

[32] Zeng Y, Zhang R, Lim T J. Wireless communications with unmanned aerial vehicles:

Opportunities and challenges[J/OL]. IEEE Commun. Mag., 2016, 54(5): 36-42. DOI: 10.1109/MCOM.2016.7470933.

[33] Ryan A, Zennaro M, Howell A, et al. An overview of emerging results in cooperative UAV control[C/OL]//2004 43rd IEEE Conference on Decision and Control (CDC). NJ: IEEE, 2004, 1: 602-607. DOI: 10.1109/CDC.2004.1428700.

[34] Beard R W, McLain T W, Nelson D B, et al. Decentralized cooperative aerial surveillance using fixed-wing miniature UAVs[J/OL]. Proc. IEEE, 2006, 94(7): 1306-1324. DOI: 10.1109/JPROC.2006.876930.

[35] Bogdanowicz Z R. Flying swarm of drones over circulant digraph[J/OL]. IEEE Trans. Aerosp. Electron. Syst., 2017, 53(6): 2662-2670. DOI: 10.1109/TAES.2017.2709858.

[36] Ramos D B, Loubach D S, da Cunha A M. Developing a distributed real-time monitoring system to track UAVs[J/OL]. IEEE Trans. Aerosp. Electron. Syst., 2010, 25(9): 18-25. DOI: 10.1109/MAES.2010.5592987.

[37] Winkler S, Zeadally S, Evans K. Privacy and civilian drone use: The need for further regulation [J/OL]. IEEE Security Privacy, 2018, 16(5): 72-80. DOI: 10.1109/MSP.2018.3761721.

[38] Zhang S, Zhang H, Di B, et al. Cellular UAV-to-X communications: Design and optimization for multi-UAV networks[J/OL]. IEEE Trans. Wireless Commun., 2019, 18(2): 1346-1359. DOI: 10.1109/TWC.2019.2892131.

[39] Moreira A, Prats-Iraola P, Younis M, et al. A tutorial on synthetic aperture radar[J]. IEEE Geoscience and Remote Sensing Magazine, 2013, 1(1): 6-43.

[40] Hughes P K, Choe J Y. Overview of advanced multifunction RF system (AMRFS)[C/OL]//2000 IEEE International Conference on Phased Array Systems and Technology (Cat. No.00TH8510). NJ: IEEE, 2000: 21-24. DOI: 10.1109/PAST.2000.858893.

[41] Tavik G C, Hilterbrick C L, Evins J B, et al. The advanced multifunction RF concept[J/OL]. IEEE Trans. Microw. Theory Technol., 2005, 53(3): 1009-1020. DOI: 10.1109/TMTT.2005.843485.

[42] Molnar J A, Corretjer I, Tavik G. Integrated topside - integration of narrowband and wideband array antennas for shipboard communications[C/OL]//2011 - MILCOM 2011 Military Communications Conference. NJ: IEEE, 2011: 1802-1807. DOI: 10.1109/MILCOM.2011.6127573.

[43] Polydoros A, Woo K. LPI detection of frequency-hopping signals using autocorrelation techniques[J/OL]. IEEE J. Sel. Areas Commun., 1985, 3(5): 714-726. DOI: 10.1109/JSAC.1985.1146255.

[44] Polydoros A, Weber C. Detection performance considerations for direct-sequence and time-hopping LPI waveforms[J/OL]. IEEE J. Sel. Areas Commun., 1985, 3(5): 727-744. DOI: 10.1109/JSAC.1985.1146256.

[45] Blunt S D, Metcalf J G, Biggs C R, et al. Performance characteristics and metrics for intra-pulse radar-embedded communication[J/OL]. IEEE J. Sel. Areas Commun, 2011, 29(10): 2057-2066. DOI: 10.1109/JSAC.2011.111215.

[46] Ciuonzo D, De Maio A, Foglia G, et al. Intrapulse radar-embedded communications via multiobjective optimization[J/OL]. IEEE Trans. Aerosp. Electron. Syst., 2015, 51(4): 2960-2974. DOI: 10.1109/TAES.2015.140821.

[47] Brisken S, Moscadelli M, Seidel V, et al. Passive radar imaging using DVB-S2[C/OL]//2017 IEEE Radar Conference (RadarConf). NJ: IEEE, 2017: 552-556. DOI: 10.1109/RADAR.2017.7944264.

[48] Griffiths H, Baker C J. An introduction to passive radar[M]. [S.l.]: Artech House, 2016.

[49] Liu J, Li H, Himed B. Two target detection algorithms for passive multistatic radar[J/OL]. IEEE Transactions on Signal Processing, 2014, 62(22): 5930-5939. DOI: 10.1109/TSP.2014.2359637.

[50] Chalise B K, Amin M G, Himed B. Performance tradeoff in a unified passive radar and communications system[J/OL]. IEEE Signal Process. Lett., 2017, 24(9): 1275-1279. DOI: 10.1109/LSP.2017.2721639.

[51] Decarli N, Guidi F, Dardari D. A novel joint RFID and radar sensor network for passive localization: Design and performance bounds[J/OL]. IEEE J. Sel. Topics Signal Process., 2014, 8(1): 80-95. DOI: 10.1109/JSTSP.2013.2287174.

[52] Fortino G, Pathan M, Fatta G D. BodyCloud: Integration of cloud computing and body sensor networks[C]//4th IEEE International Conference on Cloud Computing Technology and Science Proceedings. NJ: IEEE, 2012: 851-856.

[53] Nakano T, Moore M J, Wei F, et al. Molecular communication and networking: Opportunities and challenges[J/OL]. IEEE Trans. Nanobiosci., 2012, 11(2): 135-148. DOI: 10.1109/TNB.2012.2191570.

[54] Bliss D W. Cooperative radar and communications signaling: The estimation and information theory odd couple[C/OL]//2014 IEEE Radar Conference. NJ: IEEE, 2014: 50-55. DOI: 10.1109/RADAR.2014.6875553.

[55] Wang L S, Mcgeehan J P, Williams C, et al. Application of cooperative sensing in radar-communications coexistence[J/OL]. IET Commun., 2008, 2(6): 856-868. DOI: 10.1049/iet-com:20070403.

[56] Saruthirathanaworakun R, Peha J M, Correia L M. Opportunistic sharing between rotating radar and cellular[J]. IEEE J. Sel. Areas Commun., 2012, 30(10): 1900-1910.

[57] Li J, Stoica P. MIMO radar with colocated antennas[J/OL]. IEEE Signal Processing Magazine, 2007, 24(5): 106-114. DOI: 10.1109/MSP.2007.904812.

[58] Li J, Stoica P. MIMO radar signal processing[M]. [S.l.]: John Wiley & Sons, 2008.

[59] Mahal J A, Khawar A, Abdelhadi A, et al. Spectral coexistence of MIMO radar and MIMO cellular system[J/OL]. IEEE Trans. Aerosp. Electron. Syst., 2017, 53(2): 655-668. DOI: 10.1109/TAES.2017.2651698.

[60] Li B, Petropulu A P. Joint transmit designs for coexistence of MIMO wireless communications and sparse sensing radars in clutter[J/OL]. IEEE Trans. Aerosp. Electron. Syst., 2017, 53(6):

2846-2864. DOI: 10.1109/TAES.2017.2717518.
[61] Liu F, Garcia-Rodriguez A, Masouros C, et al. Interfering channel estimation in radar-cellular coexistence: How much information do we need?[J/OL]. IEEE Trans. Wireless Commun., 2019, 18(9): 4238-4253. DOI: 10.1109/TWC.2019.2921556.
[62] Sodagari S, Khawar A, Clancy T C, et al. A projection based approach for radar and telecommunication systems coexistence[C/OL]//2012 IEEE Global Communications Conference (GLOBECOM). NJ: IEEE, 2012: 5010-5014. DOI: 10.1109/GLOCOM.2012.6503914.
[63] Babaei A, Tranter W H, Bose T. A nullspace-based precoder with subspace expansion for radar/-communications coexistence[C/OL]//2013 IEEE Global Communications Conference (GLOBECOM). NJ: IEEE, 2013: 3487-3492. DOI: 10.1109/GLOCOM.2013.6831613.
[64] Khawar A, Abdelhadi A, Clancy C. Target detection performance of spectrum sharing MIMO radars[J/OL]. IEEE Sensors Journal, 2015, 15(9): 4928-4940. DOI: 10.1109/JSEN.2015.2424393.
[65] Li B, Petropulu A P, Trappe W. Optimum co-design for spectrum sharing between matrix completion based MIMO radars and a MIMO communication system[J/OL]. IEEE Transactions on Signal Processing, 2016, 64(17): 4562-4575. DOI: 10.1109/TSP.2016.2569479.
[66] Zheng L, Lops M, Wang X, et al. Joint design of overlaid communication systems and pulsed radars[J/OL]. IEEE Transactions on Signal Processing, 2018, 66(1): 139-154. DOI: 10.1109/TSP.2017.2755603.
[67] Liu F, Masouros C, Li A, et al. Robust MIMO beamforming for cellular and radar coexistence [J/OL]. IEEE Wireless Commun. Lett., 2017, 6(3): 374-377. DOI: 10.1109/LWC.2017.2693985.
[68] Cui Y, Koivunen V, Jing X. Interference alignment based spectrum sharing for MIMO radar and communication systems[C/OL]//2018 IEEE 19th International Workshop on Signal Processing Advances in Wireless Communications (SPAWC). NJ: IEEE, 2018: 1-5. DOI: 10.1109/SPAWC.2018.8445973.
[69] Cheng Z, Liao B, Shi S, et al. Co-design for overlaid MIMO radar and downlink MISO communication systems via Cramér - Rao bound minimization[J/OL]. IEEE Transactions on Signal Processing, 2019, 67(24): 6227-6240. DOI: 10.1109/TSP.2019.2952048.
[70] Liu F, Masouros C, Li A, et al. MIMO radar and cellular coexistence: A power-efficient approach enabled by interference exploitation[J/OL]. IEEE Transactions on Signal Processing, 2018, 66(14): 3681-3695. DOI: 10.1109/TSP.2018.2833813.
[71] Zheng L, Lops M, Wang X. Adaptive interference removal for uncoordinated radar/communication coexistence[J/OL]. IEEE Journal of Selected Topics in Signal Processing, 2018, 12(1): 45-60. DOI: 10.1109/JSTSP.2017.2785783.
[72] Nartasilpa N, Salim A, Tuninetti D, et al. Communications system performance and design in the presence of radar interference[J/OL]. IEEE Trans. Commun., 2018, 66(9): 4170-4185. DOI: 10.1109/TCOMM.2018.2823764.

[73] RICHARDS M A. Fundamentals of radar signal processing[M]. [S.l.]: Tata McGraw-Hill Education, 2005.

[74] Guerci J R, Guerci R M, Lackpour A, et al. Joint design and operation of shared spectrum access for radar and communications[C/OL]//2015 IEEE Radar Conference (RadarConf). NJ: IEEE, 2015: 761-766. DOI: 10.1109/RADAR.2015.7131098.

[75] Kay S M. Fundamentals of statistical signal processing, Vol. I: Estimation theory[M]. Upper Saddle River, NJ: Prentice Hall PTR, 1998.

[76] Chiriyath A R, Paul B, Jacyna G M, et al. Inner bounds on performance of radar and communications co-existence[J/OL]. IEEE Transactions on Signal Processing, 2016, 64(2): 464-474. DOI: 10.1109/TSP.2015.2483485.

[77] Chiriyath A R, Paul B, Bliss D W. Radar-communications convergence: Coexistence, cooperation, and co-design[J]. IEEE Transactions on Cognitive Communications and Networking, 2017, 3(1): 1-12.

[78] Rong Y, Chiriyath A R, Bliss D W. MIMO radar and communications spectrum sharing: A multiple-access perspective[C/OL]//2018 IEEE 10th Sensor Array and Multichannel Signal Processing Workshop (SAM). NJ: IEEE, 2018: 272-276. DOI: 10.1109/SAM.2018.8448783.

[79] Mealey R M. A method for calculating error probabilities in a radar communication system[J]. IEEE Transactions on Space Electronics and Telemetry, 1963, 9(2): 37-42.

[80] Roberton M, Brown E R. Integrated radar and communications based on chirped spread-spectrum techniques[C]//IEEE MTT-S International: Microwave Symposium Digest, 2003. NJ: IEEE, 2003, 1: 611-614.

[81] Saddik G N, Singh R S, Brown E R. Ultra-wideband multifunctional communications/radar system[J]. IEEE Transactions on Microwave Theory and Techniques, 2007, 55(7): 1431-1437.

[82] Jamil M, Zepernick H J, Pettersson M I. On integrated radar and communication systems using Oppermann sequences[C]//MILCOM 2008-2008 IEEE Military Communications Conference. NJ: IEEE, 2008: 1-6.

[83] Sturm C, Wiesbeck W. Joint integration of digital beam-forming radar with communication [C/OL]//2009 IET International Radar Conference. [S.l.]: IET, 2009: 1-4. DOI: 10.1049/CP.2 009.0482.

[84] Garmatyuk D, Schuerger J, Kauffman K. Multifunctional software-defined radar sensor and data communication system[J]. IEEE Sensors Journal, 2011, 11(1): 99-106.

[85] Han L, Wu K. Radar and radio data fusion platform for future intelligent transportation system [C]//The 7th European Radar Conference. NJ: IEEE, 2010: 65-68.

[86] Sturm C, Wiesbeck W. Waveform design and signal processing aspects for fusion of wireless communications and radar sensing[J]. Proceedings of the IEEE, 2011, 99(7): 1236-1259.

[87] Han L, Wu K. Joint wireless communication and radar sensing systems-state of the art and future prospects[J]. IET Microwaves, Antennas & Propagation, 2013, 7(11): 876-885.

[88] Gaglione D, Clemente C, Ilioudis C V, et al. Fractional fourier based waveform for a joint radar-communication system[C/OL]//2016 IEEE Radar Conference (RadarConf). NJ: IEEE, 2016: 1-6. DOI: 10.1109/RADAR.2016.7485314.

[89] Chen X, Wang X, Xu S, et al. A novel radar waveform compatible with communication[C]// 2011 International Conference on Computational Problem-Solving (ICCP). NJ: IEEE, 2011: 177-181.

[90] 刘志鹏. 雷达通信一体化波形研究[D]. 北京: 北京理工大学, 2015.

[91] Donnet B, Longstaff I. Combining MIMO radar with OFDM communications[C]//2006 Eurepean Radar Conference. NJ: IEEE, 2006: 37-40.

[92] Hassanien A, Amin M G, Zhang Y D, et al. A dual function radar-communications system using sidelobe control and waveform diversity[C]//2015 IEEE Radar Conference (RadarConf). NJ: IEEE, 2015: 1260-1263.

[93] Hassanien A, Amin M G, Zhang Y D, et al. Dual-function radar-communications: Information embedding using sidelobe control and waveform diversity[J]. IEEE Transactions on Signal Processing, 2016, 64(8): 2168-2181.

[94] Hassanien A, Amin M G, Zhang Y D, et al. Phase-modulation based dual-function radar-communications[J]. IET Radar, Sonar & Navigation, 2016, 10(8): 1411-1421.

[95] Boudaher E, Hassanien A, Aboutanios E, et al. Towards a dual-function MIMO radar-communication system[C]//2016 IEEE Radar Conference (RadarConf). NJ: IEEE, 2016: 1-6.

[96] Mccormick P M, Blunt S D, Metcalf J G. Simultaneous radar and communications emissions from a common aperture, Part I: Theory[C]//2017 IEEE Radar Conference (RadarConf). [S.l.]: IEEE, 2017: 1685-1690.

[97] Mccormick P M, Ravenscroft B, Blunt S D, et al. Simultaneous radar and communication emissions from a common aperture, Part II: Experimentation[C]//2017 IEEE Radar Conference (RadarConf). NJ: IEEE, 2017: 1697-1702.

[98] Liu F, Masouros C, Li A, et al. MU-MIMO communications with MIMO radar: From co-existence to joint transmission[J/OL]. IEEE Trans. Wireless Commun., 2018, 17(4): 2755-2770. DOI: 10.1109/TWC.2018.2803045.

[99] Liu F, Zhou L, Masouros C, et al. Toward dual-functional radar-communication systems: Optimal waveform design[J/OL]. IEEE Transactions on Signal Processing, 2018, 66(16): 4264-4279. DOI: 10.1109/TSP.2018.2847648.

[100] Liu F, Masouros C, Griffiths H. Dual-functional radar-communication waveform design under constant-modulus and orthogonality constraints[C]//2019 Sensor Signal Processing for Defence Conference(SSPD). NJ: IEEE, 2019: 1-5.

[101] Kumari P, Choi J, Prelcic N G, et al. IEEE 802.11ad-based radar: An approach to joint vehicular communication-radar system[J/OL]. IEEE Trans. Veh. Technol., 2018, 67(4): 3012-3027. DOI: 10.1109/TVT.2017.2774762.

[102] Grossi E, Lops M, Venturino L, et al. Opportunistic radar in IEEE 802.11ad networks[J/OL]. IEEE Transactions on Signal Processing, 2018, 66(9): 2441-2454. DOI: 10.1109/TSP.2018.2813300.

[103] Fortunati S, Sanguinetti L, Gini F, et al. Massive MIMO radar for target detection[J/OL]. IEEE Transactions on Signal Processing, 2020, 68: 859-871. DOI: 10.1109/TSP.2020.2967181.

[104] Zhang X, Molisch A F, Kung S. Variable-phase-shift-based RF-baseband codesign for MIMO antenna selection[J/OL]. IEEE Transactions on Signal Processing, 2005, 53(11): 4091-4103. DOI: 10.1109/TSP.2005.857024.

[105] Ayach O E, Rajagopal S, Abu-Surra S, et al. Spatially sparse precoding in millimeter wave MIMO systems[J/OL]. IEEE Trans. Wireless Commun., 2014, 13(3): 1499-1513. DOI: 10.1109/TWC.2014.011714.130846.

[106] Alkhateeb A, Mo J, Gonzalez-Prelcic N, et al. MIMO precoding and combining solutions for millimeter-wave systems[J/OL]. IEEE Commun. Mag., 2014, 52(12): 122-131. DOI: 10.1109/MCOM.2014.6979963.

[107] Hassanien A, Vorobyov S A. Phased-MIMO radar: A tradeoff between phased-array and MIMO radars[J/OL]. IEEE Transactions on Signal Processing, 2010, 58(6): 3137-3151. DOI: 10.1109/TSP.2010.2043976.

[108] Wilcox D, Sellathurai M. On MIMO radar subarrayed transmit beamforming[J/OL]. IEEE Transactions on Signal Processing, 2012, 60(4): 2076-2081. DOI: 10.1109/TSP.2011.2179540.

[109] Liu F, Masouros C, Petropulu A P, et al. Joint radar and communication design: Applications, state-of-the-art, and the road ahead[J/OL]. IEEE Trans. Commun., 2020, 68(6): 3834-3862. DOI: 10.1109/TCOMM.2020.2973976.

[110] Zhang J A, Huang X, Guo Y J, et al. Multibeam for joint communication and radar sensing using steerable analog antenna arrays[J/OL]. IEEE Trans. Veh. Technol., 2019, 68(1): 671-685. DOI: 10.1109/TVT.2018.2883796.

[111] Luo Y, Zhang J A, Huang X, et al. Optimization and quantization of multibeam beamforming vector for joint communication and radio sensing[J/OL]. IEEE Trans. Commun., 2019, 67(9): 6468-6482. DOI: 10.1109/TCOMM.2019.2923627.

[112] Luo Y, Zhang J A, Huang X, et al. Multibeam optimization for joint communication and radio sensing using analog antenna arrays[J/OL]. IEEE Trans. Veh. Technol., 2020, 69(10): 11000-11013. DOI: 10.1109/TVT.2020.3006481.

[113] Liu F, Yuan W, Masouros C, et al. Radar-assisted predictive beamforming for vehicular links: Communication served by sensing[J/OL]. IEEE Trans. Wireless Commun., 2020, 19(11): 7704-7719. DOI: 10.1109/TWC.2020.3015735.

[114] Yuan W, Liu F, Masouros C, et al. Bayesian predictive beamforming for vehicular networks: A low-overhead joint radar-communication approach[J/OL]. IEEE Trans. Wireless Commun., 2021, 20(3): 1442-1456. DOI: 10.1109/TWC.2020.3033776.

[115] Richards M A, Scheer J A, Holm W A, et al. Principles of modern radar: Basic Principles[M]. [S.l.]: Citeseer, 2010.

[116] Jankiraman M. Fmcw radar design[M]. [S.l.]: Artech House, 2018.

[117] Kay S M. Fundamentals of statistical signal processing, Vol. II: Detection theory[M]. Upper Saddle River, NJ: Prentice Hall PTR, 1998.

[118] Schmidt R. Multiple emitter location and signal parameter estimation[J/OL]. IEEE Trans. Antennas Propag., 1986, 34(3): 276-280. DOI: 10.1109/TAP.1986.1143830.

[119] Cho Y S, Kim J, Yang W Y, et al. MIMO-OFDM wireless communications with MATLAB[M]. [S.l.]: John Wiley & Sons, 2010.

[120] Joham M, Utschick W, Nossek J A. Linear transmit processing in MIMO communications systems[J]. IEEE Transactions on Signal Processing, 2005, 53(8): 2700-2712.

[121] Karipidis E, Sidiropoulos N D, Luo Z Q. Quality of service and max-min fair transmit beamforming to multiple cochannel multicast groups[J]. IEEE Transactions on Signal Processing, 2008, 56(3): 1268-1279.

[122] Gershman A B, Sidiropoulos N D, Shahbazpanahi S, et al. Convex optimization-based beamforming[J]. IEEE Signal Processing Magazine, 2010, 27(3): 62-75.

[123] Wesel R D, Cioffi J M. Achievable rates for Tomlinson-Harashima precoding[J]. IEEE Transactions on Information Theory, 1998, 44(2): 824-831.

[124] Costa M. Writing on dirty paper[J]. IEEE Transactions on Information Theory, 1983, 29(3): 439-441.

[125] Hochwald B M, Peel C B, Swindlehurst A L. A vector-perturbation technique for near-capacity multi-antenna multi-user communication-Part II: Perturbation[J]. IEEE Trans. Commun., 2005, 53(3): 537-544.

[126] Harashima H, Miyakawa H. Matched-transmission technique for channels with intersymbol interference[J]. IEEE Trans. Commun., 1972, 20(4): 774-780.

[127] Li A, Spano D, Krivochiza J, et al. A tutorial on interference exploitation via symbol-level precoding: Overview, state-of-the-art and future directions[J/OL]. IEEE Communications Surveys & Tutorials, 2020, 22(2): 796-839. DOI: 10.1109/COMST.2020.2980570.

[128] Nitzberg R. Probability of maintaining target track for nonmanoeuvring targets approaching a uniformly scanning search radar[J/OL]. Electronics Letters, 1967, 3(4): 145-146. DOI: 10.1049/EL:19670112.

[129] Kay S, Zhu Z. The complex parameter Rao test[J/OL]. IEEE Transactions on Signal Processing, 2016, 64(24): 6580-6588. DOI: 10.1109/TSP.2016.2613071.

[130] Liu W, Liu J, Huang L, et al. Rao tests for distributed target detection in interference and noise [J]. Signal Processing, 2015, 117: 333-342.

[131] Mathai A M, Provost S B. Quadratic forms in random variables: Theory and applications[M]. New York: M. Dekker, 1992.

[132] Al-naffouri T Y, Moinuddin M, Ajeeb N, et al. On the distribution of indefinite quadratic forms in Gaussian random variables[J]. IEEE Trans. Commun., 2016, 64(1): 153-165.

[133] Liu W, Wang Y, Xie W. Fisher information matrix, Rao test, and Wald test for complex-valued signals and their applications[J]. Signal Processing, 2014, 94: 1-5.

[134] Grant M, Boyd S, Ye Y. CVX: MATLAB software for disciplined convex programming[EB/OL]. 2008.

[135] Masouros C, Zheng G. Exploiting known interference as green signal power for downlink beamforming optimization[J]. IEEE Transactions on Signal Processing, 2015, 63(14): 3628-3640.

[136] Bekkerman I, Tabrikian J. Target detection and localization using MIMO radars and sonars[J]. IEEE Transactions on Signal Processing, 2006, 54(10): 3873-3883.

[137] Luo Z Q, Ma W K, So A M C, et al. Semidefinite relaxation of quadratic optimization problems [J]. IEEE Signal Processing Magazine, 2010, 27(3): 20-34.

[138] Belhumeur P N, Hespanha J P, Kriegman D J. Eigenfaces vs. Fisherfaces: Recognition using class specific linear projection[J]. IEEE Transactions on Pattern Analysis and Machine Intelligence, 1997, 19(7): 711-720.

[139] Shenouda M B, Davidson T N. On the design of linear transceivers for multiuser systems with channel uncertainty[J]. IEEE J. Sel. Areas Commun. , 2008, 26(6): 1015-1024.

[140] Boyd S, Vandenberghe L. Convex optimization[M]. [S.l.]: Cambridge University Press, 2004.

[141] Masouros C, Ratnarajah T, Sellathurai M, et al. Known interference in the cellular downlink: A performance limiting factor or a source of green signal power?[J]. IEEE Commun. Mag., 2013, 51(10): 162-171.

[142] Stoica P, Li J, Xie Y. On probing signal design for MIMO radar[J]. IEEE Transactions on Signal Processing, 2007, 55(8): 4151-4161.

[143] Fuhrmann D R, Antonio G S. Transmit beamforming for MIMO radar systems using signal cross-correlation[J]. IEEE Trans. Aerosp. Electron. Systems, 2008, 44(1): 171-186.

[144] Ben-Haim Z, Eldar Y C. On the constrained Cramér-Rao bound with a singular Fisher information matrix[J/OL]. IEEE Signal Process. Lett., 2009, 16(6): 453-456. DOI: 10.1109/LSP.2009.2016831.

[145] Stoica P, Marzetta T L. Parameter estimation problems with singular information matrices[J]. IEEE Transactions on Signal Processing, 2001, 49(1): 87-90.

[146] Zhang F. The Schur Complement and Its Applications[M]. [S.l.]: Springer, 2005.

[147] Liu X, Huang T, Shlezinger N, et al. Joint transmit beamforming for multiuser MIMO communications and MIMO radar[J/OL]. IEEE Transactions on Signal Processing, 2020, 68: 3929-3944. DOI: 10.1109/TSP.2020.3004739.

[148] Mohammed S K, Larsson E G. Per-antenna constant envelope precoding for large multi-user mimo systems[J]. IEEE Trans. Commun., 2013, 61(3): 1059-1071.

[149] Chen J C. Low-PAPR precoding design for massive multiuser MIMO systems via riemannian manifold optimization[J]. IEEE Communications Letters, 2017, 21(4): 945-948.
[150] Amadori P V, Masouros C. Constant envelope precoding by interference exploitation in phase shift keying-modulated multiuser transmission[J]. IEEE Trans. Wireless Commun., 2017, 16(1): 538-550.
[151] Liu F, Masouros C, Amadori P V, et al. An efficient manifold algorithm for constructive interference based constant envelope precoding[J]. IEEE Signal Process. Lett., 2017, 24(10): 1542-1546.
[152] De Maio A, De Nicola S, Huang Y, et al. Design of phase codes for radar performance optimization with a similarity constraint[J]. IEEE Transactions on Signal Processing, 2009, 57 (2): 610-621.
[153] Cui G, Li H, Rangaswamy M. MIMO radar waveform design with constant modulus and similarity constraints[J]. IEEE Transactions on Signal Processing, 2014, 62(2): 343-353.
[154] Aldayel O, Monga V, Rangaswamy M. Successive QCQP refinement for MIMO radar waveform design under practical constraints[J]. IEEE Transactions on Signal Processing, 2016, 64(14): 3760-3774.
[155] Aldayel O, Monga V, Rangaswamy M. Tractable transmit MIMO beampattern design under a constant modulus constraint[J]. IEEE Transactions on Signal Processing, 2017, 65(10): 2588-2599.
[156] Nocedal J, Wright S J. Numerical optimization[M]. [S.l.]: Springer, 2006.
[157] Viklands T. Algorithms for the weighted orthogonal procrustes problem and other least squares problems[D]. Sweden: Umea University, 2006.
[158] Fradkov A L, Yakubovich V A. The S-procedure and duality relations in nonconvex problems of quadratic programming[J]. Vestn. LGU, Ser. Mat., Mekh., Astron, 1979, 6(1): 101-109.
[159] Stern R J, Wolkowicz H. Indefinite trust region subproblems and nonsymmetric eigenvalue perturbations[J]. SIAM Journal on Optimization, 1995, 5(2): 286-313.
[160] Fortin C, Wolkowicz H. The trust region subproblem and semidefinite programming[J]. Optimization methods and software, 2004, 19(1): 41-67.
[161] Rendl F, Wolkowicz H. A semidefinite framework for trust region subproblems with applications to large scale minimization[J]. Mathematical Programming, 1997, 77(1): 273-299.
[162] Huyer W, Neumaier A. Global optimization by multilevel coordinate search[J]. Journal of Global Optimization, 1999, 14(4): 331-355.
[163] Petersen P. Riemannian geometry[M]. New York: Springer, 1998.
[164] Selvan S E, Amato U, Gallivan K A, et al. Descent algorithms on oblique manifold for source-adaptive ICA contrast[J]. IEEE Transactions on Neural Networks and Learning Systems, 2012, 23(12): 1930-1947.
[165] Zhou L, Zheng L, Wang X, et al. Coordinated multicell multicast beamforming based on

manifold optimization[J/OL]. IEEE Communications Letters, 2017, 21(7): 1673-1676. DOI: 10.1109/LCOMM.2017.2693374.

[166] Cherian A, Sra S. Riemannian dictionary learning and sparse coding for positive definite matrices [J]. IEEE Transactions on Neural Networks and Learning Systems, 2017, 28(12): 2859-2871.

[167] Tuy H. Convex analysis and global optimization[M]. Berlin: Springer, 2016: 283-283.

[168] Lu C, Liu Y F. An efficient global algorithm for single-group multicast beamforming[J]. IEEE Transactions on Signal Processing, 2017, 65(14): 3761-3774.

[169] Nesterov Y. Introductory lectures on convex optimization[M]. Boston: Springer, 2004.

[170] Lobo M S, Vandenberghe L, Boyd S, et al. Applications of second-order cone programming[J]. Linear algebra and its applications, 1998, 284(1-3): 193-228.

[171] Joshi S K, Weeraddana P C, Codreanu M, et al. Weighted sum-rate maximization for MISO downlink cellular networks via branch and bound[J]. IEEE Transactions on Signal Processing, 2012, 60(4): 2090-2095.

[172] Kuutti S, Fallah S, Katsaros K, et al. A survey of the state-of-the-art localization techniques and their potentials for autonomous vehicle applications[J/OL]. IEEE Internet Things J., 2018, 5(2): 829-846. DOI: 10.1109/JIOT.2018.2812300.

[173] 3GPP. Study on NR positioning: TR 38.855, v16.0.0.[R/OL]. (2018-07-23).

[174] Zhang D, Li A, Shirvanimoghaddam M, et al. Codebook-based training beam sequence design for millimeter-wave tracking systems[J/OL]. IEEE Trans. Wireless Commun., 2019, 18(11): 5333-5349. DOI: 10.1109/TWC.2019.2935731.

[175] Zhao J, Gao F, Jia W, et al. Angle domain hybrid precoding and channel tracking for millimeter wave massive mimo systems[J/OL]. IEEE Trans. Wireless Commun., 2017, 16(10): 6868-6880. DOI: 10.1109/TWC.2017.2732405.

[176] Va V, Vikalo H, Heath R W. Beam tracking for mobile millimeter wave communication systems [C/OL]//2016 IEEE Global Conference on Signal and Information Processing (GlobalSIP). NJ: IEEE, 2016: 743-747. DOI: 10.1109/GlobalSIP.2016.7905941.

[177] Jayaprakasam S, Ma X, Choi J W, et al. Robust beam-tracking for mmwave mobile communications[J/OL]. IEEE Communications Letters, 2017, 21(12): 2654-2657. DOI: 10.1109/LCOMM.2017.2748938.

[178] Shaham S, Ding M, Kokshoorn M, et al. Fast channel estimation and beam tracking for millimeter wave vehicular communications[J/OL]. IEEE Access, 2019, 7: 141104-141118. DOI: 10.1109/ACCESS.2019.2944308.

[179] Liu F, Zhao P, Wang Z. EKF-based beam tracking for mmwave MIMO systems[J/OL]. IEEE Communications Letters, 2019, 23(12): 2390-2393. DOI: 10.1109/LCOMM.2019.2940660.

[180] Zhao L, Ng D W K, Yuan J. Multi-user precoding and channel estimation for hybrid millimeter wave systems[J/OL]. IEEE J. Sel. Areas Commun., 2017, 35(7): 1576-1590. DOI: 10.1109/JSAC.2017.2699378.

[181] Ngo H Q. Massive MIMO: Fundamentals and system designs[M]. [S.l.]: Linköping University Electronic Press, 2015.

[182] Liu L, Zhang S, Zhang R. CoMP in the sky: UAV placement and movement optimization for multi-user communications[J/OL]. IEEE Trans. Commun., 2019, 67(8): 5645-5658. DOI: 10.1109/TCOMM.2019.2907944.

[183] Vo B N, Mallick M, BAR-SHALOM Y, et al. Multitarget tracking[M]. [S.l.]: Wiley Encyclopedia of Electrical and Electronics Engineering, 2015: 1-15.

[184] Shen Y, Win M Z. Fundamental limits of wideband localization—Part I: A general framework [J/OL]. IEEE Trans. Inform. Theory, 2010, 56(10): 4956-4980. DOI: 10.1109/TIT.2010.2060110.

[185] Taylor J. The Cramér-Rao estimation error lower bound computation for deterministic nonlinear systems[J/OL]. IEEE Trans. Autom. Control, 1979, 24(2): 343-344. DOI: 10.1109/TAC.1979.1101979.

中国电子学会简介

中国电子学会于 1962 年在北京成立，是 5A 级全国学术类社会团体。学会拥有个人会员 10 万余人、团体会员 600 多个，设立专业分会 47 个、专家委员会 17 个、工作委员会 9 个，主办期刊 13 种，并在 27 个省、自治区、直辖市设有相应的组织。学会总部是工业和信息化部直属事业单位，在职人员近 150 人。

中国电子学会的 47 个专业分会覆盖了半导体、计算机、通信、雷达、导航、微波、广播电视、电子测量、信号处理、电磁兼容、电子元件、电子材料等电子信息科学技术的所有领域。

中国电子学会的主要工作是开展国内外学术、技术交流；开展继续教育和技术培训；普及电子信息科学技术知识，推广电子信息技术应用；编辑出版电子信息科技书刊；开展决策、技术咨询，举办科技展览；组织研究、制定、应用和推广电子信息技术标准；接受委托评审电子信息专业人才、技术人员技术资格，鉴定和评估电子信息科技成果；发现、培养和举荐人才，奖励优秀电子信息科技工作者。

中国电子学会是国际信息处理联合会（IFIP）、国际无线电科学联盟（URSI）、国际污染控制学会联盟（ICCCS）的成员单位，发起成立了亚洲智能机器人联盟、中德智能制造联盟。世界工程组织联合会（WFEO）创新专委会秘书处、联合国咨商工作信息通讯技术专业委员会秘书处、世界机器人大会秘书处均设在中国电子学会。中国电子学会与电气电子工程师学会（IEEE）、英国工程技术学会（IET）、日本应用物理学会（JSAP）等建立了会籍关系。

关注中国电子学会微信公众号

加入中国电子学会